示范性高等职业院校建设校企合作特色教材

自动化生产线安装与调试项目化教程

主　编　马　静　胡素梅　张学芳

北京理工大学出版社
BEIJING INSTITUTE OF TECHNOLOGY PRESS

图书在版编目（CIP）数据

自动化生产线安装与调试项目化教程/马静，胡素梅，张学芳主编．—北京：北京理工大学出版社，2021.1（2021.3 重印）

ISBN 978-7-5682-7524-8

Ⅰ.①自…　Ⅱ.①马…②胡…③张…　Ⅲ.①自动生产线-安装-教材②自动生产线-调试方法-教材　Ⅳ.①TP278

中国版本图书馆 CIP 数据核字（2019）第 195299 号

出版发行／北京理工大学出版社有限责任公司
社　　址／北京市海淀区中关村南大街 5 号
邮　　编／100081
电　　话／（010）68914775（总编室）
　　　　　（010）82562903（教材售后服务热线）
　　　　　（010）68948351（其他图书服务热线）
网　　址／http：//www. bitpress. com. cn
经　　销／全国各地新华书店
印　　刷／涿州市新华印刷有限公司
开　　本／787 毫米×1092 毫米　1/16
印　　张／13
字　　数／310 千字
版　　次／2021 年 1 月第 1 版　2021 年 3 月第 2 次印刷
定　　价／38.00 元

责任编辑／张鑫星
文案编辑／张鑫星
责任校对／周瑞红
责任印制／施胜娟

前言 Preface

本书采用项目驱动式的学习任务模式编写，并以天煌教仪生产的THJDAL－2型自动化生产线实训装置为载体，由浅入深地安排学习任务，使学生逐步掌握自动化生产线的综合应用知识。

本书以培养学生的动手能力为主要目标，以自动化生产线实训装置为载体，对原理性内容的描述尽量简化，重点介绍自动化生产线实训装置的控制、调试、运行及操作维护等核心技术以及与生产操作相关的准备知识。本书共分六个单元，每个单元中根据学习内容的不同又分为若干个项目。单元一介绍了自动化生产线及相关技术等内容，单元二至单元六分别介绍了供料站、加工站、装配站、分拣站及搬运站等五个站的安装与调试等内容。本书可以作为高职院校、成人教育机构等机电、自动化以及相关专业教材，也可作为企业培训、电工技师资格鉴定等相关技术人员参考用书。

本书在编写过程中参考了天煌教仪《THJDAL－2型自动生产线拆装与调试实训装置使用手册》和其系统程序，在此表示感谢。

本书由马静、胡素梅、张学芳担任主编，苏宝程、熊向敏、苗文山以及孙晓燕参与编写。

在本书的编写过程中，参阅了大量文献资料，在此向这些文献资料的作者表示衷心的感谢。

由于编者水平有限，书中难免存在疏漏与不足之处，恳请广大读者批评指正。

编　者

目录 Contents

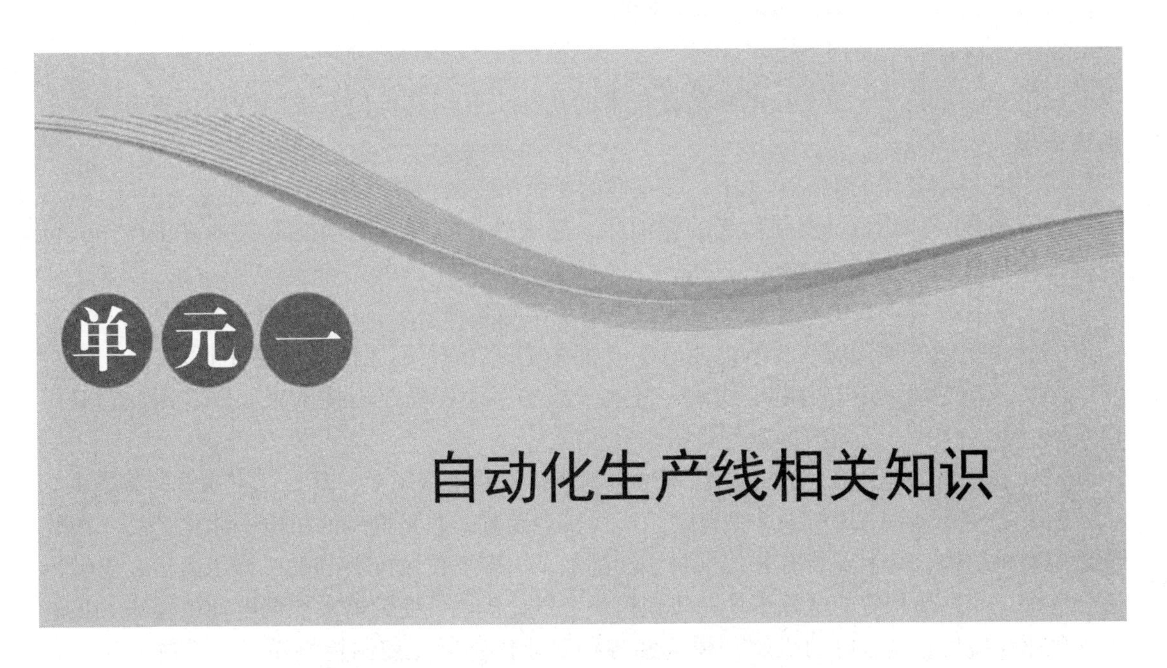

自动化生产线是在流水线和自动化专机的功能基础上逐渐发展形成的、自动工作的、机电一体化的装置系统。它不仅要求线体上各种机械加工装置能自动地完成预定的各道工序及工艺过程，使产品成为合格的制品，而且要求在装卸工件、定位夹紧、工件在工序间的输送、工件的分拣甚至包装都能自动地进行。一般称这种自动工作的机械电气一体化系统为自动化生产线。

本项目的知识准备阶段，设置了两个基本知识点，分别是自动化生产线简介和西门子PLC介绍。这两个知识点作为自动化生产线安装与调试课程的基础知识，能够为后面的项目实施提供知识准备。

知识 1.1　自动化生产线简介

一、机电一体化技术

机电一体化技术是以大规模集成电路和微电子技术高度发展并向传统机械工业领域迅速渗透的过程中，以机械、电子技术高度结合的现代工业为基础，将机械技术、电力电子技术、微电子技术、信息技术、传感测试技术、接口技术等有机地结合并综合应用的技术。

在综合应用这些技术时，要根据系统的功能目标和优化组织结构的目标，合理配置布局驱动系统、控制系统、传感检测系统、信息的传输与接收系统、执行机构等，并使它们在微处理单元的控制下协调有序地工作，有机地融合在一起，达到预期的功能。因此，机电一体化技术是在高性能、高质量、高可靠的意义上实现特定功能的系统工程。

机电一体化的主要技术特征有：

（1）以机械技术、电子技术和信息技术的功能交互以及机械系统的微型计算机控制的形式出现。

（2）在一个具体的物理单元中，在不同的子系统空间上相互集成。

（3）机电一体化系统控制功能的智能化，越来越先进的控制功能取代了许多操作人员的推理和判断。

（4）柔性化使得机电一体化产品能够灵活地满足各种要求，适应各种环境。

（5）采用微处理器控制的系统，易于增加或改变功能，而无须增加硬件成本。

（6）控制功能采用电力电子技术、微电子技术、计算机控制技术来实现，因此，对用户来说机电一体化系统的内部运行机制是隐蔽的。

（7）在机电一体化技术中，设计思想与制造技术紧密联系在一起，二者是并行发展的。

图1－1所示为THJDAL－2型自动生产线实训装置，它是典型的机电一体化产品。该装置采用型材结构，其上安装有井式供料、切削加工、多工位装配、气动机械手搬运、皮带传送分拣等工作站及相应的电源模块、按钮模块、PLC模块、变频器及交流电动机模块、步进电动机驱动模块、伺服电动机驱动模块和各种工业传感器等控制检测单元。系统采用PLC工业网络通信技术实现系统联动，真实再现工业自动生产线中的供料、检测、搬运、切削加工、装配、输送、分拣过程。

图1－1　THJDAL－2型自动生产线实训装置

1—供料站；2—加工站；3—装配站；4—分拣站；5—搬运站；6—触摸屏；7—工作台；8—气泵

二、自动化生产线的组成

自动化生产线主要由五个部分组成，分别是机械本体、检测传感部分、控制系统、执行部件以及驱动部件。涉及的核心技术有传感检测技术、机械技术、人机接口技术、气动技术、电动机驱动技术、PLC 控制技术以及网络通信技术等，如图 1－2 所示。

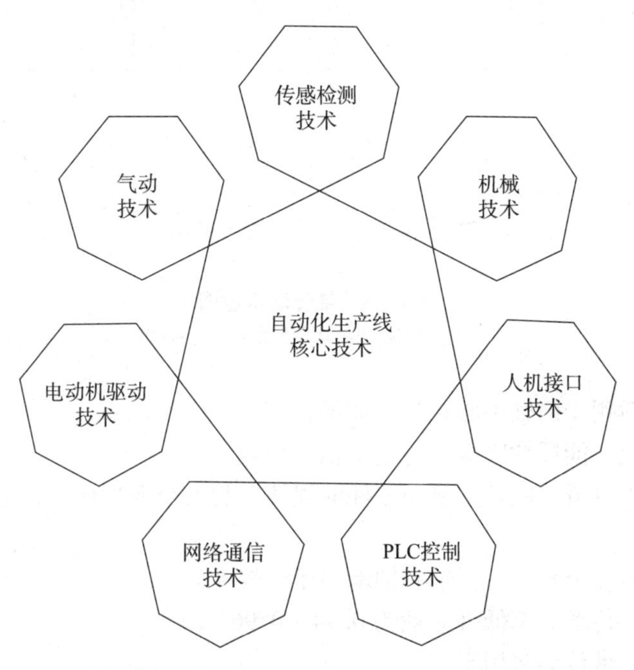

图 1－2　自动化生产线核心技术

下面对组成自动化生产线的五个主要部分做一下介绍。

1. 机械本体

机械本体包含机械传动装置和机械结构装置。它的功能是使构造系统的各子系统、零部件按照一定的空间和时间关系安置在一定的位置上，并保持特定的关系。

机械本体需在机械结构、材料、加工工艺性以及几何尺寸等方面适应产品高效、多功能、可靠节能、小型、轻量、美观等要求，精度要求更高，结构更简单，功能更强大，性能更优越，同时还要有更好的可靠性、维护性和更新颖的结构。其零部件要求模块化、标准化、规格化，能够对结构进行优化设计，采用新型复合材料使系统减轻质量，缩小体积，又不降低机械的静、动刚度，采用高精度导轨、精密滚珠丝杠、高精度主轴轴承和高精度齿轮等，以提高关键零部件的精度和可靠性，由此来提高机械本体的互换性和维护性等。

这里主要对带传动、齿轮传动、丝杠传动以及间隙运动做以下介绍。

1）带传动

带传动是通过中间绕性件传递运动和动力的，适用于两轴中心距较大的场合。在这种场合下，与应用广泛的齿轮传动相比，它们具有结构简单、成本低等优点。

带传动由主动带轮 1、从动带轮 2 和绕性带 3 组成，借助带与带轮之间的摩擦或啮合，将主动带轮 1 的运动传给从动带轮 2，如图 1－3 所示。

带传动具有以下特点：

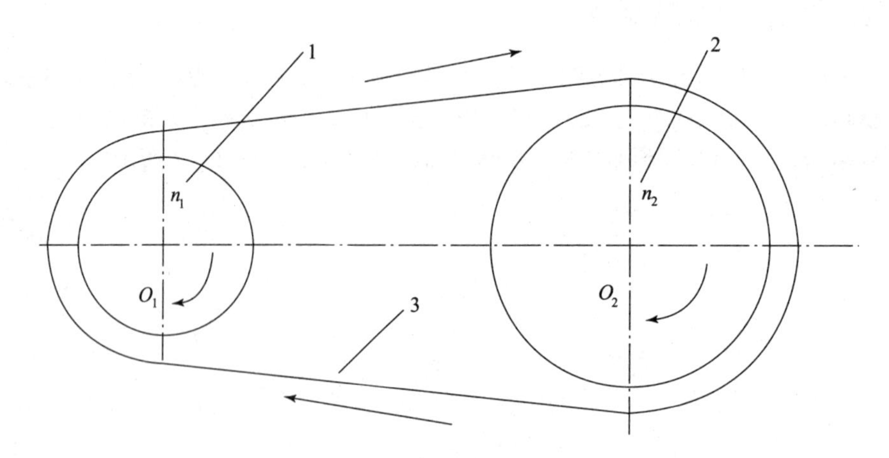

图 1－3　带传动示意图

1—主动带轮；2—从动带轮；3—绕性带

①结构简单，适用于两轴中心距较大的场合。

②胶带富有弹性，能缓冲吸振，传动平稳无噪声。

③过载时可产生打滑、能防止薄弱零件的损坏，起安全保护作用，但不能保持准确的传动比。

④传动带需张紧在带轮上，对轴和轴承的压力较大。

⑤外廓尺寸大，传动效率低（一般为 0.94～0.96）。

根据上述特点，带传动多用于：

①中、小功率传动（通常不大于 100 kW）。

②原动机输出轴的第一级传动（工作速度一般为 5～25 m/s）。

③传动比要求不十分精确的机械。

根据工作原理不同，带传动可分为摩擦带传动和啮合带传动两类。

（1）摩擦带传动。

摩擦带传动是依靠带与带轮之间的摩擦力传递运动的。按带的横截面形状不同可分为四种类型，如图 1－4 所示。

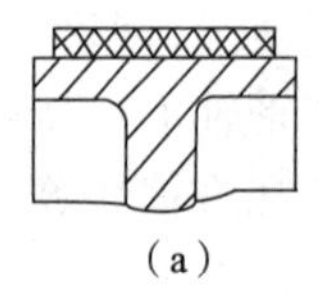

(a)

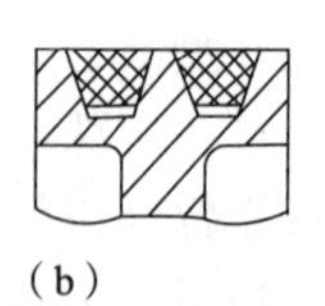

(b)

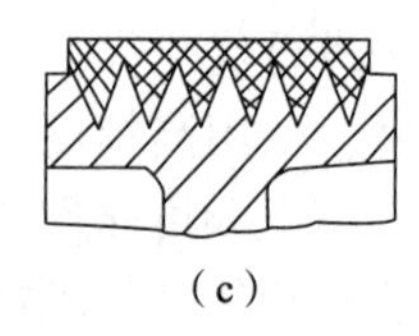

(c)

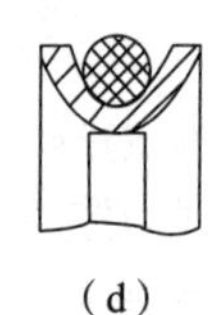

(d)

图 1－4　带传动的类型

(a) 平带传动；(b) V 带传动；(c) 多楔带传动；(d) 圆形带传动

①平带传动。平带的横截面为扁平矩形［图 1－4（a）］，内表面与轮缘接触为工作面。常用的平带有普通平带（胶帆布带）、皮革平带和棉布平带等，在高速传动中常使用麻织平带和丝织平带，其中以普通平带应用最广。平带可适用于平行轴交叉传动和交错轴的半交叉

传动。

②V 带传动。V 带的横截面为梯形，两侧面为工作面［图 1－4（b）］，工作时 V 带与带轮槽两侧面接触，在同样压力的作用下，V 带传动的摩擦力约为平带传动的三倍，故能传递较大的载荷。

③多楔带传动。多楔带是若干 V 带的组合［图 1－4（c）］，可避免多根 V 带长度不等、传力不均的缺点。

④圆形带传动。横截面为圆形［图 1－4（d）］，常用皮革或棉绳制成，只用于小功率传动。

（2）啮合带传动。

啮合带传动依靠带轮上的齿与带上的齿或孔啮合传递运动。啮合带传动有两种类型，如图 1－5 所示。

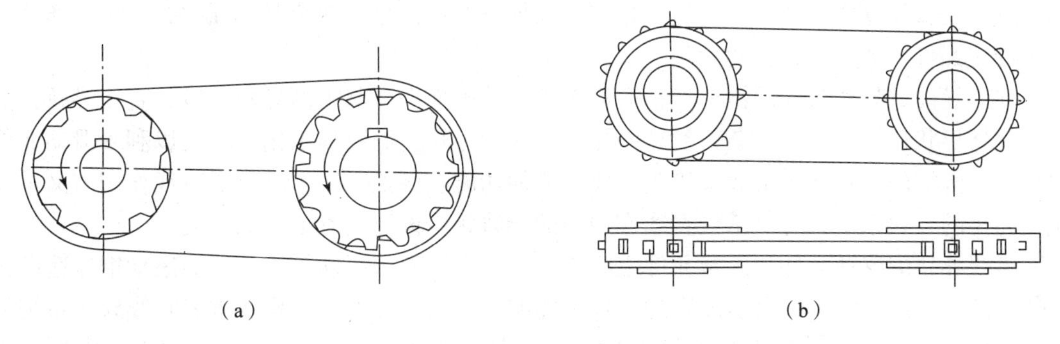

图 1－5　啮合带传动

（a）同步齿形带传动；（b）齿孔带传动

同步齿形带传动是利用带的齿与带轮上的齿相啮合传递运动和动力，带与带轮间为啮合传动，没有相对滑动，可保持主、从动轮线速度同步，如图 1－5（a）所示。

齿孔带传动是利用带上的孔与轮上的齿相啮合，同样可避免带与带轮之间的相对滑动，使主、从动轮保持同步运动，如图 1－5（b）所示。

自动化生产线实训设备中所用的皮带为同步齿形带传动。同步齿形带的截面为矩形，带的内环表面成齿形。与摩擦式带传动的结构不同的是，同步齿形带的强力层大多为钢丝绳，因此在承受载荷之后变形较小。在同步齿形带轮缘上也制成与带的内环表面相对应的渐开线齿形，并由渐开线齿形带轮刀具采用展成加工而成，因此，带轮齿形的尺寸取决于其加工刀具的尺寸。同步齿形带传动时由一根内周表面设有等间距齿的封闭环形胶带和具有相应齿的带轮所组成，带的工作面是齿的侧面。工作时，胶带的凸齿与带轮的齿槽相啮合，因而带与带轮间没有相对滑动，从而达到了主、从动轮的同步传动。同步齿形带传动有如下优点：

①传动准确，无滑动，可获得恒定的速比。

②传动平衡，能吸振，噪声小。

③速比范围大，一般可达 10 m/s，允许的最高线速度达 50 m/s。

④传动效率高，一般可达 0.98，而普通三角带为 0.95。

⑤带的张紧力小，因而轴上压力减小，轴承寿命延长，也有利于提高同步带的寿命。

⑥结构紧凑，还适于多轴传动，不需要润滑，耐油耐潮，因而可在环境恶劣的场合下

工作。

在自动化生产线的机械本体部分中，除了带传动以外还有直线导轨机构、滚珠丝杠以及齿轮传动机构。

2）直线导轨机构

直线导轨又称线轨、滑轨、线性导轨、线性滑轨，用于直线往复运动场合，拥有比直线轴承更高的额定负载，同时可以承担一定的扭矩，可在高负载的情况下实现高精度的直线运动。直线运动导轨的作用是用来支撑和引导运动部件，按给定的方向做往复直线运动。依照摩擦性质，直线运动导轨可以分为滑动摩擦导轨、滚动摩擦导轨、弹性摩擦导轨、流体摩擦导轨等。

直线轴承和直线轴是配套使用的，主要用在精度要求比较高的机械结构上，滑块使运动由曲线转变为直线。新的导轨系统使机床可获得快速进给速度，在主轴转速相同的情况下，快速进给是直线导轨的特点。直线导轨与平面导轨一样，也有两个基本元件，一个是作为导向的固定元件，另一个是移动元件。

作为导向的导轨为淬硬钢，经精磨后置于安装平面上。与平面导轨比较，直线导轨横截面的几何形状比平面导轨复杂，复杂的原因是因为导轨上需要加工出沟槽，以利于滑动元件的移动，沟槽的形状和数量取决于机床要完成的功能。例如，一个既承受直线作用力又承受颠覆力矩的导轨系统，与仅承受直线作用力的导轨相比设计上有很大的不同。

直线导轨的移动元件和固定元件之间不用中间介质而用滚动钢球。因为滚动钢球适应于高速运动、摩擦系数小、灵敏度高的元件，能够满足运动部件的工作要求，直线导轨系统的固定元件（导轨）的基本功能如同轴承环，安装钢球的支架形状为“V”字形。支架包裹着导轨的顶部和两侧面。

直线导轨机构主要应用在机床、自动化生产线、机械手、三坐标测量仪器等需要高精度的直线导向的各种装备制造行业。对于直线导轨机构的选用，一般而言直线运动的主要失效现象是接触疲劳剥离与磨损，所以必须根据使用条件、负载、能力和预期寿命来选用。当直线导轨承受负荷并做运动时，滚珠与滚道表面不断地受到循环应力的作用，一旦达到滚动疲劳临界值，接触面就会产生疲劳磨损，在表面的一些部分会发生鱼鳞状薄片的剥离现象，称为表面剥离。直线导轨滚道表面产生表面剥离时的运行距离，为直线导轨的寿命。通常直线导轨的寿命以额定寿命为准。

3）滚珠丝杠传动机构

滚珠丝杠主要用于数控机床、工业装配机器、自动化加工中心、半导体生产设备、电子精密机械或进给机构以及食品加工和包装设备中。滚珠丝杠是用来将旋转运动转化为直线运动或将直线运动转化为旋转运动的执行元件，并具有传动效率高、定位准确等优点。

滚珠丝杠的原理是：当滚珠丝杠作为主动体时，螺母就会随丝杠的转动角度按照对应规格的导程转化成直线运动，被动工件可以通过螺母座和螺母连接，从而实现对应的直线运动。

滚珠丝杠副的结构分为内循环结构（以圆形反向器和椭圆形反向器为代表）和外循环结构（以插管为代表）两种，这两种结构也是最常用的结构。这两种结构性能没有本质区别，只是内循环结构安装连接尺寸小，外循环结构安装连接尺寸大。目前，滚珠丝杠副的结构已有十几种，但比较常用的主要有内循环结构、外循环结构、端盖结构和盖板结构。

滚珠丝杠的特点如下：

（1）省力矩。

滚珠丝杠的丝杠轴与丝母之间有很多滚珠在做滚动运动，所以能得到较高的运动效率。与滑动丝杠副相比驱动力矩达到1/3以下，即达到同样运动结果所需的动力为使用滚动丝杠副的1/3。

（2）高精度。

滚珠丝杠是用日本制造的世界最高水平的机械设备连贯生产出来的，特别是在研削、组装、检查各工序的工厂环境方面，对温度和湿度进行了严格的控制，由于完善的品质管理体制使精度得以充分保证。

（3）微进给。

由于利用滚珠运动，所以启动力矩极小，不会出现滑动运动等爬行现象，能够保证实现精确的微进给。

（4）无侧隙、刚性高。

滚珠丝杠可以加预压力，由于预压力可使轴向间隙达到负值，进而得到较高的刚性。

（5）高速进给。

由于运动效率高、发热小，所以可实现高速进给运动。

4）齿轮传动机构

齿轮传动与其他机械传动相比，具有传动平稳可靠、传动效率高、传动功率范围大、速度范围大、结构紧凑、维护简便和使用寿命长等优点。因此，它在汽车、自动化生产线以及其他各种机械设备中被广泛应用。齿轮传动的主要缺点是：

①传动中会产生冲击、振动和噪声。

②没有过载保护作用。

③对制造精度和安装精度要求高，需要专门的切齿机床、刀具和测量仪器。

按照一对齿轮轴线的相互位置，可以分为平面齿轮传动和空间齿轮传动两类。

（1）平面齿轮传动。

平面齿轮传动也称为平行轴齿轮传动，其特点是两个齿轮的轴线相互平行，所以两轮的相对运动是平面运动。

平面齿轮传动包括直齿圆柱齿轮传动、斜齿圆柱齿轮传动和人字齿圆柱齿轮传动三种，如图1－6所示。其中，人字齿齿轮可以看成是由两个螺旋角大小相等，方向相反的斜齿圆柱齿轮组成的。

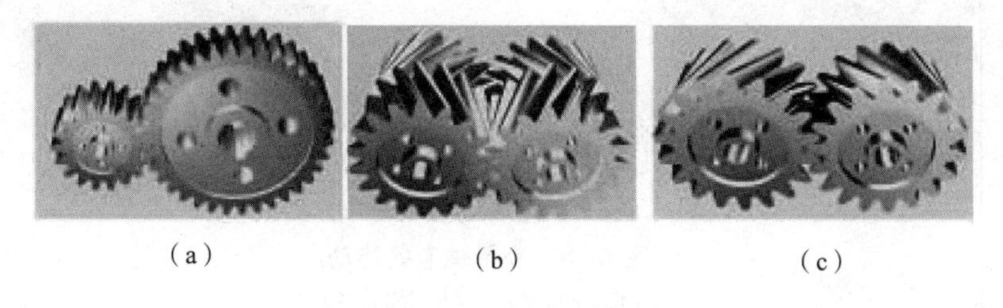

（a）　　（b）　　（c）

图1－6　平面齿轮传动

（a）直齿圆柱齿轮传动；（b）斜齿圆柱齿轮传动；（c）人字齿圆柱齿轮传动

圆柱齿轮根据轮齿齿线相对于齿轮母线的方向，又分为直齿圆柱齿轮（轮齿方向与齿轮母线平行）和斜齿圆柱齿轮（轮齿方向与齿轮母线方向倾斜一个角度，它称为螺旋角）两种。根据两个齿轮啮合方式，又分为外啮合、内啮合和齿轮与齿条传动三种。

（2）空间齿轮传动。

空间齿轮传动其特点是两个齿轮的轴线不平行，所以两齿轮的相对运动是空间运动。它包括相交轴齿轮传动和交错轴齿轮传动两种。

圆锥齿轮传动属于相交轴齿轮传动，它的轮齿分布在圆锥体的表面。按照轮齿的方向不同，分为直齿圆锥传动、斜齿圆锥传动和曲齿圆锥传动三种，如图 1 -7 所示。

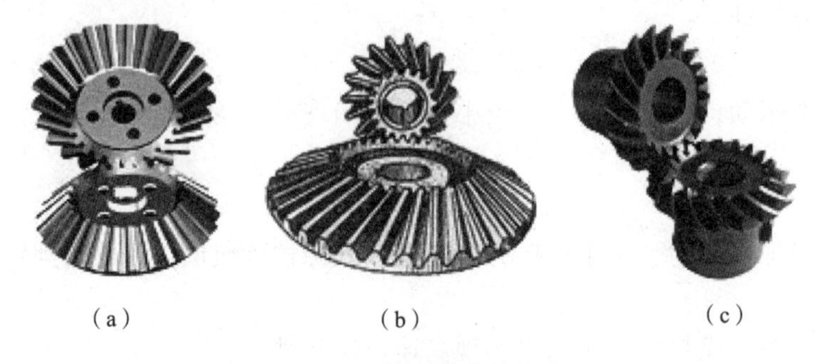

(a)　　(b)　　(c)

图 1 -7　相交轴齿轮传动

(a) 直齿圆锥传动；(b) 斜齿圆锥传动；(c) 曲齿圆锥传动

交错轴齿轮传动有交错轴斜齿传动和蜗轮蜗杆传动两种，如图 1 -8 所示。其中，交错轴斜齿轮传动的轴线可以在空间交错成任意角度；蜗轮蜗杆传动的轴线一般互相交错垂直。

(a)

(b)

图 1 -8　交错轴齿轮传动

(a) 交错轴斜齿传动；(b) 蜗轮蜗杆传动

按照齿轮的工作条件不同，又可分为开式齿轮传动和闭式齿轮传动两种。

开式齿轮传动：齿轮传动裸露在外，故不能防尘且润滑不良。因此，轮齿易磨损，寿命短，用于低速或低精度的场合，如水泥搅拌机齿轮、卷扬机齿轮等。

闭式齿轮传动：齿轮传动安装在密闭的箱体内，故密封条件好，且易于保证良好的润滑，使用寿命长，用于较重要的场合，如汽车变速箱齿轮、减速器齿轮、机床主轴箱齿轮等。

2. 检测传感部分

1）传感器的定义与组成

传感器是一种能把特定的被测信号按一定规律转换成某种可用信号输出的器件或装置，以满足信息的传输、处理、记录、显示和控制等要求。这里“可用信号”是指便于处理、传输的信号，一般为电参数，如电压、电流、电阻、电容、频率等。在日常生活中，处处都使用各种各样的传感器。例如，空调遥控器等所使用的是红外线传感器；汽车中所使用的传感器更多，如速度、压力、油量、爆震、角度线性位移传感器等。这些传感器的共同特点是利用各种物理、化学、生物效应等实现对被测信号的测量。由此可见，在传感器中包含两个不同的概念：一是检测信号，二是能把检测信号转换成一种与之有对应函数关系的、便于传输和处理的物理量。

广义上说，传感器是指在测量装置和控制系统输入部分中起信号检测作用的器件。

狭义上把传感器定义为能把外界非电信号转换成电信号输出的器件或装置。人们通常把传感器、敏感元件、换能器、转换器、变送器、发送器、探测器的概念等同起来。

传感器一般由敏感元件、转换元件和变换电路三部分组成，如图 1－9 所示。

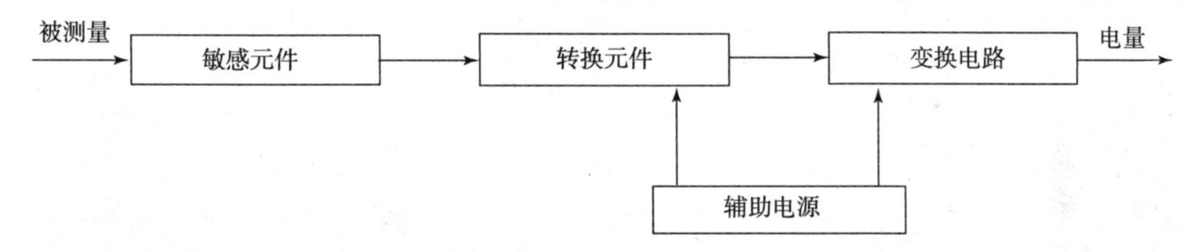

图 1－9　传感器组成

敏感元件直接感受被测量（如温度、压力等），并输出与被测量有确定关系的物理量信号；转换元件将敏感元件输出的物理量信号转换为电信号或直接将被测非电量信号转换为电信号；变换电路负责对转换元件输出的电信号进行放大调制使之便于显示、处理和传输；转换元件和变换电路一般还需要辅助电源供电。

2）检测技术的含义、地位和作用

检测技术是产品检测和质量控制的重要手段。借助于检测工具对产品进行质量评价是人们十分熟悉的，这是检测技术重要的应用领域。但传统的检测方法只能将产品区分为合格品和废品，起到产品验收和废品剔除的作用。这种被动检测方法，对废品的出现并没有预先防止的能力。在传统检测技术基础上发展起来的主动检测技术（或称为在线检测技术）使检测和生产加工同时进行，及时地用检测结果对生产过程主动地进行控制，使之适应生产条件的变化或自动地调整到最佳状态。

检测技术和装置是自动化系统中不可缺少的组成部分。任何生产过程都可以看做是由“物流”和“信息流”组合而成，反映物流的数量、状态和趋向的信息流则是人们管理和控制物流的依据。人们为了有目的地进行控制，首先必须通过检测获取有关信息，然后才能进行分析判断以便实现自动控制。所谓自动化，就是用各种技术工具与方法代替人来完成检测、分析、判断和控制工作。一个自动化系统通常由多个环节组成，分别完成信息获取与转换是极其重要的组成环节，只有精确、及时地将被控制对象的各项参数检测出来并转换成易于传送和处理的信号，整个系统才能正常地工作。因此，自动检测与转换是自动化技术中不可缺少的组成部分。

传感器的种类及常用传感器将在单元二中详细介绍。

3. 控制系统

西门子 S7－200 系列属小型可编程序控制器，发展至今大致经历了两代。

第一代产品的 CPU 模块为 CPU 21X，主机都可进行扩展，它具有四种不同结构配置的 CPU 单元：CPU 212、CPU 214、CPU 215 和 CPU 216，对第一代 PLC 产品不再做具体介绍。

第二代产品的 CPU 模块为 CPU 22X，是在 21 世纪初投放市场的，速度快，具有较强的通信能力。它具有四种不同结构配置的 CPU 单元：CPU 221、CPU 222、CPU 224 和 CPU 226，除 CPU 221 之外，其他都可加扩展模块。

SIMATIC S7－200 系统由 PLC 硬件和 PLC 软件两大系统构成，如图 1－10 所示。

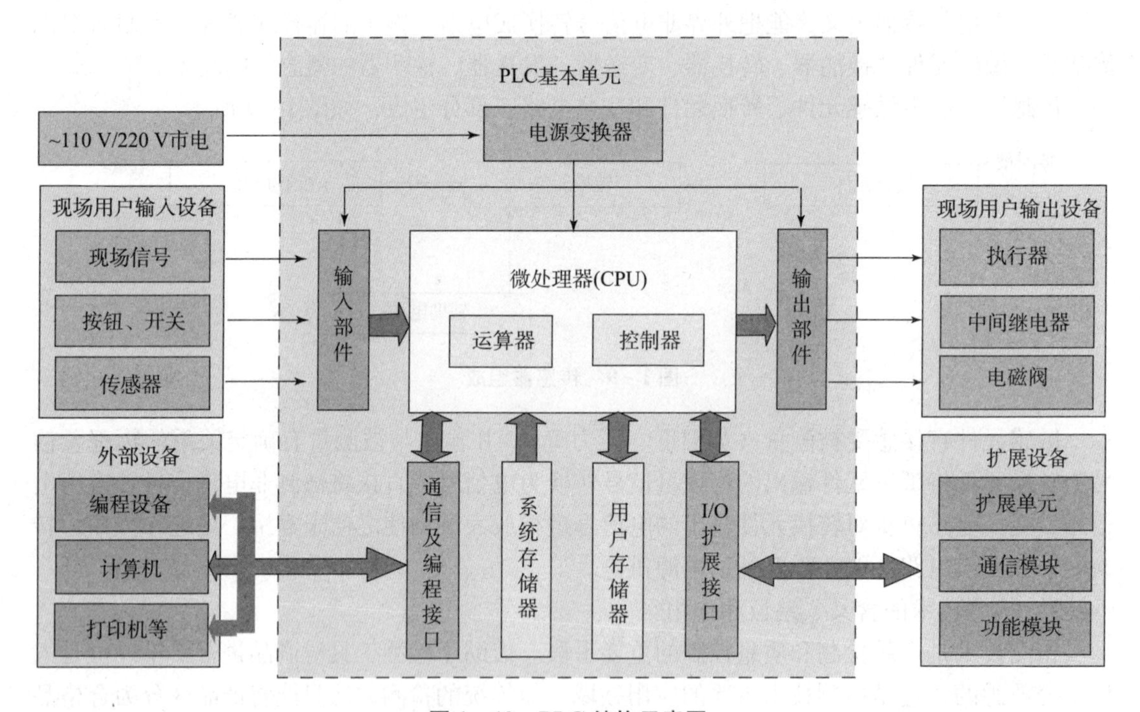

图 1－10　PLC 结构示意图

1）PLC 硬件系统组成

各部分的作用如下：

（1）微处理器（CPU）。

①接收并存储用户程序和数据；

②诊断电源、PLC 工作状态及编程的语法错误；

③接收输入信号，送入数据寄存器并保存；

④运行时顺序读取、解释、执行用户程序，完成用户程序的各种操作；

⑤将用户程序的执行结果送至输出端。

（2）系统存储器——系统程序存储器+系统数据存储器。

①存放系统工作程序（监控程序）；

②存放模块化应用功能子程序；

③存放命令解释程序；

④存放功能子程序的调用管理程序；

⑤存放存储系统参数。

（3）用户存储器——RAM/EPROM/EEPROM。

①存放用户工作程序；

②存放工作数据。

（4）输入单元——带光电隔离电路。

①多种辅助电源类型：AC 电源 120 V/230 V 输入、DC 电源 DC 24 V 输入、DC 电源 DC 12 V 输入；

②接收开关量及数字量信号（数字量输入单元）；

③接收模拟量信号（模拟量输入单元）；

④接收按钮或开关命令（数字量输入单元）；

⑤接收传感器输出信号。

（5）输出单元——带光电隔离器及滤波器。

①多种输出方式：晶体管、晶闸管、继电器；

②驱动直流负载（晶体管输出单元）；

③驱动非频繁动作的交/直流负载（继电器输出单元）；

④驱动频繁动作的交/直流负载（晶闸管输出单元）。

（6）通信及编程接口——采用 RS-485 或 RS-422 串行总线。

①连接专用编程器；

②连接个人计算机（PC），实现编程及在线监控；

③连接工控机，实现编程及在线监控；

④连接网络设备（如调制解调器），实现远程通信；

⑤连接打印机等计算机外设。

（7）I/O 扩展接口——采用并行通信方式。

①扩展 I/O 模块；

②扩展位置控制模块；

③扩展通信模块；

④扩展模拟量控制模块。

2）PLC 软件系统组成

PLC 的软件由系统程序和用户程序组成。系统程序由 PLC 制造厂商设计编写的，并存入 PLC 的系统存储器中，用户不能直接读写与更改。系统程序一般包括系统诊断程序、输入处理程序、编译程序、信息传送程序、监控程序等。

PLC 的用户程序是用户利用 PLC 的编程语言，根据控制要求编制的程序。在 PLC 的应用中，最重要的是用PLC的编程语言来编写用户程序，以实现控制目的。由于PLC是专门为工业控制而开发的装置，其主要使用者是广大电气技术人员，为了满足他们的传统习惯和掌握能力，PLC的主要编程语言采用比计算机语言相对简单、易懂、形象的专用语言。

PLC编程语言是多种多样的，对于不同生产厂家、不同系列的PLC产品采用的编程语言的表达方式也不相同，但基本上可归纳两种类型：一是采用字符表达方式的编程语言，如语句表等；二是采用图形符号表达方式编程语言，如梯形图等。

（1）梯形图。

梯形图是在传统电气控制系统中常用的接触器、继电器等图形表达符号的基础上演变而来的。它与电气控制线路图相似，继承了传统电气控制逻辑中使用的框架结构、逻辑运算方式和输入输出形式，具有形象、直观、实用的特点。因此，这种编程语言为广大电气技术人员所熟知，是应用最广泛的PLC的编程语言，是PLC的第一编程语言。

（2）语句表。

这种编程语言是一种与汇编语言类似的助记符编程表达方式。在PLC应用中，经常采用简易编程器，而这种编程器中没有CRT屏幕显示或没有较大的液晶屏幕显示。因此，就用一系列PLC操作命令组成的语句表将梯形图描述出来，再通过简易编程器输入到PLC中。虽然各个PLC生产厂家的语句表形式不尽相同，但基本功能相差无几。

（3）功能表图。

功能表图（SFC）是一种较新的编程方法，又称状态转移图。它将一个完整的控制过程分为若干阶段，各阶段具有不同的动作，阶段间有一定的转换条件，转换条件满足就实现阶段转移，上一阶段动作结束，下一阶段动作开始。

（4）高级语言。

随着PLC技术的发展，为了增强PLC的运算、数据处理及通信等功能，以上编程语言无法很好地满足要求。近年来推出的PLC，尤其是大型PLC，都可用高级语言，如BASIC语言、C语言、PASCAL语言等进行编程。采用高级语言后，用户可以像使用普通微型计算机一样操作PLC，使PLC的各种功能得到更好的发挥。

4. 执行部件

在自动化生产线上执行机构主要是气动系统或液压系统以及电能系统，但是气动系统是最常用的，因为气动系统动作迅速，以压缩空气为工作介质来进行能量与信号的传递，利用空气压缩机将电动机或其他原动机输出的机械能转变为空气的压力能，在控制元件的控制以及辅助元件的配合下，通过执行元件把空气的压力能转变为机械能，从而完成直线或回转运动并对外做功。

气压传动是以压缩空气为工作介质来传递动力和控制信号，驱动和控制各种机械设备，以实现生产过程机械化、自动化。气动系统常用的执行元件为气缸和气马达，气缸用于实现直线往复运动，气马达用于实现连续回转运动。气动系统的组成及功能等详细内容将在单元二中介绍。

5. 驱动部件

1）伺服系统

伺服电动机又称执行电动机，在自动控制系统中，用作执行元件，把所收到的电信号转换成电动机轴上的角位移或角速度输出。它分为直流和交流伺服电动机，其主要特点是，当信号电压为零时无自转现象，转速随着转矩的增加而匀速下降。交流伺服电动机是无刷电动机，分为同步和异步电动机，目前运动控制中一般都用同步电动机，它的功率范围大，可以做到很大的功率，惯量大，因而适合做低速平稳运行的应用。

交流伺服电动机的工作原理：伺服电动机内部的转子是永磁铁，驱动器控制的 U/V/W 三相电形成电磁场，转子在此磁场的作用下转动，同时电动机自带的编码器反馈信号给驱动器，驱动器根据反馈值与目标值进行比较，调整转子转动的角度。伺服电动机的精度决定于编码器的精度。注意，伺服电动机最容易损坏的是电动机的编码器，因为其中有很精密的玻璃光盘和光电元件，因此电动机应避免强烈的振动，不得敲击电动机的端部和编码器部分。

交流永磁同步伺服驱动器主要由伺服控制单元、功率驱动单元、通信接口单元、伺服电动机及相应的反馈检测器件组成。伺服电动机及驱动器等内容将在单元四中详细介绍。

2）步进系统

步进系统是由步进控制器、步进驱动器以及步进电动机三部分组成。步进电动机作为执行元件，是机电一体化的关键产品之一，广泛应用在各种自动化设备中。步进电动机和普通电动机不同之处在于它是一种将电脉冲信号转化为角位移的执行机构，它同时完成两个工作：一是传递转矩；二是控制转角位置或速度。步进电动机必须有驱动器和控制器才能正常工作。驱动器的作用是对控制脉冲进行环形分配、功率放大，使步进电动机绕组按一定顺序通电，控制电动机转动。

步进电动机控制器是步进系统的指挥中心，通过脉冲频率和脉冲数量来控制步进电动机转动的速度和角度，通过高低电平来控制步进电动机转动的方向或者脱机。步进电动机控制器的好坏主要看界面和操作是否方便、程序指令和逻辑是否正确合理、步进电动机加减速控制的优化、抗干扰能力、电路的设计和硬件的品质。

以两相步进电动机为例，当给驱动器一个脉冲信号和一个正方向信号时，驱动器经过环形分配器和功率放大后，给电动机绕组通电的顺序为 $A\bar{A}\rightarrow B\bar{B}\rightarrow \bar{A}A\rightarrow \bar{B}B$，其四个状态周而复始进行变化，电动机顺时针转动；若方向信号变为负时，通电时序就变为 $A\bar{A}\rightarrow \bar{B}B\rightarrow \bar{A}A\rightarrow B\bar{B}$，电动机就逆时针转动，如图 1－11 所示。

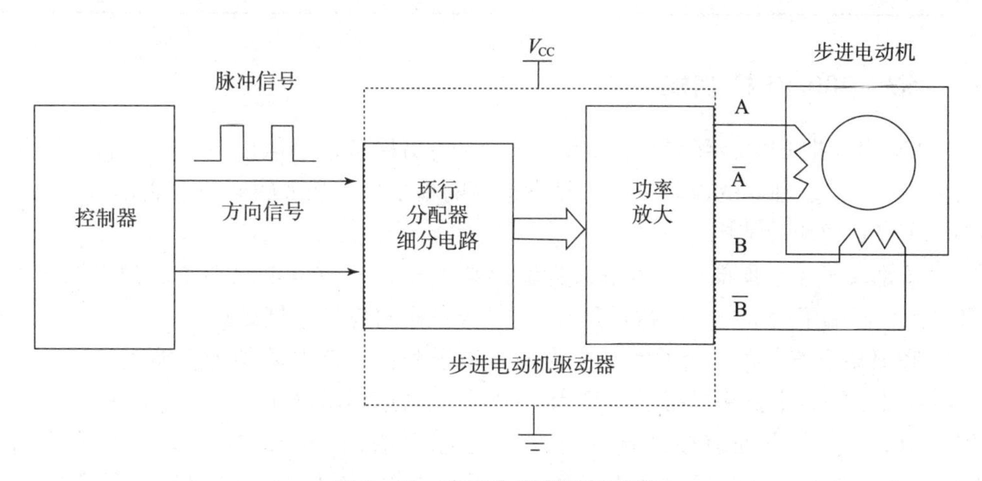

图 1－11　步进电动机控制系统

步进电动机及驱动器等详细内容将在单元三中介绍。

知识 1.2　西门子 PLC 介绍

S7 - 200 是德国西门子公司生产的小型 PLC 系列，主要有 CPU221、CPU222、CPU224 和 CPU226 四种 CPU 基本单元。SIMATIC S7 - 200 CPU 模块的主要性能指标如表 1 - 1 所示。西门子 PLC 具有控制能力强，质量高，程序严谨易懂，通信方便，可利用指令向导编写复杂程序语句等优点，因此，在我国工业生产设备中使用量较大。在 THJDAL - 2 型自动生产线中使用了 CPU222、CPU224 和 CPU226 进行程序控制。

表 1 - 1　SIMATIC S7 - 200 CPU 模块的主要性能指标

性能指标	CPU221	CPU222	CPU224	CPU226
外形尺寸/mm	90 × 80 × 62	90 × 80 × 62	120.5 × 80 × 62	190 × 80 × 62
本机数字量 I/O	6 个输入/4 个输出	8 个输入/6 个输出	14 个输入/10 个输出	24 个输入/16 个输出
程序空间	2 048 字	2 048 字	4 096 字	4 096 字
数据空间	1 024 字	1 024 字	2 560 字	2 560 字
用户存储器类型	E^2PROM	E^2PROM	E^2PROM	E^2PROM
扩展模块数量	不能扩展	2 个模块	7 个模块	7 个模块
数字量 I/O	128 输入/128 输出	128 输入/128 输出	128 输入/128 输出	128 输入/128 输出
模拟量 I/O	无	16 输入/16 输出	32 输入/32 输出	32 输入/32 输出
定时器/计数器	256/256	256/256	256/256	256/256
内部继电器	256	256	256	256
布尔指令执行速度	0.371 μs/指令	0.371 μs/指令	0.371 μs/指令	0.371 μs/指令
通信口数量	1（RS - 485）	1（RS - 485）	1（RS - 485）	1（RS - 485）

一、S7 - 200 PLC 结构

S7 - 200 PLC 把 CPU、存储器、电源、输入/输出接口、通信接口和扩展接口等组成部分集成在一个紧凑、独立的设备中。它具有丰富的指令集和强大的通信功能，图 1 - 12 所示为 S7 - 200 CPU 模块的结构。

（1）顶部端子盖：顶部端子盖下边为输出端子和 PLC 供电电源端子。输出端子的运行状态可以由顶部端子盖下方一排指示灯显示，ON 状态对应指示灯亮。

（2）底部端子盖：底部端子盖下边为输入端子和传感器电源端子。输入端子的运行状态可以由底部端子盖上方一排指示灯显示，ON 状态对应指示灯亮。

（3）前盖：前盖下面有模式选择开关（运行/终端/停止）。模式选择开关拨到运行（RUN）位置，则程序处于运行状态；拨到终端（TERM）位置，可以通过编程软件控制 PLC 的工作状态；拨到停止（STOP）位置，则程序停止运行，处于写入程序状态。

（4）状态指示灯：显示 CPU 所处的状态（系统错误/诊断、运行、停止）。CPU 状态指

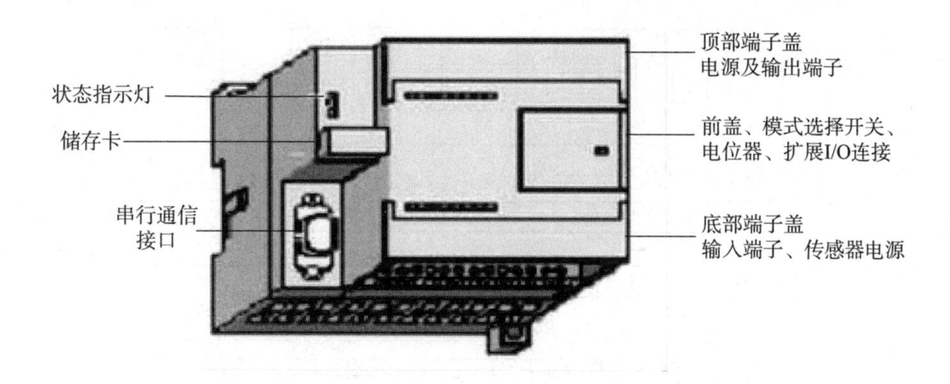

图 1－12　S7－200 CPU 模块的结构

示灯的作用如表 1－2 所示。

（5）存储卡（EEPOM 卡）：可以存储 CPU 程序。

（6）串行通信接口：使用 PC/PPI 电缆连接计算机 COM 串口与 PLC 通信接口，均选择 9.6 KB 波特率，可实现用户程序的下载或上传，能够实现 PLC 与上位机、其他 PLC、编程器、彩色图形显示器、打印机等外部设备的连接。另外，使用网络连接器可以方便地组成 PPI 通信网络。

（7）扩展接口：PLC 主机与输入、输出扩展模块的接口，做扩展系统之用。主机与扩展模块之间由导轨固定，并用扩展电缆连接。

表 1－2　CPU 状态指示灯的作用

名称		状态	作用
SF	系统故障	亮	严重的出错或硬件故障
STOP	停止状态	亮	不执行用户程序，可以通过编程器向 PLC 装载程序或进行系统设置
RUN	运行状态	亮	执行用户程序，工作状态

二、S7－200CPU 22X 的输入/输出接口

输入/输出接口是 PLC 与被控设备相连接的接口电路。S7－200 系列 CUP22X 主机的输入回路为直流双向光耦合输入电路，输出有继电器和晶体管两种类型。例如 CUP224 DC/DC/DC 型，其含义为 14 点输入，10 点输出，直流 24 V 输入电源，提供 24 V 直流输出给外部元件（如传感器等），晶体管输出。其 CPU 外围接线图如图 1－13 所示。

CPU224 的输入端共有 14 个输入点（I0.0～I0.7、I1.0～I1.5），它采用了双向光电耦合器，24 V 直流极性可任意选择，系统设置 1M 为输入端子（I0.0～I0.7）的公共端，2M 为（I1.0～I1.5）输入端子的公共端。

CPU224 的输出端有 10 个输出点（Q0.0～Q0.7，Q1.0～Q1.1），Q0.0～Q0.4 共用 1M 和 1L 公共端，Q0.5～Q1.1 共用 2M 和 2L 公共端，在公共端上需要用户连接适当的电源，为 PLC 的负载服务。

1）输入接口电路

输入接口电路主要用来完成输入 PLC 需要的各种控制信号，如限位开关、操作按钮、

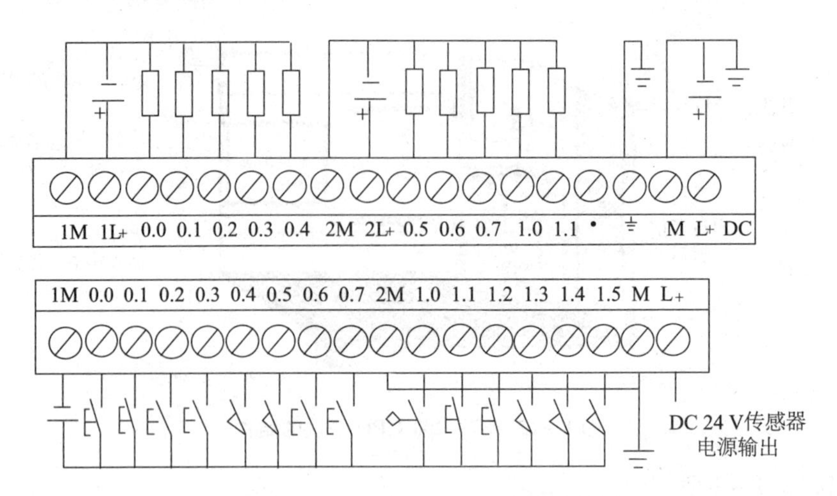

图 1-13　S7-200 CUP224 外围接线图

选择开关、行程开关以及其他一些传感器输出的开关量或模拟量（要通过模数变换进入机内）等，将这些信号转换成中央处理单元能够接收和处理的信号，如图 1-14 所示。

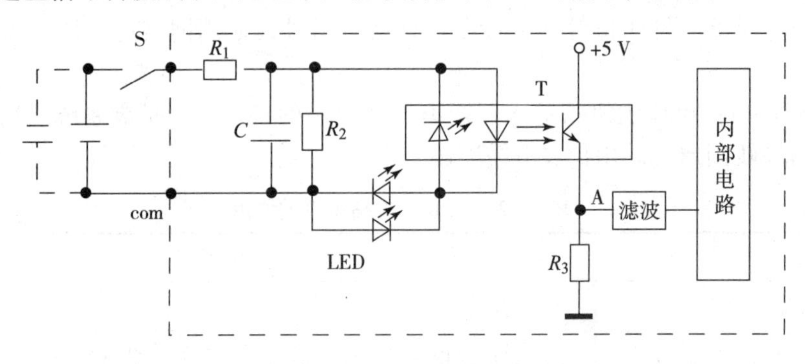

图 1-14　PLC 输入接口电路

在图 1-14 中，当输入开关 S 闭合时，光敏晶体管接收到光信号，并将接收的信号送入内部状态寄存器，对应的输入映像寄存器为“1”状态，同时该输入端的发光二极管（LED）点亮；当开关断开时，对应的输入映像寄存器为“0”状态。输入接口电路利用光电耦合器隔离内、外电路，利用滤波电路消除干扰信号。

2）输出接口电路

输出接口电路将中央处理单元送出的弱电控制信号转换成现场需要的强电信号输出，以驱动电磁阀、接触器、电动机等被控设备的执行元件。根据驱动负载元件不同可将输出接口电路分为继电器输出电路和晶体管输出电路两种，如图 1-15 所示。

（1）继电器输出型。继电器输出型为有触点输出，外加负载电源既可以是交流，也可以是直流，但接直流会受到继电器硬件触点开关速度低的限制，只能满足一般低速控制需要，如控制电磁阀、接触器等。图 1-15（a）所示为继电器输出电路，当内部电路的状态为 1 时，使继电器 K 的线圈通电，产生电磁吸力，触点闭合，则负载得电，同时点亮 LED，表示该路输出点有输出。当内部电路的状态为 0 时，使继电器 K 的线圈无电流，触点断开，则负载断电，同时 LED 熄灭，表示该路输出点无输出。

（2）晶体管输出型。晶体管输出只能接直流负载，开关速度高，适合高速控制的场合，

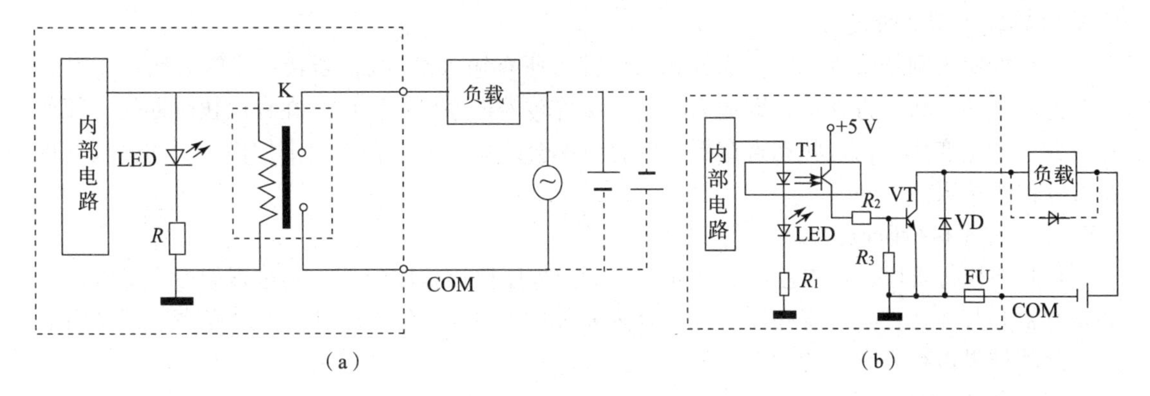

图 1－15　PLC 输出接口电路

（a）继电器输出电路；（b）晶体管输出电路

如控制步进电动机和伺服电动机等。图 1－15（b）所示为晶体管输出电路，当内部电路的状态为 1 时，光电耦合器 T1 导通，使大功率晶体管 VT 饱和导通，则负载得电，同时点亮 LED，表示该路输出点有输出。当内部电路的状态为 0 时，光电耦合器 T1 断开，大功率晶体管 VT 截止，则负载失电，LED 熄灭，表示该路输出点无输出。当负载为电感性负载，VT 关断时会产生较高的反电势，VD 的作用是为其提供放电回路，避免 VT 承受过电压。

三、PLC 的基本工作原理

与微机等待命令的工作方式不同，PLC 采用循环扫描的工作方式，即 CPU 从第一条指令开始按指令步序号做周期性的循环扫描，如果无跳转指令，则从第一条指令开始逐条顺序执行用户程序，直至遇到结束符后又返回第一条指令，周而复始不断循环，每一个循环称为一个扫描周期。

一个扫描周期主要分为三个阶段，如图 1－16 所示。

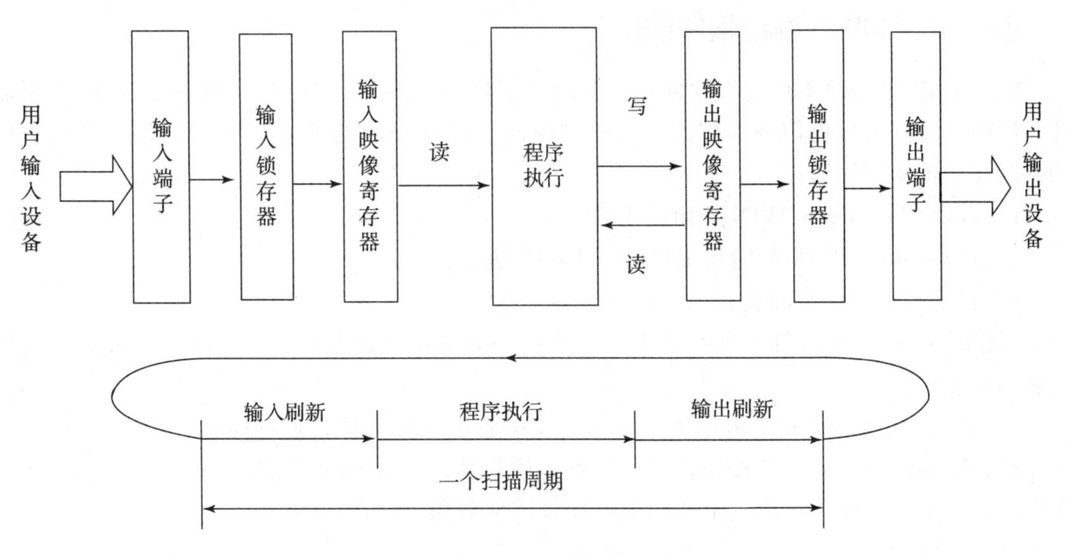

图 1－16　PLC 扫描工作过程

（1）输入刷新阶段。

PLC 在输入刷新阶段，以扫描方式顺序读入所有输入端的通/断状态或输入数据，并将此状态存入输入状态寄存器，即输入刷新。接着转入程序执行阶段。在程序执行期间，即使输入状态发生变化，输入状态寄存器的内容也不会改变，只有在下一个扫描周期的输入处理阶段才能被读入。

（2）程序执行阶段。

PLC 在执行阶段，按先左后右、先上后下的步序执行程序指令。其过程如下：从输入状态寄存器和其他元件状态寄存器中读出有关元件的通/断状态，并根据用户程序进行逻辑运算，运算结果再存入有关的状态寄存器中。

（3）输出刷新阶段。

在所有指令执行完毕后，将各物理继电器对应的输出状态寄存器的通/断状态，在输出刷新阶段转存到输出寄存器，去控制各物理继电器的通/断，这才是 PLC 的实际输出。

由于输入刷新阶段是紧接输出刷新阶段后马上进行的，所以亦将这两个阶段统称为 I/O 刷新阶段。实际上，除了执行程序和 I/O 刷新外，PLC 还要进行各种错误检测（自诊断功能）并与编程工具通信，这些操作统称为“监视服务”，一般在程序执行后进行。

扫描周期的长短主要取决于程序的长短。由于每一个扫描周期只进行一次 I/O 刷新，故使系统存在输入、输出滞后现象。这对于一般的开关量控制系统不但不会造成影响，反而可以增强系统的抗干扰能力。但对于控制时间要求较严格、响应速度要求较快的系统，就需要精心编制程序，必要时采用一些特殊功能，以减少因扫描周期造成的响应滞后。

由 PLC 的工作过程可见，在 PLC 的程序执行阶段，即使输入发生了变化，输入状态寄存器的内容也不会立即改变，要等到下一个周期输入处理阶段才能改变。暂存在输出状态寄存器中的输出信号，等到一个循环周期结束，CPU 集中将这些输出信号全部输出给输出锁存器，这才成为实际的 CPU 输出。因此全部输入、输出状态的改变就需要一个扫描周期，换言之，输入、输出的状态保持一个扫描周期。

四、S7 -200 的编程软件使用

STEP7 Microwin V4.0 编程软件是专为西门子公司 S7 -200 系列小型机而设计的编程软件，使用该软件可根据控制系统的要求编制控制程序并完成与 PLC 的实时通信，进行程序的下载与上传及在线监控。

1. STEP 7 -Micro/WIN 的窗口组件

STEP 7 -Micro/WIN 的窗口组件如图 1 -17 所示。

1）操作栏显示编程特性的按钮控制群组

“视图”：选择该类别，为程序块、符号表、状态表、数据块、系统块、交叉参考及通信显示按钮控制。

“工具”：选择该类别，显示指令向导、文本显示向导、位置控制向导、EM 253 控制面板和调制解调器扩展向导的按钮控制。当操作栏包含的对象因为当前窗口大小无法显示时，操作栏显示滚动按钮，可以向上或向下移动至其他对象。

2）指令树

提供所有项目对象和为当前程序编辑器（LAD、FBD 或 STL）提供的所有指令的树形视

图 1－17　STEP 7－Micro/WIN 的窗口组件

图。用户可以用鼠标右键单击树中“项目”部分的文件夹，插入附加程序组织单元(POU)；也可以用鼠标右键单击单个 POU，打开、删除、编辑其属性表，用密码保护或重命名子程序及中断例行程序。可以用鼠标右键单击树中“指令”部分的一个文件夹或单个指令，以便隐藏整个树。一旦打开指令文件夹，就可以拖放单个指令或双击，按照需要自动将所选指令插入程序编辑器窗口中的光标位置。可以将指令拖放在“偏好”文件夹中，排列经常使用的指令。

3）交叉参考

允许用户检视程序的交叉参考和组件使用信息。

4）数据块

允许用户显示和编辑数据块内容。

5）状态表

允许用户将程序输入、输出或变量置入图表中，以便追踪其状态。可以建立多个状态表，以便从程序的不同部分检视组件。每个状态图在状态表窗口中有自己的标签。

6）符号表/全局变量表

允许用户分配和编辑全局符号（即可在任何 POU 中使用的符号值，不只是建立符号的 POU)，可以建立多个符号表，可在项目中增加一个 S7－200 系统符号预定义表。

7）输出窗口

在用户编译程序时提供信息。当输出窗口列出程序错误时，可双击错误信息，会在程序编辑器窗口中显示适当的网络。当编译程序或指令库时，提供信息。

8）状态条

提供用户在 STEP 7 - Micro/WIN 中操作时的操作状态信息。

9）程序编辑器

包含用于该项目的编辑器（LAD、FBD 或 STL）的局部变量表和程序视图。如果需要，用户可以拖动分割条，扩展程序视图并覆盖局部变量表。当在主程序一节（MAIN）之外建立子程序或中断例行程序时，标记出现在程序编辑器窗口的底部。可单击该标记，在子程序、中断和 OB1 之间移动。

10）局部变量表

包含用户对局部变量所做的赋值（即子程序和中断例行程序使用的变量）。在局部变量表中建立的变量使用暂时内存；地址赋值由系统处理；变量的使用仅限于建立此变量的 POU。

11）菜单条

允许用户使用鼠标或键单击执行操作。可以定制“工具”菜单，在该菜单中增加自己的工具。

12）工具条

为最常用的 STEP 7 - Micro/WIN 操作提供便利的鼠标访问。用户可以定制每个工具条的内容和外观。

2. 如何输入 PLC 控制程序

以三相异步电动机启停程序为例，熟悉 STEP7 Micro WIN V4.0 编程软件的使用方法。三相异步电动机启停梯形图如图 1 - 18 所示。

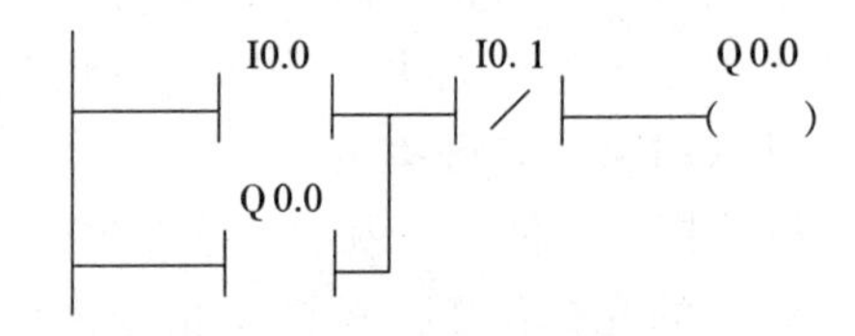

图 1 - 18　三相异步电动机启停梯形图

1）打开新项目

双击 STEP 7 - Micro/WIN 图标，或从“开始”菜单选择 SIMATIC > STEP 7 Micro/WIN，启动应用程序。打开一个新 STEP 7 - Micro/WIN 项目，如图 1 - 19 所示。

2）打开现有项目

从 STEP 7 - Micro/WIN 中，使用文件菜单，选择下列选项之一。

（1）打开：允许浏览至一个现有项目，并且打开该项目。

（2）文件名称：如果用户最近在一项目中工作过，该项目在“文件”菜单下列出，可直接选择，不必使用“打开”对话框。

（3）进入编程状态：单击左侧查看中的程序块，进入编程状态。

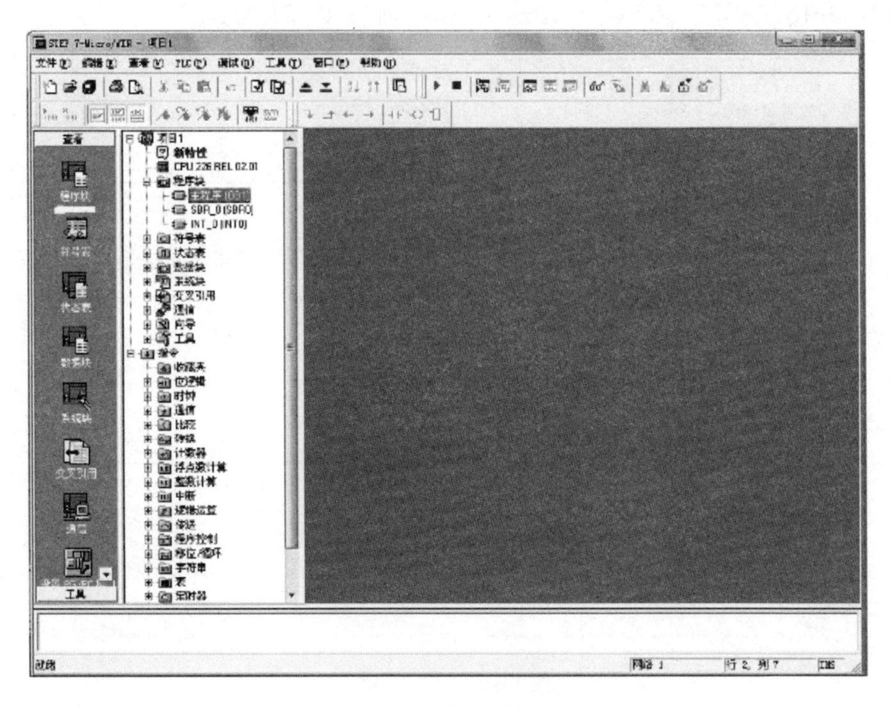

图 1-19　新项目界面

（4）选择编程语言：打开菜单栏中的查看，选择梯形图语言，如图 1-20 所示；也可选 STL（语句表）、FBD（功能块）。

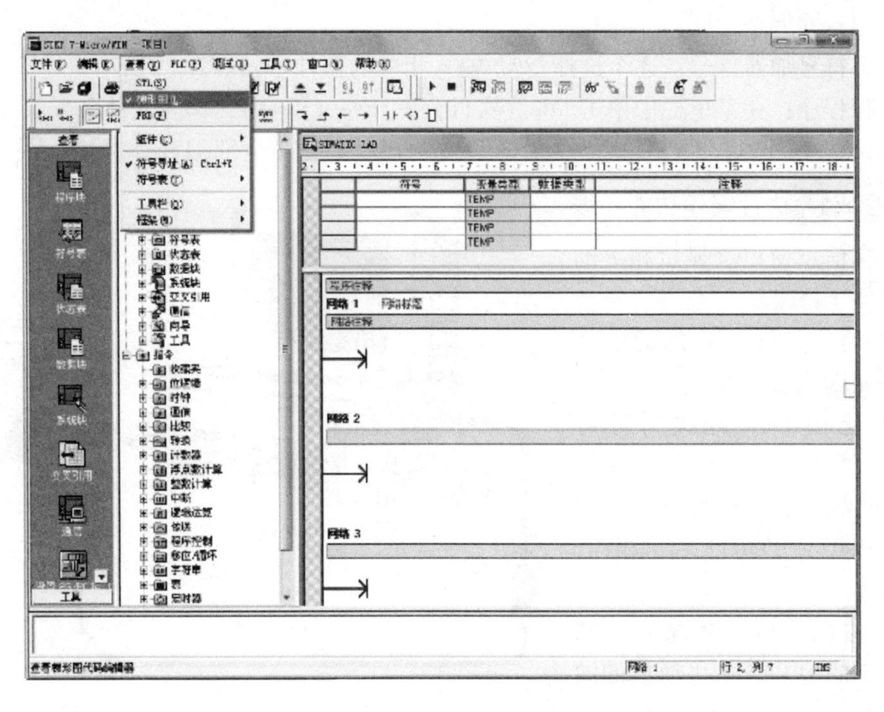

图 1-20　选择编程语言

①选择 MAIN 主程序，在网络 1 中输入程序，如图 1－21 所示。

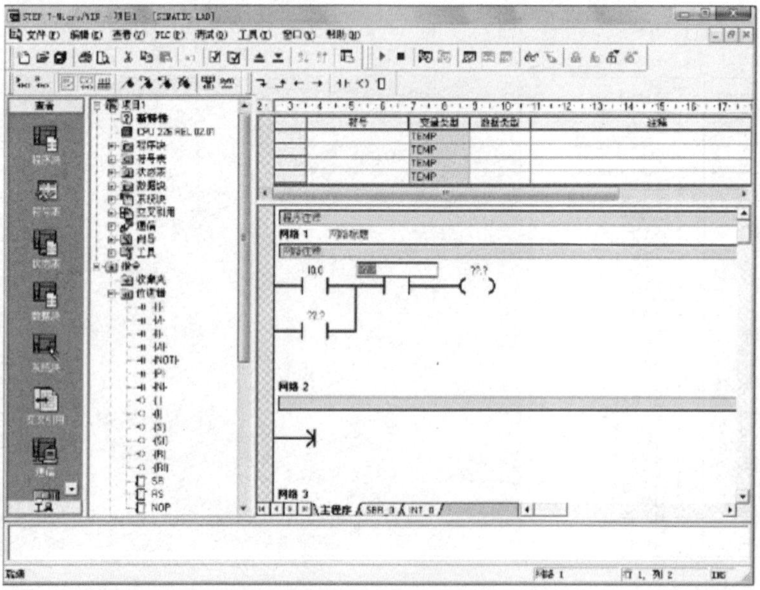

图 1－21　输入程序

②单击网络 1 中的⊢→从菜单栏或指令树中选择相关符号。如在指令树中选择，可在指令中双击位逻辑，从中选择常开触点符号，双击；再选择常闭触点符号，双击；再选择输出线圈符号，双击；将光标移到常开触点下面，单击菜单栏中的←，再选择常开触点，左移光标，单击⌟↑，完成梯形图。

③给各符号加器件号：逐个选择???，输入相应的器件号。

④保存程序：在菜单栏中单击 File（文件）—Save（保存），输入文件名，保存。

⑤编译：使用菜单“PLC”—“编译”或“PLC”—“全部编译”命令，或者用工具栏按钮☑或☑执行编译功能。编译完成后在信息窗口会显示相关的结果，以便于修改。

3）建立 PC 及 PLC 的通信连接线路并完成参数设置

（1）连接 PC：连接时应将 PC/PPI 电缆的一端与计算机的 COM 端相接，另一端与 S7－200 PLC 的 PORT0 或 PORT1 端口相连，如图 1－22 所示。

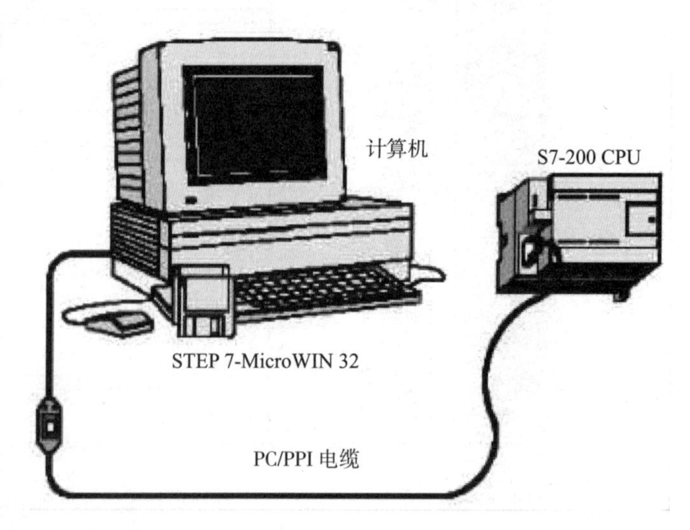

图 1－22　PC 与 S7－200 连接图

（2）参数设置：设置 PC/PPI 电缆小盒中的 DIP 开关将通信的波特率设置为 9.6 kbps；将 PLC 的方式开关设置在 STOP 位置，给 PLC

上电；打开 STEP7 - Micro/WIN 32 软件并单击菜单栏中的“PLC”—“类型”弹出“PLC 类型”窗口，单击“读取 PLC”检测是否成功，或者从下拉菜单中选择 CPU226，单击“通信”按钮，系统弹出“通信”窗口，双击 PC/PPI 电缆的图标，检测通信成功与否，如图 1 - 23 所示。

（a）

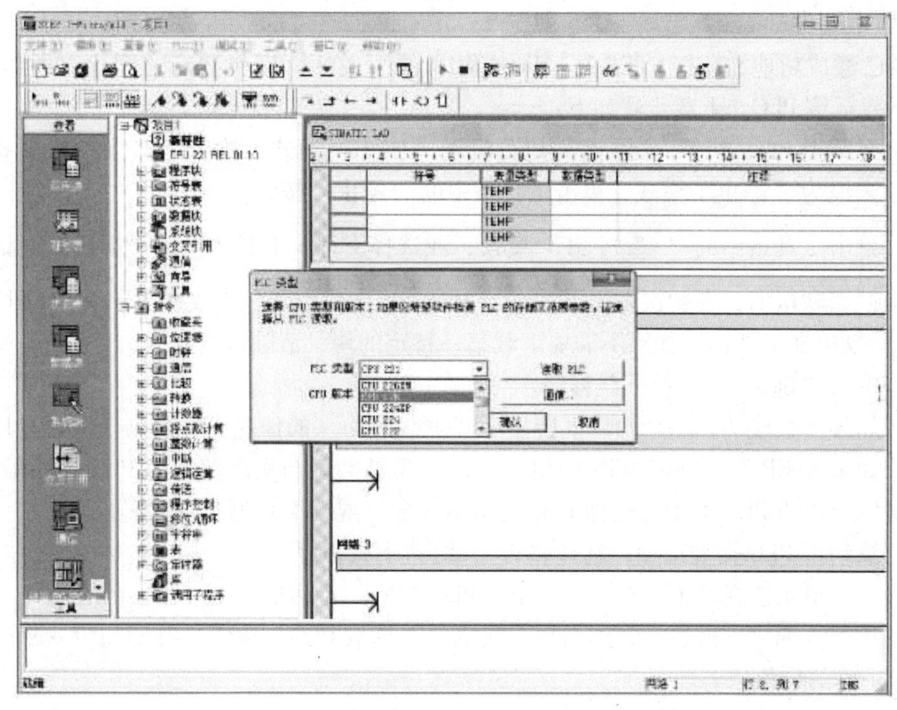

（b）

图 1 - 23　参数设置

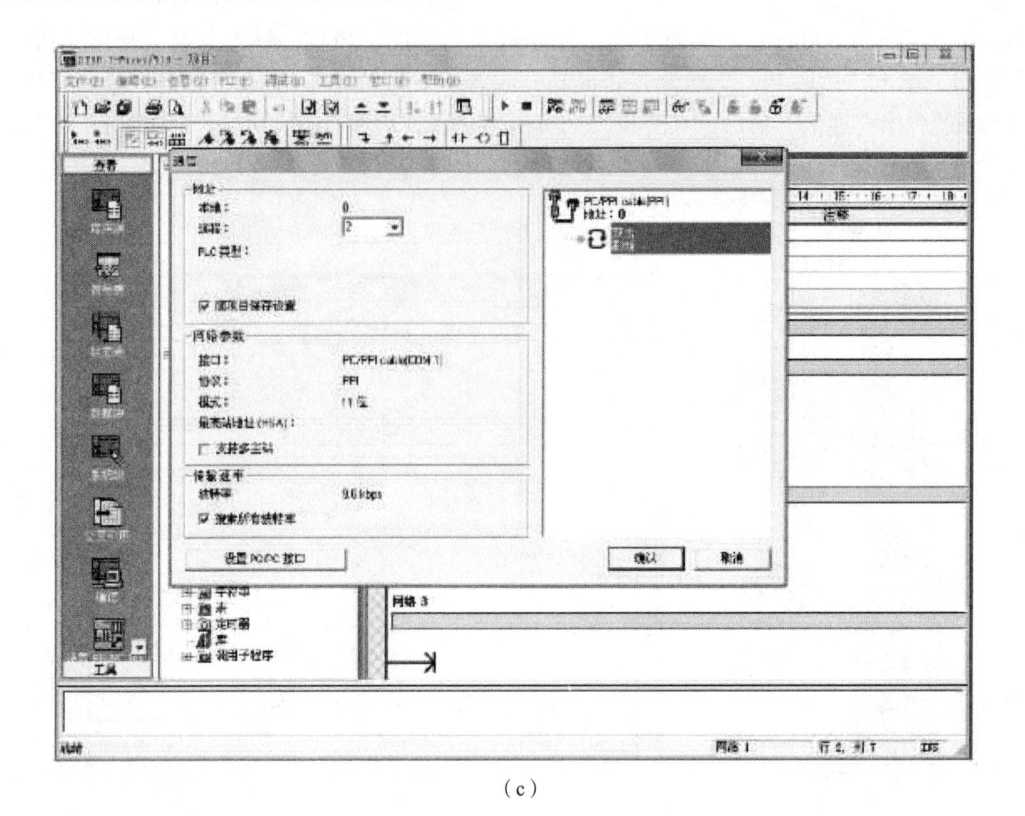

（c）

图 1－23　参数设置（续）

4）下载程序

如果已经成功地在运行 STEP 7－Micro/WIN 的个人计算机和 PLC 之间建立通信，可以将程序下载至该 PLC。下载步骤如下：

（1）下载至 PLC 之前，必须核实 PLC 位于“停止”模式，检查 PLC 上的模式指示灯。如果 PLC 未设为“停止”模式，单击工具条中的“停止”按钮。

（2）单击工具条中的“下载”按钮，或选择文件 > 下载，出现“下载”对话框。

（3）根据默认值，在初次发出下载命令时，“程序代码块”“数据块”和“CPU 配置”（系统块）复选框被选择。如果不需要下载某一特定的块，清除该复选框。

（4）单击“确定”，开始下载程序。

（5）如果下载成功，一个确认框会显示“下载成功”的信息，继续执行步骤（12）。

（6）如果 STEP 7－Micro/WIN 中用于 PLC 类型的数值与实际使用的 PLC 不匹配，会显示“为项目所选的 PLC 类型与远程 PLC 类型不匹配。继续下载吗?”的警告信息。

（7）欲纠正 PLC 类型选项，选择“否”，终止下载程序。

（8）从菜单条选择 PLC > 类型，调出“PLC 类型”对话框。

（9）从下拉列表方框选择纠正类型，或单击“读取 PLC”按钮，由 STEP 7－Micro/WIN 自动读取正确的数值。

（10）单击“确定”，确认 PLC 类型，并清除对话框。

（11）单击工具条中的“下载”按钮，重新开始下载程序，或从菜单条选择文件 >

下载。

（12）一旦下载成功，在 PLC 中运行程序之前，必须将 PLC 从 STOP（停止）模式转换回 RUN（运行）模式。单击工具条中的“运行”按钮，或选择 PLC > 运行，转换回 RUN（运行）模式。

5）运行和调试程序

（1）将 CPU 上的 RUN/STOP 开关拨到 RUN 位置；CPU 上的黄色 STOP 状态指示灯灭，绿色指示灯亮。

（2）在 STEP7 - Micro/WIN 软件中使用菜单命令“PLC”—“RUN（运行）”和“PLC”—“STOP（停止）”，或者工具栏按钮和改变 CPU 的运行状态。

（3）接通 I0.0 对应的按钮，观察运行结果。

6）监控程序状态

（1）程序在运行时可以用菜单命令中“调试”→“开始程序状态监控”或者工具栏按钮对程序状态进行监控。

（2）也可使用菜单命令中“查看”→“组件”→“状态表”或单击浏览条“查看”中“状态表”图标，打开状态图表，输入需监控的元件进行监控。

使用菜单命令中“调试”→“状态表”或单击工具栏控钮打开状态图表，如图 1 - 24 所示，输入需监控的元件进行监控。

状态图

	地址	格式	当前数值	新数值
1		带符号		
2		带符号		
3		带符号		
4		带符号		
5		带符号		

图 1 - 24　状态图表

7）建立符号表

在“引导条”单击“符号表”图标，或“查看”菜单→“组件”→“符号表”项，打开符号表，将直接地址编号（如 I0.0）用具有实际含义的符号（如正向启动按钮）代替。

8）符号寻址

在菜单中“查看”—“符号寻址”，编写程序时可以输入符号地址或绝对地址，使用绝对地址时它们将被自动转换为符号地址，在程序中将显示符号地址，观察程序变化。

改变信号状态，再观察运行结果并监控程序。

3. PLC 控制程序的上载

可选用以下 3 种方式进行程序上载：

（1）单击“上载”按钮。

（2）选择菜单命令文件 > 上载。

（3）按快捷键组合 Ctrl + U。

要上载（PLC 至编辑器），PLC 通信必须正常运行。确保网络硬件和 PLC 连接电缆正常操作。选择想要的块（程序块、数据块或系统块），选定要上载的程序组件就会从 PLC 复制到当前打开的项目，用户就可保存已上载的程序。

五、S7 - 200 的数据区

PLC 在运行时需要处理的数据一般都根据数据的类型不同、数据的功能不同而把数据分成几类。这些不同类型的数据被存放在不同的存储空间，从而形成不同的数据区。S7 - 200 的数据区可以分为数字量输入和输出映像区、模拟量输入和输出映像区、变量存储器区、位存储器区、顺序控制继电器区、局部存储器区、定时器存储器区、计数器存储器区、高速计数器区、累加器区和特殊存储器区。

1. 数字量输入和输出映像区

1）数字量输入映像区（I 区）

数字量输入映像区是 S7 - 200 CPU 为输入端信号状态开辟的一个存储区，用 I 表示。在每次扫描周期的开始，CPU 对输入点进行采样，并将采样值存于输入映像区寄存器中。该区的数据可以是位（1 bit）、字节（8 bit）、字（16 bit）或者双字（32 bit）。其表示形式如下：

（1）用位表示

I0. 0、I 0. 1、…、I 0. 7

I1. 0、I 1. 1、…、I 1. 7

…

I15. 0、I 15. 1、…、I 15. 7

共 128 点。

输入映像区每个位地址包括存储器标识符、字节地址及位号三部分。存储器标识符为“I”，字节地址为整数部分，位号为小数部分。比如 I1. 0 表明这个输入点是第 1 个字节的第 0 位。

（2）用字节表示

IB0、IB1、…、IB15

共 16 个字节。

输入映像区每个字节地址包括存储器字节标识符、字节地址两部分。字节标识符为“IB”，字节地址为整数部分。比如 IB1 表明这个输入字节是第 1 个字节，共 8 位，其中第 0 位是最低位，第 7 位是最高位。

（3）用字表示

IW0、IW2、…、IW14

共 8 个字。

输入映像区每个字地址包括存储器字标识符、字地址两部分。字标识符为“IW”，字地址为整数部分。一个字含两个字节，一个字中的两个字节的地址必须连续，且低位字节在一个字中应该是高 8 位，高位字节在一个字中应该是低 8 位。比如，IW0 中的 IB0 应该是高 8 位，IB1 应该是低 8 位。

（4）用双字表示

ID0、ID4、…、ID12

共 4 个双字。

输入映像区每个双字地址包括存储器双字标识符、双字地址两部分。双字标识符为“ID”，双字地址为整数部分。一个双字含四个字节，四个字节的地址必须连续。最低位字节在一个双字中应该是最高 8 位。比如，ID0 中的 IB0 应该是最高 8 位，IB1 应该是高 8 位，IB2 应该是低 8 位，IB3 应该是最低 8 位。

2）数字量输出映像区（Q 区）

数字量输出映像区是 S7－200 CPU 为输出端信号状态开辟的一个存储区，用 Q 表示。在扫描周期的结尾，CPU 将输出映像寄存器的数值复制到物理输出点上。该区的数据可以是位（1 bit）、字节（8 bit）、字（16 bit）或者双字（32 bit）。其表示形式如下：

（1）用位表示

Q0.0、Q0.1、…、Q0.7

Q1.0、Q1.1、…、Q1.7

…

Q15.0、Q15.1、…、Q15.7

共 128 点。

输出映像区每个位地址包括存储器标识符、字节地址及位号三部分。存储器标识符为“Q”，字节地址为整数部分，位号为小数部分。比如 Q0.1 表明这个输出点是第 0 个字节的第 1 位。

（2）用字节表示

QB0、QB1、…、QB15

共 16 个字节。

输出映像区每个字节地址包括存储器字节标识符、字节地址两部分。字节标识符为“QB”，字节地址为整数部分。比如 QB1 表明这个输出字节是第 1 个字节，共 8 位，其中第 0 位是最低位，第 7 位是最高位。

（3）用字表示

QW0、QW2、…、QW14

共 8 个字。

输出映像区每个字地址包括存储器字标识符、字地址两部分。字标识符为“QW”，字地址为整数部分。一个字含两个字节，一个字中的两个字节的地址必须连续，且低位字节在一个字中应该是高 8 位，高位字节在一个字中应该是低 8 位。比如，QW0 中的 QB0 应该是高 8 位，QB1 应该是低 8 位。

（4）用双字表示

QD0、QD4、…、QD12

共 4 个双字。

输出映像区每个双字地址包括存储器双字标识符、双字地址两部分。双字标识符为“QD”，双字地址为整数部分。一个双字含四个字节，四个字节的地址必须连续。最低位字节在一个双字中应该是最高 8 位。比如，QD0 中的 QB0 应该是最高 8 位，QB1 应该是高 8

位，QB2 应该是低 8 位，QB3 应该是最低 8 位。

应当指出，实际没有使用的输入端和输出端的映像区的存储单元可以作中间继电器用。

2. 模拟量输入和输出映像区

1）模拟量输入映像区（AI 区）

模拟量输入映像区是 S7－200 CPU 为模拟量输入端信号开辟的一个存储区。S7－200 将测得的模拟值（如温度、压力）转换成 1 个字长的（16 bit）的数字量，模拟量输入用区域标识符（AI）、数据长度（W）及字节的起始地址表示。该区的数据为字（16 bit）。其表示形式如下：

AIW0、AIW2、…、AIW30

共 16 个字，总共允许有 16 路模拟量输入。

应当指出，模拟量输入值为只读数据。

2）模拟量输出映像区（AQ 区）

模拟量输出映像区是 S7－200 CPU 为模拟量输出端信号开辟的一个存储区。S7－200 把 1 个字长（16 bit）数字值按比例转换为电流或电压。模拟量输出用区域标识符（AQ）、数据长度（W）及起始字节地址表示。该区的数据为字（16 bit）。其表示形式如下：

AQW0、AQW2、…、AQW30

共 16 个字，总共允许有 16 路模拟量输出。

3. 变量存储器区（V 区）

PLC 执行程序过程中，会存在一些控制过程的中间结果，这些中间数据也需要用存储器来保存。变量存储器就是根据这个实际的要求设计的。变量存储器区是 S7－200 CPU 为保存中间变量数据而建立的一个存储区，用 V 表示。该区的数据可以是位（1 bit）、字节（8 bit）、字（16 bit）或者双字（32 bit）。其表示形式如下：

（1）用位表示

V0.0、V0.1、…、V0.7

V1.0、V1.1、…、V1.7

…

V5119.0、V5119.1、…、V5119.7

共 40 969 点。

CPU221、CPU222 变量存储器只有 2 048 个字节，其变量存储区只能到 V2047.7 位。

变量存储器区每个位地址包括存储器标识符、字节地址及位号三部分。存储器标识符为“V”，字节地址为整数部分，位号为小数部分。比如 V1.1 表明这是变量存储器区第 1 个字节的第 1 位。

（2）用字节表示

VB0、VB1、…、VB5119

共 5 120 个字节。

变量存储器区每个字节地址的表示应该包括存储器字节标识符、字节地址两部分。字节标识符为“VB”，字节地址为整数部分。比如 VB1 表明这个变量存储器字节是第 1 个字节，共 8 位，其中第 0 位是最低位，第 7 位是最高位。

（3）用字表示

VW0、VW2、…、VW5118

共 2 560 个字。

变量存储器区每个字地址的表示应该包括存储器字标识符、字地址两部分。字标识符为“VW”，字地址为整数部分。一个字含两个字节，一个字中的两个字节的地址必须连续，且低位字节在一个字中应该是高 8 位，高位字节在一个字中应该是低 8 位。比如，VW0 中的 VB0 应该是高 8 位，VB1 应该是低 8 位。

（4）用双字表示

VD0、VD4、…、VD5116

共 1 280 个双字。

变量存储器区每个双字地址的表示应该包括存储器双字标识符、双字地址两部分。双字标识符为“VD”，双字地址为整数部分。一个双字含四个字节，四个字节的地址必须连续。最低位字节在一个双字中应该是最高 8 位，比如，VD0 中的 VB0 应该是最高 8 位，VB1 应该是高 8 位，VB2 应该是低 8 位，VB3 应该是最低 8 位。

应当指出，变量存储器区的数据可以是输入，也可以是输出。

4. 位存储器区（M 区）

PLC 执行程序过程中，可能会用到一些标志位，这些标志位也需要用存储器来寄存。位存储器就是根据这个要求设计的。位存储器区是 S7 - 200 CPU 为保存标志位数据而建立的一个存储区，用 M 表示。该区虽然叫位存储器，但是其中的数据不仅可以是位，也可以是字节（8 bit）、字（16 bit）或者双字（32 bit）。其表示形式如下：

（1）用位表示

M0. 0、M0. 1、…、M0. 7

M1. 0、M1. 1、…、M1. 7

…

M31. 0、M31. 1、…、M31. 7

共 256 点。

位存储器区每个位地址的表示应该包括存储器标识符、字节地址及位号三部分。存储器标识符为“M”，字节地址为整数部分，位号为小数部分。比如 M1. 1 表明位存储器区第 1 个字节的第 1 位。

（2）用字节表示

MB0、MB1、…、MB31

共 32 个字节。

位存储器区每个字节地址的表示应该包括存储器字节标识符、字节地址两部分。字节标识符为“MB”，字节地址为整数部分。比如 MB1 表明位存储器第 1 个字节，共 8 位，其中第 0 位是最低位，第 7 位是最高位。

（3）用字表示

MW0、MW2、…、MW30

共 16 个字。

位存储器区每个字地址的表示应该包括存储器字标识符、字地址两部分。字标识符为“MW”，字地址为整数部分。一个字含两个字节，一个字中的两个字节的地址必须连续，且低位字节在一个字中应该是高 8 位，高位字节在一个字中应该是低 8 位。比如，MW0 中的 MB0 应该是高 8 位，MB1 应该是低 8 位。

（4）用双字表示

MD0、MD4、…、MD28

共 8 个双字。

位存储器区每个双字地址的表示应该包括存储器双字标识符、双字地址两部分。双字标识符为“MD”，双字地址为整数部分。一个双字含四个字节，四个字节的地址必须连续。最低位字节在一个双字中应该是最高 8 位。比如，MD0 中的 MB0 应该是最高 8 位，MB1 应该是高 8 位，MB2 应该是低 8 位，MB3 应该是最低 8 位。

5. 顺序控制继电器区（S 区）

PLC 执行程序过程中，可能会用到顺序控制。顺序控制继电器就是根据顺序控制的特点和要求设计的。顺序控制继电器区是 S7－200 CPU 为顺序控制继电器的数据而建立的一个存储区，用 S 表示，在顺序控制过程中用于组织步进过程的控制。顺序控制继电器区的数据可以是位，也可以是字节（8 bit）、字（16 bit）或者双字（32 bit）。其表示形式如下：

（1）用位表示

S0.0、S0.1、…、S0.7

S1.0、S1.1、…、S1.7

…

S31.0、S31.1、…、S31.7

共 256 点。

顺序控制继电器区每个位地址的表示应该包括存储器标识符、字节地址及位号三部分。存储器标识符为“S”，字节地址为整数部分，位号为小数部分。比如 S0.1 表明位存储器区第 0 个字节的第 1 位。

（2）用字节表示

SB0、SB1、…、SB31

共 32 个字节。

顺序控制继电器区每个字节地址的表示应该包括存储器字节标识符、字节地址两部分。字节标识符为“SB”，字节地址为整数部分。比如 SB1 表明位存储器第 1 个字节，共 8 位，其中第 0 位是最低位，第 7 位是最高位。

（3）用字表示

SW0、SW2、…、SW30

共 16 个字。

顺序控制继电器区每个字地址的表示应该包括存储器字标识符、字地址两部分。字标识符为“SW”，字地址为整数部分。一个字含两个字节，一个字中的两个字节的地址必须连续，且低位字节在一个字中应该是高 8 位，高位字节在一个字中应该是低 8 位。比如，SW0 中的 SB0 应该是高 8 位，SB1 应该是低 8 位。

（4）用双字表示

SD0、SD4、…、SD28

共 8 个双字。

顺序控制继电器区每个双字地址的表示应该包括存储器双字标识符、双字地址两部分。双字标识符为“SD”，双字地址为整数部分。一个双字含四个字节，四个字节的地址必须连续。最低位字节在一个双字中应该是最高8位。比如，SD0中的SB0应该是最高8位，SB1应该是高8位，SB2应该是低8位，SB3应该是最低8位。

6. 局部存储器区（L区）

S7-200 PLC有64个字节的局部存储器，其中60个可以用作暂时存储器或者给子程序传递参数。如果用梯形图或功能块图编程，STEP 7-Micro/WIN 32保留这些局部存储器的最后四个字节。如果用语句表编程，可以寻址所有的64个字节，但是不要使用局部存储器的最后4个字节。

局部存储器和变量存储器很相似，主要区别是变量存储器是全局有效的，而局部存储器是局部有效的。全局是指同一个存储器可以被任何程序存取（如主程序、子程序或中断程序）。局部是指存储器区和特定的程序相关联。S7-200 PLC可以给主程序分配64个局部存储器，给每一级子程序嵌套分配64个字节局部存储器，给中断程序分配64个字节局部存储器。

子程序或中断子程序不能访问分配给主程序的局部存储器。子程序不能访问分配给主程序、中断程序或其他子程序的局部存储器。同样，中断程序也不能访问给主程序或子程序的局部存储器。

S7-200 PLC根据需要分配局部存储器。也就是说，当主程序执行时，分配给子程序或中断程序的局部存储器是不存在的。当出现中断或调用一个子程序时，需要分配局部存储器。新的局部存储器在分配时可以重新使用分配给不同子程序或中断程序的相向局部存储器。

局部存储器在分配时PLC不进行初始化，初值可能是任意的。当在子程序调用中传递参数时，在被调用子程序的局部存储器中，由CPU代替被传递的参数的值。局部存储器在参数传递过程中不接收值，在分配时不被初始化，也没有任何值。可以把局部存储器作为间接寻址的指针，但是不能作为间接寻址的存储器区。

局部存储器区是S7-200 CPU为局部变量数据建立的一个存储区，用L表示。该区的数据可以是位、字节（8 bit）、字（16 bit）或者双字（32 bit）。其表示形式如下：

（1）用位表示

L0.0、L0.1、…、L0.7
L1.0、L1.1、…、L1.7
…
L63.0、L63.1、…、L63.7

共512点。

局部存储器区每个位地址的表示应该包括存储器标识符、字节地址及位号三部分。存储器标识符为“L”，字节地址为整数部分，位号为小数部分。比如L1.1表明这个输入点是第1个字节的第1位。

（2）用字节表示

LB0、LB1、…、LB63

共64个字节。

局部存储器区每个字节地址的表示应该包括存储器字节标识符、字节地址两部分。字节标识符为“LB”，字节地址为整数部分。比如 LB1 表明这个局部存储器字节是第 1 个字节，共 8 位，其中第 0 位是最低位，第 7 位是最高位。

（3）用字表示

LW0、LW2、…、LW62

共 32 个字。

局部存储器区每个字地址的表示应该包括存储器字标识符、字地址两部分。字标识符为“LW”，字地址为整数部分。一个字包含两个字节，一个字中的两个字节的地址必须连续，且低位字节在一个字中应该是高 8 位，高位字节在一个字中应该是低 8 位。比如，LW0 中的 LB0 应该是高 8 位，LB1 应该是低 8 位。

（4）用双字表示

LD0、LD4、…、LD60

共 16 个双字。

局部存储器区每个双字地址的表示应该包括存储器双字标识符、双字地址两部分。双字标识符为“LD”，双字地址为整数部分。一个双字含四个字节，四个字节的地址必须连续。最低位字节在一个双字中应该是最高 8 位，比如，LD0 中的 LB0 应该是最高 8 位，LB1 应该是高 8 位，LB2 应该是低 8 位，LB3 应该是最低 8 位。

7. 定时器存储器区（T 区）

PLC 在工作中少不了需要计时，定时器就是实现 PLC 具有计时功能的计时设备。S7-200 定时器的精度（时基或时基增量）分为 1 ms、10 ms、100 ms 三种。

S7-200 定时器有三种类型：

（1）接通延时定时器的功能是定时器计时时间到，定时器常开触点由 OFF 转为 ON。

（2）断开延时定时器的功能是定时器计时时间到，定时器常开触点由 ON 转为 OFF。

（3）有记忆接通延时定时器的功能是定时器累积计时时间到，定时器常开触点由 OFF 转为 ON。

定时器有三种相关变量：

（1）定时器的时间设定值（PT），定时器的设定时间等于 PT 值乘以时基增量。

（2）定时器的当前时间值（SV），定时器的计时时间等于 SV 值乘以时基增量。

（3）定时器的输出状态（0 或者 1）。

定时器的编号为 T0、T1、…、T255，共有 256 个定时器。

定时器存储器区每个定时器地址的表示应该包括存储器标识符、定时器号两部分。存储器标识符为“T”，定时器号为整数，比如 T1 表明定时器 1。实际上 T1 既可以表示定时器 1 的输出状态（0 或者 1），也可以表示定时器 1 的当前计时值。这就是定时器的数据具有两种数据结构的原因所在。

8. 计数器存储器区（C 区）

PLC 在工作中有时不仅需要计时，还可能需要计数功能。计数器就是 PLC 具有计数功能的计数设备。

S7-200 计数器有三种类型：

（1）增计数器。其功能是每收到一个计数脉冲，计数器的计数值加 1。当计数值等于或大于设定值时，计数器由 OFF 转变为 ON 状态。

（2）减计数器。其功能是每收到一个计数脉冲，计数器的计数值减 1。当计数值等于 0 时，计数器由 OFF 转变为 ON 状态。

（3）增减计数器的功能是可以增计数也可以减计数。当增计数时，每收到一个计数脉冲，计数器的计数值加 1。当计数值等于或大于设定值时，计数器由 OFF 转变为 ON 状态。当减计数时，每收到一个计数脉冲，计数器的计数值减 1。当计数值小于设定值时，计数器由 ON 转变为 OFF 状态。

计数器有三种相关变量：

（1）计数器的设定值（PV）。

（2）计数器的当前值（SV）。

（3）计数器的输出状态（0 或者 1）。

计数器的编号为 C0、C1、…、C255，共有 256 个计数器。

计数器存储器区每个计数器地址的表示应该包括存储器标识符、计数器号两部分。存储器标识符为“C”，计数器号为整数，比如 C1 表明计数器 1。实际上 C1 既可以表示计数器 1 的输出状态（0 或者 1），也可以表示计数器 1 的当前计数值。这就是说计数器的数据和定时器一样具有两种数据结构。

9. 高速计数器区（HSC 区）

高速计数器用来累计比 CPU 扫描速率更快的事件。S7 - 200 各个高速计数器不仅计数频率高达 30 kHz，而且有 12 种工作模式。

S7 - 200 各个高速计数器有 32 位带符号整数计数器的当前值。若要存取高速计数器的值，则必须给出高数计数器的地址，即高数计数器的编号。

高速计数器的编号为 HSC0、HSC1、HSC2、HSC3、HSC4、HSC5。

S7 - 200 有 6 个高速计数器。其中，CPU221 和 CPO222 仅有 4 个高速计数器（HSC0、HSC3、HSC4、HSC5）。

高速计数器区每个高速计数器地址的表示应该包括存储器标识符、计数器号两部分。存储器标识符为“HSC”，计数器号为整数，比如 HSC1 表明高速计数器 1。

10. 累加器区（AC 区）

累加器是可以像存储器那样进行读/写的设备。例如，可以用累加器向子程序传递参数，或从子程序返回参数，以及用来存储计算的中间数据。

S7 - 200 CPU 提供了 4 个 32 位累加器（AC0、AC1、AC2、AC3）。

可以按字节、字或双字来存取累加器数据中的数据。但是，以字节形式读/写累加器中的数据时，只能读/写累加器 32 位数据中的最低 8 位数据。如果是以字的形式读/写累加器中的数据，只能读/写累加器 32 位数据中的低 16 位数据。只有采取双字的形式读/写累加器中的数据才能一次读写其中的 32 位数据。

因为 PLC 的运算功能是离不开累加器的，因此不能像占用其他存储器那样占用累加器。

11. 特殊存储器区（SM 区）

特殊存储器是 S7 - 200 PLC 为 CPU 和用户程序之间传递信息的媒介。它们可以反映 CPU 在运行中的各种状态信息，用户可以根据这些信息来判断机器工作状态，从而确定用户程序该做什么，不该做什么。这些特殊信息也需要用存储器来寄存，特殊存储器就是根据这个要求设计的。

S7－200 CPU 的特殊存储器区用 SM 表示，特殊存储器区的数据有些是可读可写的，有些是只读的。特殊存储器区的数据可以是位，也可以是字节（8 bit）、字（16 bit）或者双字（32 bit）。其表示形式如下：

（1）用位表示

SM0.0、SM0.1、…、SM0.7
SM1.0、SM1.1、…、SM1.7
…
SM29.0、SM29.1、…、SM29.7
…
SM179.0、SM179.1、…、SM194.7

特殊存储器区每个位地址的表示应该包括存储器标识符、字节地址及位号三部分。存储器标识符为“SM”，字节地址为整数部分，位号为小数部分。比如 SM0.1 表明特殊存储器第 0 个字节的第 1 位。

（2）用字节表示

SMB0、SMB1、…、SMB29、…、SMB194

特殊存储器区每个字节地址的表示应该包括存储器字节标识符、字节地址两部分。字节标识符为“SMB”，字节地址为整数部分。比如 SMB1 表明位存储器第 1 个字节，共 8 位，其中第 0 位是最低位，第 7 位是最高位。

（3）用字表示

SMW0、SMW2、…、SMW28、…、SMW194

特殊存储器区每个字地址的表示应该包括存储器字标识符、字地址两部分。字标识符为“SMW”，字地址为整数部分。一个字含两个字节，一个字中的两个字节的地址必须连续，且低位字节在一个字中应该是高 8 位，高位字节在一个字中应该是低 8 位。比如，SMW0 中的 SMB0 应该是高 8 位，SMB1 应该是低 8 位。

（4）用双字表示

SMD0、SMD4、…、SMD24、…、SMD192

位存储器区每个双字地址的表示应该包括存储器双字标识符、双字地址两部分。双字标识符为“SMD”，双字地址为整数部分。一个双字含四个字节，四个字节的地址必须连续。最低位字节在一个双字中应该是最高 8 位，比如，SMD0 中的 SMB0 应该是最高 8 位，SMB1 应该是高 8 位，SMB2 应该是低 8 位，SMB3 应该是最低 8 位。

需要注意的是 S7－200 PLC 的特殊存储器区头 30 个字节为只读区。

六、PLC 常用指令

SIMATIC S7－200 系列 PLC 的指令系统有多种指令语言，可分为梯形图、语句表和功能块图三种程序指令形式。最常用的是梯形图（LAD）程序指令，它的基本逻辑元素是触点、线圈、功能框和地址符。触点有常开、常闭两种类型，用于代表输入控制信息，当一个常开触点闭合时，能流可以从此触点流过；线圈代表输出，当线圈有能流流过时，输出便被接通；功能框代表一种复杂的操作，它可以使程序大大简化；地址符用于说明触点、线圈和功能框的操作对象。

1）基本指令

基本指令格式及功能如表 1－3 所示。

表 1－3　基本指令格式及功能

梯形图 LAD	语句表 STL		梯形图含义
	操作码	操作数	
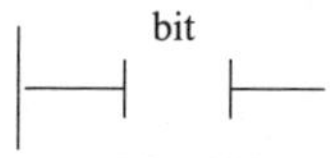 bit	LD	bit	将一常开触点与母线连接
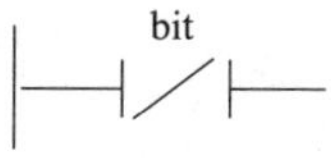 bit	LDN	bit	将一常闭触点与母线连接
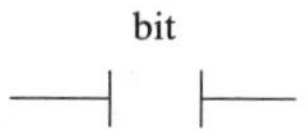 bit	A	bit	将一常开触点 bit 与上一触点串联，可连续使用
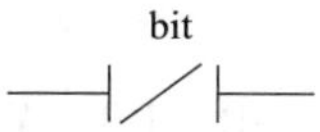 bit	AN	bit	将一常闭触点 bit 与上一触点串联，可连续使用
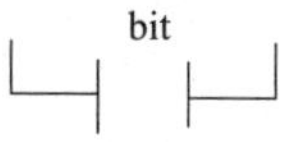 bit	O	bit	将一常开触点 bit 与上一触点并联，可连续使用
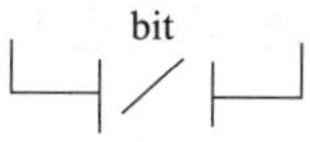 bit	ON	bit	将一常闭触点 bit 与上一触点并联，可连续使用
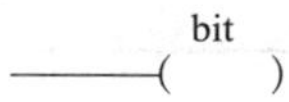 bit ( )	=	bit	当能流流进线圈时，线圈所对应的操作数 bit 置“1”

说明：

①触点代表 CPU 对存储器的读操作，常开触点和存储器的位状态一致，常闭触点和存储器的位状态相反。用户程序中同一触点可使用无数次。

②线圈代表 CPU 对存储器的写操作，若线圈左侧的逻辑运算结果为“1”，表示能流能够达到线圈，CPU 将该线圈所对应的存储器的位置位为“1”，若线圈左侧的逻辑运算结果为“0”，表示能流不能够达到线圈，CPU 将该线圈所对应的存储器的位“0”写入用户程序中，同一线圈只能使用一次。

③LD、LDN 指令用于与输入公共母线（输入母线）相连的接点，也可与 OLD、ALD 指令配合使用于分支回路的开头，操作数：I、Q、M、SM、T、C、V、S。

④“＝”指令用于 Q、M、SM、T、C、V、S，但不能用于输入映像寄存器 I。输出端不带负载时，控制线圈应尽量使用 M 或其他，而不用 Q。“＝”可以并联使用任意次，但不能串联。

⑤A、AN、O、ON 操作数：I、Q、M、SM、V、S、T、C。

2）置位复位指令

置位复位指令格式及功能如表 1 - 4 所示。

表 1 - 4　置位复位指令格式及功能

梯形图 LAD	语句表 STL		功能
	操作码	操作数	
bit ——(S) N	S	bit，N	对从 bit 指定的位开始的 N 位置“1”
bit ——(R) N	R	bit，N	对从 bit 指定的位开始的 N 位置“0”

说明：

①条件满足时，从 bit 开始的 *N* 个位被置位或复位。

②bit 可寻址寄存器：I、Q、M、S、SM、V、T、C、L。

③N 取值范围：0 ~ 255，可立即数，也可寄存器寻址 IB、QB、SMB、SB、LB、VB、AC、＊AC、＊VD。

④置位复位指令通常成对使用，也可以单独使用或与指令盒配合使用。

3）正负跃变指令

正负跃变指令用来检测信号的上升沿或下降沿，并产生一个扫描周期的脉冲。表 1 - 5 所示为 S7 - 200 系列 PLC 正负跃变指令格式及功能。

表 1 - 5　S7 - 200 系列 PLC 正负跃变指令格式及功能

LAD	STL		功能
	操作码	操作数	
┤ P ├	EU	无	正跃变指令检测到每一次输入的上升沿出现时，都将接通电路一个扫描周期
┤ N ├	ED	无	正跃变指令检测到每一次输入的下降沿出现时，都将接通电路一个扫描周期

说明：

①EU、ED 指令只在输入信号变化时有效，其输出信号的脉冲宽度为一个机器扫描周期。

②对开机时就为接通状态的输入条件，EU 指令不执行。

③该指令在程序中检测前方逻辑运算状态的改变，将一个长信号变为短信号。

4）定时器指令

定时器指令格式及功能如表 1－6 所示。

表 1－6　定时器指令格式及功能

LAD	STL		功能
	操作码	操作数	
???? IN TON PT	TON	T××，PT	当输入使能端 IN 为"1"时，定时器开始计时；当定时器的当前值大于预定值 PT 时，定时器位变为 ON（该位为"1"）；当定时器的使能端 IN 由"1"变"0"时，定时器复位
???? IN TONR PT	TONR	T××，PT	当输入使能端 IN 为"1"时，定时器当前值开始计时；当定时器使能输入端 IN 为"0"时，定时器停止计时，并保持当前值不变；当定时器的当前值达到预定值 PT 时，定时器位变为 ON（该位为"1"）
???? IN TOF PT	TOF	T××，PT	当输入使能端 IN 为"0"时，定时器开始计时；当定时器的当前值达到预定值 PT 时，定时器位变为 OFF（该位为"0"）；当定时器的使能端 IN 由"0"变"1"时，定时器当前值清零

5）数据传送指令

（1）字节、字、双字、实数单个数据传送指令 MOV。

数据传送指令 MOV，用来传送单个的字节、字、双字、实数。其指令格式及功能如表 1－7 所示。

表 1－7　单个数据传送指令 MOV 指令格式

LAD	MOV_B EN ENO IN OUT	MOV_W EN ENO IN OUT	MOV_DW EN ENO IN OUT	MOV_R EN ENO IN OUT
STL	MOVB IN，OUT	MOVW IN，OUT	MOVD IN，OUT	MOVR IN，OUT
操作数及数据类型	IN：VB、IB、QB、MB、SB、SMB、LB、AC、常量； OUT：VB、IB、QB、MB、SB、SMB、LB、AC	IN：VW、IW、QW、MW、SW、SMW、LW、T、C、AIW、常量、AC； OUT：VW、T、C、IW、QW、SW、MW、SMW、LW、AC、AQW	IN：VD、ID、QD、MD、SD、SMD、LD、HC、AC、常量； OUT：VD、ID、QD、MD、SD、SMD、LD、AC	IN：VD、ID、QD、MD、SD、SMD、LD、AC、常量； OUT：VD、ID、QD、MD、SD、SMD、LD、AC
	字节	字、整数	双字、双整数	实数
功能	使能输入有效时，即 EN＝1 时，将一个输入 IN 的字节、字/整数、双字/双整数或实数送到 OUT 指定的存储器输出，在传送过程中不改变数据的大小。传送后，输入存储器 IN 中的内容不变			

使 ENO =0，即使能输出断开的错误条件是：SM4.3（运行时间），0006（间接寻址错误）。

【例 1-1】将变量存储器 VW10 中内容送到 VW100 中，程序如图 1-25 所示。

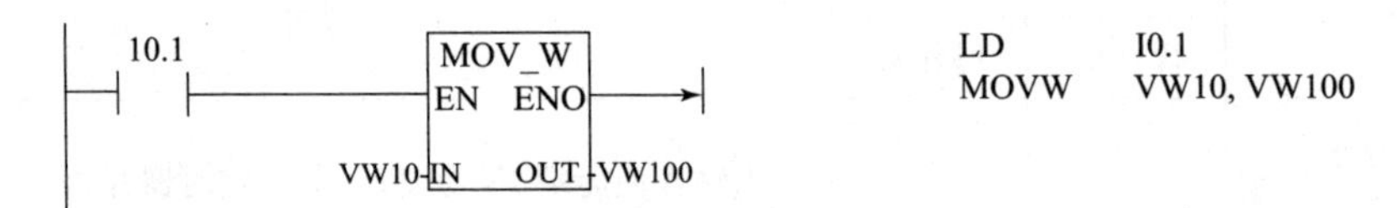

图 1-25　例 1-1 题图

（2）字节、字、双字、实数数据块传送指令 BLKMOV。

数据块传送指令将从输入地址 IN 开始的 N 个数据传送到输出地址 OUT 开始的 N 个单元中，N 的范围为 1～255，N 的数据类型为字节。其指令格式及功能如表 1-8 所示。

表 1-8　数据传送指令 BLKMOV 指令格式

LAD	BLKMOV_B EN ENO ???? -IN OUT- ???? ???? -N	BLKMOV_W EN ENO ???? -IN OUT- ???? ???? -N	BLKMOV_D EN ENO ???? -IN OUT- ???? ???? -N
STL	BMB　IN，OUT	BMW　IN，OUT	BMD　IN，OUT
操作数及数据类型	IN：VB、IB、QB、MB、SB、SMB、LB。 OUT：VB、IB、QB、MB、SB、SMB、LB。 数据类型：字节	IN：VW、IW、QW、MW、SW、SMW、LW、T、C、AIW。 OUT：VW、IW、QW、MW、SW、SMW、LW、T、C、AQW。 数据类型：字	IN/OUT：VD、ID、QD、MD、SD、SMD、LD。 数据类型：双字
	N：VB、IB、QB、MB、SB、SMB、LB、AC、常量；数据类型：字节；数据范围：1～255		
功能	使能输入有效时，即 EN =1 时，把从输入 IN 开始的 N 个字节（字、双字）传送到以输出 OUT 开始的 N 个字节（字、双字）中		

使 ENO =0 的错误条件：0006（间接寻址错误），0091（操作数超出范围）。

【例 1-2】程序举例：将变量存储器 VB20 开始的 4 个字节（VB20～VB23）中的数据，移至 VB100 开始的 4 个字节中（VB100～VB103）。其程序如图 1-26 所示。

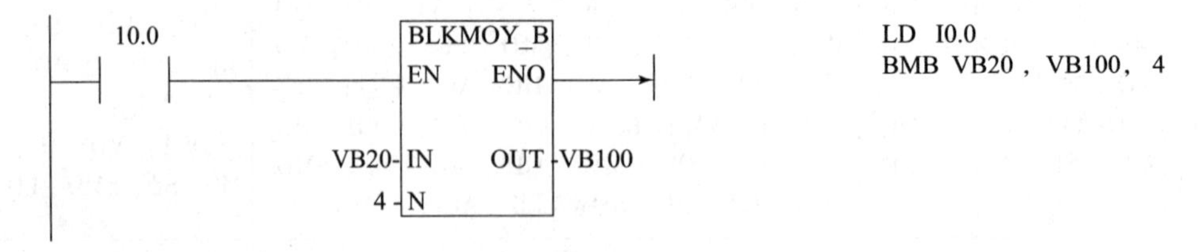

图 1-26　例 1-2 图

程序执行后，将 VB20～VB23 中的数据 30、31、32、33 送到 VB100～VB103。

执行结果如下：数组 1 数据　　30　　31　　32　　33

数据地址　　　　　　　　　　VB20　　VB21　　VB22　　VB23
块移动执行后：数组 2 数据　　30　　　31　　　32　　　33
数据地址　　　　　　　　　　VB100　VB101　VB102　VB103

6）移位指令

移位指令分为左、右移位和循环左、右移位及寄存器移位指令三大类。前两类移位指令按移位数据的长度又分字节型、字型、双字型 3 种。

（1）左、右移位指令。

左、右移位数据存储单元与 SM1.1（溢出）端相连，移出位被放到特殊标志存储器 SM1.1 位。移位数据存储单元的另一端补 0。移位指令格式及功能如表 1－9 所示。

①左移位指令（SHL）。

使能输入有效时，将输入 IN 的无符号数字节、字或双字中的各位向左移 N 位后（右端补 0），将结果输出到 OUT 所指定的存储单元中，如果移位次数大于 0，最后一次移出位保存在“溢出”存储器位 SM1.1。如果移位结果为 0，零标志位 SM1.0 置 1。

②右移位指令。

使能输入有效时，将输入 IN 的无符号数字节、字或双字中的各位向右移 N 位后，将结果输出到 OUT 所指定的存储单元中，移出位补 0，最后一移出位保存在 SM1.1。如果移位结果为 0，零标志位 SM1.0 置 1。

③使 ENO＝0 的错误条件：0006（间接寻址错误），SM4.3（运行时间）。

表 1－9　移位指令格式及功能

<table>
<tr><td>LAD</td><td>SHL_B
EN　ENO
????－IN　OUT－????
????－N
SHR_B
EN　ENO
????－IN　OUT－????
????－N</td><td>SHL_W
EN　ENO
????－IN　OUT－????
????－N
SHR_W
EN　ENO
????－IN　OUT－????
????－N</td><td>SHL_DW
EN　ENO
????－IN　OUT－????
????－N
SHR_DW
EN　ENO
????－IN　OUT－????
????－N</td></tr>
<tr><td>STL</td><td>SLB　OUT，N
SRB　OUT，N</td><td>SLW　OUT，N
SRW　OUT，N</td><td>SLD　OUT，N
SRD　OUT，N</td></tr>
<tr><td rowspan="2">操作数及数据类型</td><td>IN：VB、IB、QB、MB、SB、SMB、LB、AC、常量。
OUT：VB、IB、QB、MB、SB、SMB、LB、AC。
数据类型：字节</td><td>IN：VW、IW、QW、MW、SW、SMW、LW、T、C、AIW、AC、常量。
OUT：VW、IW、QW、MW、SW、SMW、LW、T、C、AC。
数据类型：字</td><td>IN：VD、ID、QD、MD、SD、SMD、LD、AC、HC、常量。
OUT：VD、ID、QD、MD、SD、SMD、LD、AC。
数据类型：双字</td></tr>
<tr><td colspan="3">N：VB、IB、QB、MB、SB、SMB、LB、AC、常量；数据类型：字节；数据范围：N≤数据类型（B、W、D）对应的位数</td></tr>
<tr><td>功能</td><td colspan="3">SHL：字节、字、双字左移 N 位；SHR：字节、字、双字右移 N 位</td></tr>
</table>

说明：在 STL 指令中，若 IN 和 OUT 指定的存储器不同，则须首先使用数据传送指令 MOV 将 IN 中的数据送入 OUT 所指定的存储单元，如

MOVB IN，OUT

SLB OUT，N

（2）循环左、右移位指令。

循环移位将移位数据存储单元的首尾相连，同时又与溢出标志 SM1.1 连接，SM1.1 用来存放被移出的位。其指令格式及功能如表 1－10 所示。

表 1－10　循环左、右移位指令格式及功能

LAD	ROL_B：EN ENO；????－IN OUT－????；????－N ROR_B：EN ENO；????－IN OUT－????；????－N	ROL_W：EN ENO；????－IN OUT－????；????－N ROR_W：EN ENO；????－IN OUT－????；????－N	ROL_DW：EN ENO；????－IN OUT－????；????－N ROR_DW：EN ENO；????－IN OUT－????；????－N
STL	RLB OUT，N RRB OUT，N	RLW OUT，N RRW OUT，N	RLD OUT，N RRD OUT，N
操作数及数据类型	IN：VB、IB、QB、MB、SB、SMB、LB、AC、常量。 OUT：VB、IB、QB、MB、SB、SMB、LB、AC。 数据类型：字节	IN：VW、IW、QW、MW、SW、SMW、LW、T、C、AIW、AC、常量。 OUT：VW、IW、QW、MW、SW、SMW、LW、T、C、AC。 数据类型：字	IN：VD、ID、QD、MD、SD、SMD、LD、AC、HC、常量。 OUT：VD、ID、QD、MD、SD、SMD、LD、AC。 数据类型：双字
	N：VB、IB、QB、MB、SB、SMB、LB、AC、常量；数据类型：字节		
功能	ROL：字节、字、双字循环左移 N 位；ROR：字节、字、双字循环右移 N 位		

①循环左移位指令（ROL）。

使能输入有效时，将 IN 输入无符号数（字节、字或双字）循环左移 N 位后，将结果输出到 OUT 所指定的存储单元中，移出的最后一位的数值送溢出标志位 SM1.1。当需要移位的数值是零时，零标志位 SM1.0 为 1。

②循环右移位指令（ROR）。

使能输入有效时，将 IN 输入无符号数（字节、字或双字）循环右移 N 位后，将结果输出到 OUT 所指定的存储单元中，移出的最后一位的数值送溢出标志位 SM1.1。当需要移位的数值是零时，零标志位 SM1.0 为 1。

③移位次数 N≥数据类型（B、W、D）时的移位位数的处理。

如果操作数是字节，当移位次数 N≥8 时，则在执行循环移位前，先对 N 进行模 8 操作（N 除以 8 后取余数），其结果 0～7 为实际移动位数。

如果操作数是字，当移位次数 N≥16 时，则在执行循环移位前，先对 N 进行模 16 操作（N 除以 16 后取余数），其结果 0～15 为实际移动位数。

如果操作数是双字，当移位次数 N≥32 时，则在执行循环移位前，先对 N 进行模 32 操作（N 除以 32 后取余数），其结果 0～31 为实际移动位数。

④使 ENO＝0 的错误条件：0006（间接寻址错误），SM4.3（运行时间）。说明：在 STL 指令中，若 IN 和 OUT 指定的存储器不同，则须首先使用数据传送指令 MOV 将 IN 中的数据送入 OUT 所指定的存储单元，如MOVB　　IN，OUT

SLB　　OUT，N

【例 1－3】程序应用举例，将 AC0 中的字循环右移 2 位，将 VW200 中的字左移 3 位。程序及运行结果如图 1－27 所示。

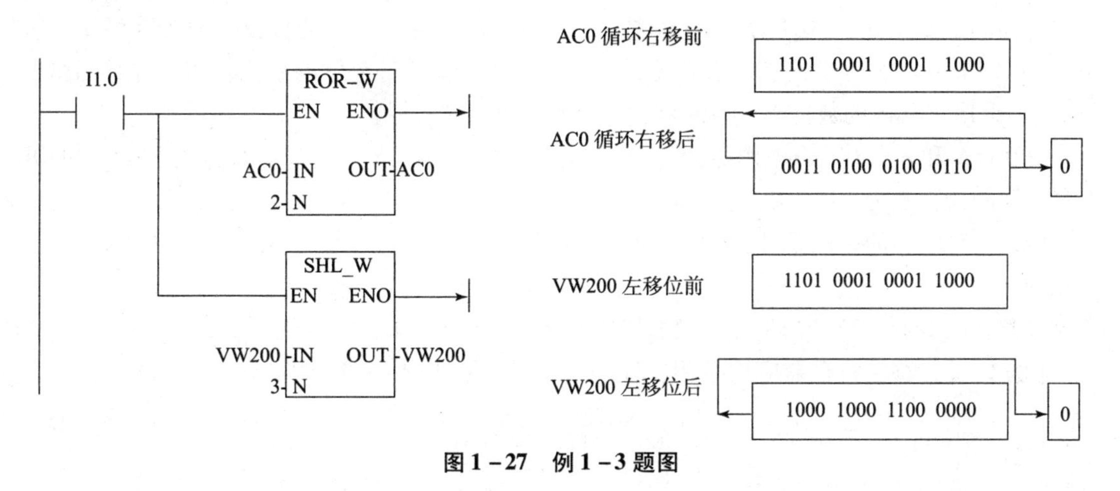

图 1－27　例 1－3 题图

【例 1－4】用 I0.0 控制接在 Q0.0～Q0.7 上的 8 个彩灯循环移位，从左到右以 0.5 s 的速度依次点亮，保持任意时刻只有一个指示灯亮，到达最右端后，再从左到右依次点亮。

分析：8 个彩灯循环移位控制，可以用字节的循环移位指令。根据控制要求，首先应置彩灯的初始状态为 QB0＝1，即左边第一盏灯亮；接着灯从左到右以 0.5 s 的速度依次点亮，即要求字节 QB0 中的“1”用循环左移位指令每 0.5 s 移动一位，因此须在 ROL－B 指令的 EN 端接一个 0.5 s 的移位脉冲（可用定时器指令实现）。梯形图程序和语句表程序如图 1－28 所示。

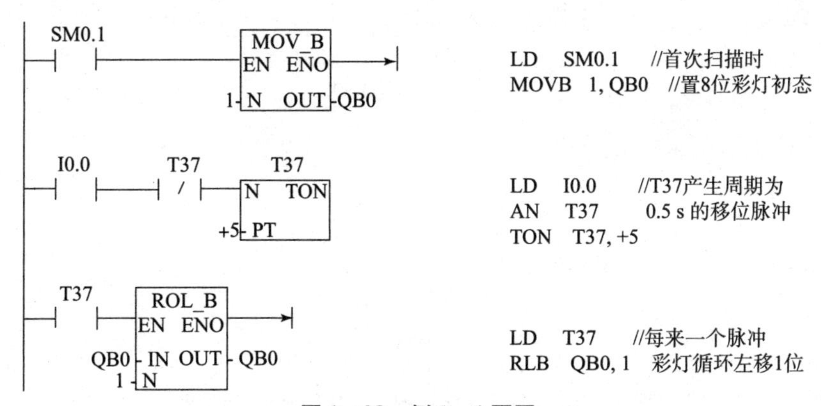

图 1－28　例 1－4 题图

（3）移位寄存器指令（SHRB）。

移位寄存器指令是可以指定移位寄存器的长度和移位方向的移位指令。其指令格式如图 1－29 所示。

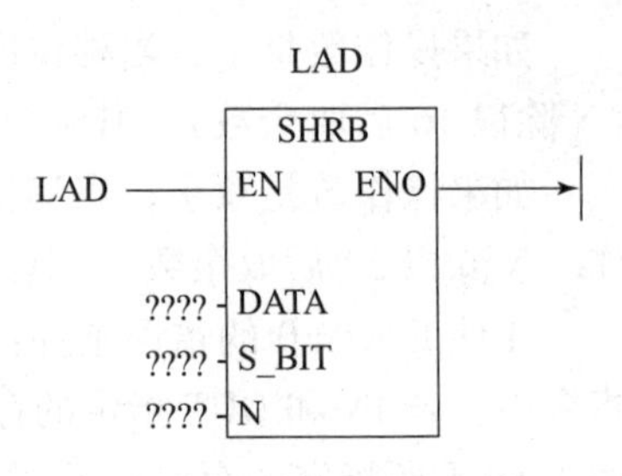

图 1－29　移位寄存器指令格式

说明：①移位寄存器指令 SHRB 将 DATA 数值移入移位寄存器。梯形图中，EN 为使能输入端，连接移位脉冲信号，每次使能有效时，整个移位寄存器移动 1 位。DATA 为数据输入端，连接移入移位寄存器的二进制数值，执行指令时将该位的值移入寄存器。S_ BIT 指定移位寄存器的最低位。N 指定移位寄存器的长度和移位方向，移位寄存器的最大长度为 64 位，N 为正值表示左移位，输入数据（DATA）移入移位寄存器的最低位（S_ BIT），并移出移位寄存器的最高位。移出的数据被放置在溢出内存位（SM1. 1）中。N 为负值表示右移位，输入数据移入移位寄存器的最高位中，并移出最低位（S_ BIT）。移出的数据被放置在溢出内存位（SM1. 1）中。

②DATA 和 S_ BIT 的操作数为 I、Q、M、SM、T、C、V、S、L。数据类型为：BOOL 变量。N 的操作数为 VB、IB、QB、MB、SB、SMB、LB、AC、常量，数据类型为字节。

③使 ENO＝0 的错误条件：0006（间接地址），0091（操作数超出范围），0092（计数区错误）。

④移位指令影响特殊内部标志位：SM1. 1（为移出的位值设置溢出位）。

【例 1－5】 移位寄存器应用举例。程序及运行结果如图 1－30 所示。

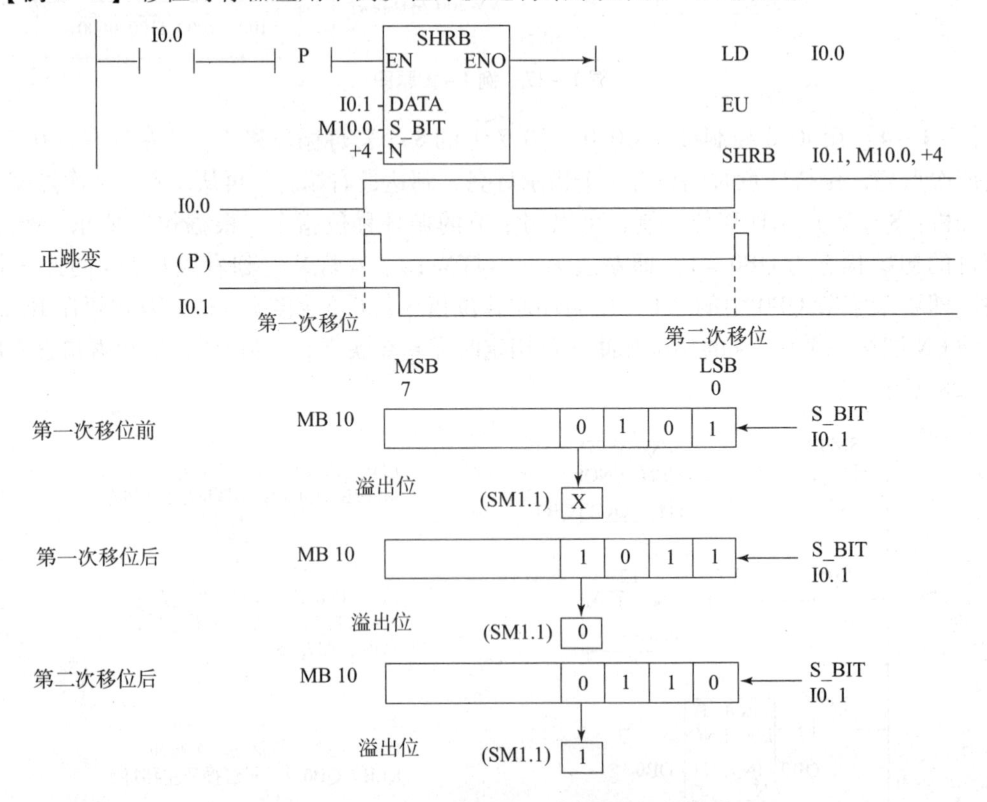

图 1－30　例 1－5 梯形图、时序图及运行结果

【例 1－6】用 PLC 构成喷泉的控制。用灯 L1～L12 分别代表喷泉的 12 个喷水柱。

（1）控制要求：按下启动按钮后，隔灯闪烁，L1 亮 0.5 s 后灭，接着 L2 亮 0.5 s 后灭，接着 L3 亮 0.5 s 后灭，接着 L4 亮 0.5 s 后灭，接着 L5、L9 亮 0.5 s 后灭，接着 L6、L10 亮 0.5 s 后灭，接着 L7、L11 亮 0.5 s 后灭，接着 L8、L12 亮 0.5 s 后灭，L1 亮 0.5 s 后灭，如此循环下去，直至按下停止按钮，如图 1－31 所示。

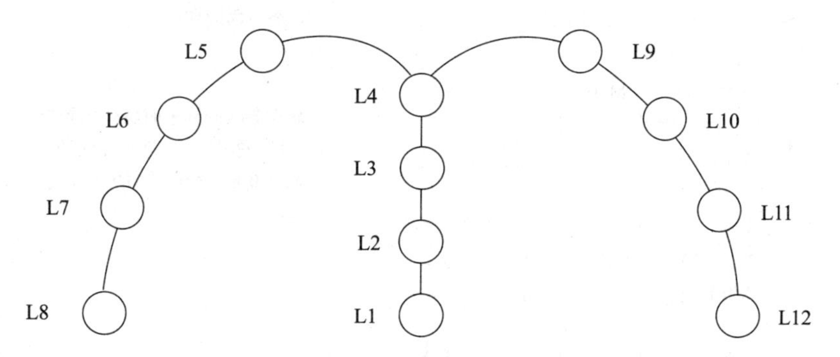

图 1－31　喷泉控制示意图

（2）I/O 分配。

输入	输出	
（常开）启动按钮：I0.0	L1：Q0.0	L5、L9：Q0.4
（常闭）停止按钮：I0.1	L2：Q0.1	L6、L10：Q0.5
	L3：Q0.2	L7、L11：Q0.6
	L4：Q0.3	L8、L12：Q0.7

（3）喷泉控制梯形图。

梯形图程序如图 1－32 所示。

分析：应用移位寄存器控制，根据喷泉模拟控制的 8 位输出（Q0.0～Q0.7），须指定一个 8 位的移位寄存器（M10.1～M11.0），移位寄存器的 S_ BIT 位为 M10.1，并且移位寄存器的每一位对应一个输出。

在移位寄存器指令中，EN 连接移位脉冲，每来一个脉冲的上升沿，移位寄存器移动一位。移位寄存器应 0.5 s 移一位，因此需要设计一个 0.5 s 产生一个脉冲的脉冲发生器（由 T38 构成）。

M10.0 为数据输入端 DATA，根据控制要求，每次只有一个输出，因此只需要在第一个移位脉冲到来时由 M10.0 送入移位寄存器 S_ BIT 位（M10.1）一个“1”，第二个脉冲至第八个脉冲到来时由 M10.0 送入 M10.1 的值均为“0”，这在程序中由定时器 T37 延时 0.5 s 导通一个扫描周期实现，第八个脉冲到来时 M11.0 置位为 1，同时通过与 T37 并联的 M11.0 常开触点使 M10.0 置位为 1，在第九个脉冲到来时由 M10.0 送入 M10.1 的值又为 1，如此循环下去，直至按下停止按钮。按下常闭停止按钮（I0.1），其对应的常闭触点接通，触发复位指令，使 M10.1～M11.0 的 8 位全部复位。

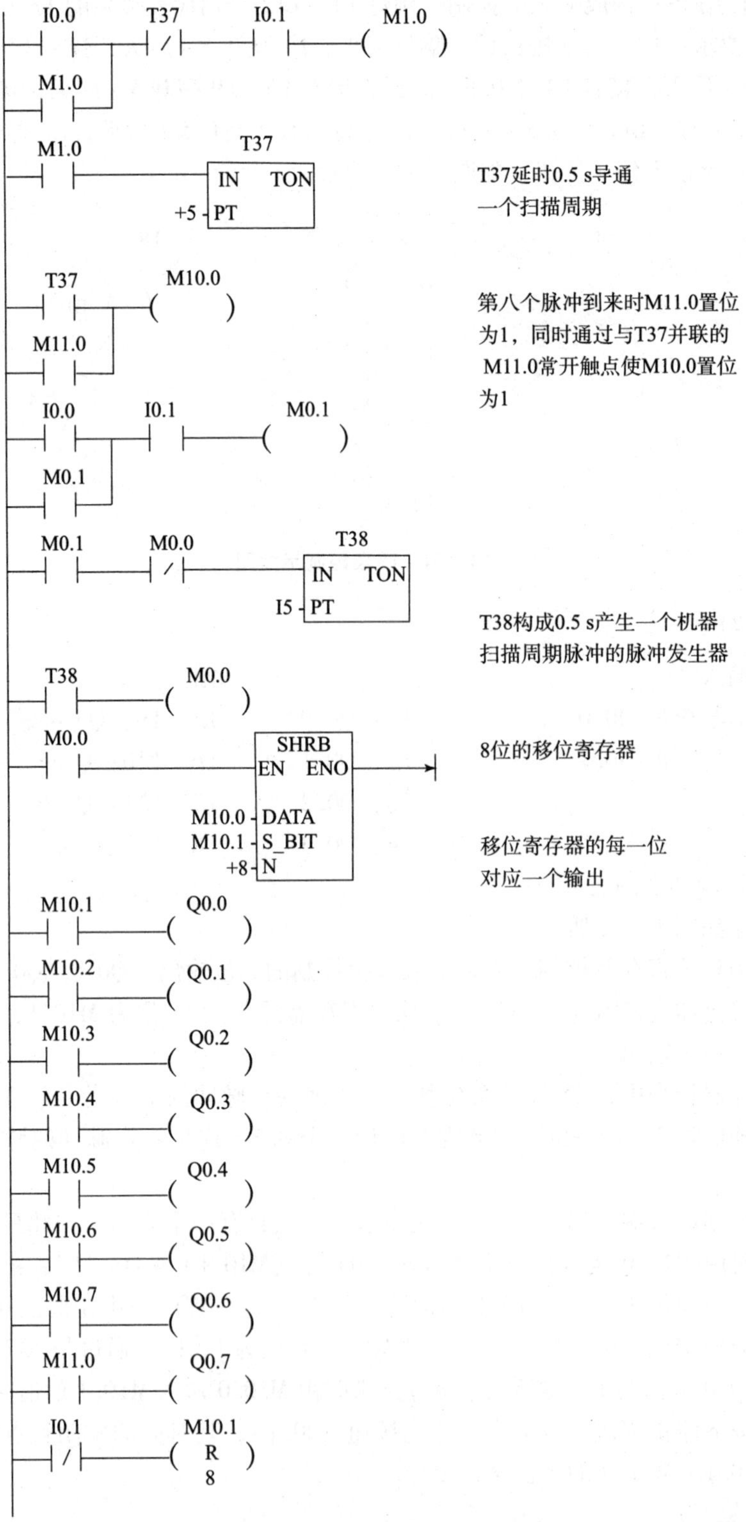

I0.0 T37 I0.1 M1.0

M1.0

M1.0 T37 IN TON +5 PT

T37延时0.5 s导通一个扫描周期

T37 M10.0

M11.0

第八个脉冲到来时M11.0置位为1，同时通过与T37并联的M11.0常开触点使M10.0置位为1

I0.0 I0.1 M0.1

M0.1

M0.1 M0.0 T38 IN TON I5 PT

T38构成0.5 s产生一个机器扫描周期脉冲的脉冲发生器

T38 M0.0

M0.0 SHRB EN ENO M10.0 DATA M10.1 S_BIT +8 N

8位的移位寄存器

移位寄存器的每一位对应一个输出

M10.1 Q0.0

M10.2 Q0.1

M10.3 Q0.2

M10.4 Q0.3

M10.5 Q0.4

M10.6 Q0.5

M10.7 Q0.6

M11.0 Q0.7

I0.1 M10.1 R 8

图1-32　例1-6喷泉模拟控制梯形图

七、顺序控制设计法

如果一个控制系统可以分解成几个独立的控制动作，且这些动作必须严格按照一定的先后次序执行才能保证生产过程的正常运行，这样的控制系统称为顺序控制系统，也称为步进控制系统，其控制总是一步一步按顺序进行。在工业控制领域中，顺序控制系统的应用很广，尤其在机械行业，几乎无一例外地利用顺序控制来实现加工的自动循环。

所谓顺序控制设计法就是针对顺序控制系统的一种专门的设计方法。这种设计方法很容易被初学者接受，对于有经验的工程师，也会提高设计的效率，程序的调试、修改和阅读也很方便。PLC 的设计者们为顺序控制系统的程序编制提供了大量通用和专用的编程元件，开发了专门供编制顺序控制程序用的功能表图，使这种先进的设计方法成为当前 PLC 程序设计的主要方法。

1. 顺序控制设计法的设计步骤

采用顺序控制设计法进行程序设计的基本步骤及内容如下：

（1）步的划分。

顺序控制设计法最基本的思想是将系统的一个工作周期划分为若干个顺序相连的阶段，这些阶段称为步，并且用编程元件（辅助继电器 M 或状态器 S）来代表各步。如图 1－33（a）所示，步是根据 PLC 输出状态的变化来划分的，在任何一步之内，各输出状态不变，但是相邻步之间输出状态是不同的。步的这种划分方法使代表各步的编程元件与 PLC 各输出状态之间有着极为简单的逻辑关系。

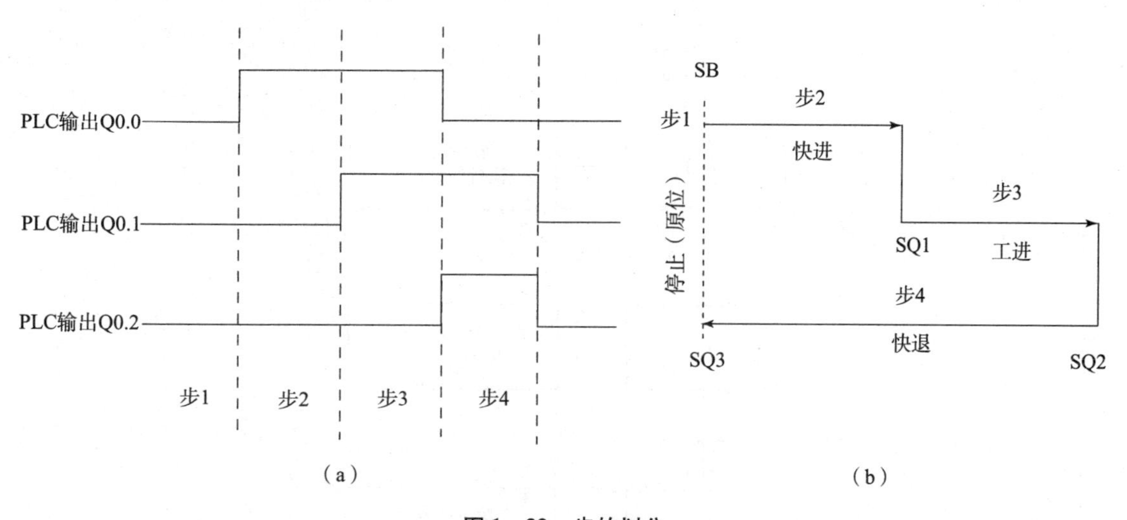

图 1－33　步的划分

（a）划分方法一；（b）划分方法二

步也可根据被控对象工作状态的变化来划分，但被控对象工作状态的变化应该是由 PLC 输出状态变化引起的。如图 1－33（b）所示，某液压滑台的整个工作过程可划分为停止（原位）、快进、工进、快退四步。但这四步的状态改变都必须是由 PLC 输出状态的变化引起的，否则就不能这样划分，例如从快进转为工进与 PLC 输出无关，那么快进和工进只能算一步。

（2）转换条件的确定。

使系统由当前步转入下一步的信号称为转换条件。转换条件可能是外部输入信号，如按钮、指令开关、限位开关的接通/断开等，也可能是PLC内部产生的信号，如定时器、计数器触点的接通/断开等，转换条件也可能是若干个信号的与、或、非逻辑组合。如图1－33（b）所示，SB、SQ1、SQ2、SQ3均为转换条件。

顺序控制设计法用转换条件控制代表各步的编程元件，让它们的状态按一定的顺序变化，然后用代表各步的编程元件去控制各输出继电器。

（3）功能表图的绘制。

根据以上分析和被控对象工作内容、步骤、顺序和控制要求画出功能表图。绘制功能表图是顺序控制设计法中最为关键的一个步骤。绘制功能表图的具体方法将在后面详细介绍。

（4）梯形图的编制。

根据功能表图，按某种编程方式写出梯形图程序。

2. 功能表图的绘制

功能表图又称为状态转移图，它是描述控制系统的控制过程、功能和特性的一种图形，也是设计PLC的顺序控制程序的有力工具。功能表图并不涉及所描述的控制功能的具体技术，它是一种通用的技术语言，可以用于进一步设计和不同专业的人员之间进行技术交流。

各个PLC厂家都开发了相应的功能表图，各国家也都制定了功能表图的国家标准。我国于1986年颁布了功能表图的国家标准（GB 6988.6—1986）。

图1－34所示为功能表图的一般形式，它主要由步、有向连线、转换、转换条件和动作（命令）组成。

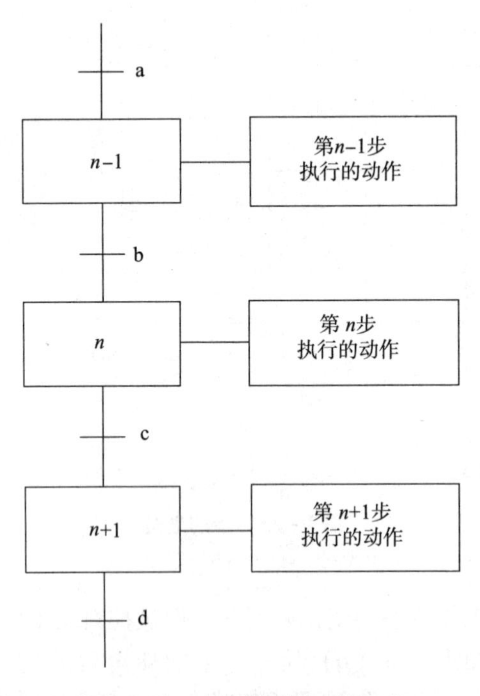

图1－34　功能表图的一般形式

1）步与动作

（1）步。在功能表图中用矩形框表示步，方框内是该步的编号。图1－34中各步的编号

为 $n-1$、n、$n+1$。编程时一般用 PLC 内部编程元件来代表各步，因此经常直接用代表该步的编程元件的元件号作为步的编号，如 M0.0 等，这样在根据功能表图设计梯形图时较为方便。

（2）初始步。与系统的初始状态相对应的步称为初始步。初始状态一般是系统等待启动命令的相对静止的状态。初始步用双线方框表示，每一个功能表图至少应该有一个初始步。

（3）动作。一个控制系统可以划分为被控系统和施控系统，例如在数控车床系统中，数控装置是施控系统，而车床是被控系统。对于被控系统，在某一步中要完成某些“动作”，对于施控系统，在某一步中则要向被控系统发出某些“命令”，将动作或命令简称为动作，并用矩形框中的文字或符号表示，该矩形框应与相应的步的符号相连。如果某一步有几个动作，可以用如图 1－35 所示的两种画法来表示，但是图中并不隐含这些动作之间的任何顺序。

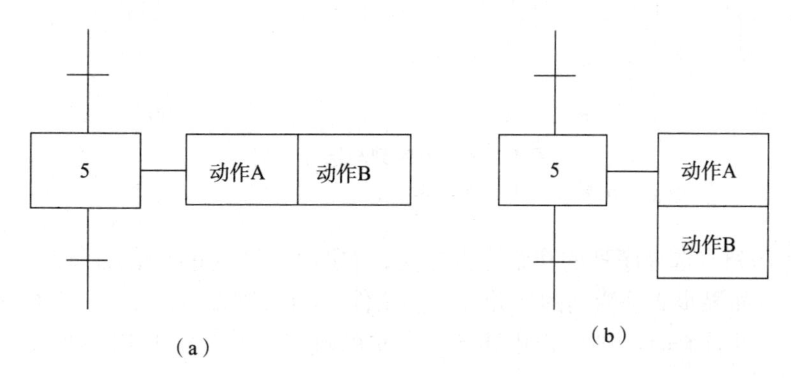

图 1－35 多个动作的表示

（a）画法一；（b）画法二

（4）活动步。当系统正处于某一步时，该步处于活动状态，称该步为“活动步”。步处于活动状态时，相应的动作被执行。若为保持型动作则该步不活动时继续执行该动作，若为非保持型动作则指该步不活动时，动作也停止执行。一般在功能表图中保持型的动作应该用文字或助记符标注，而非保持型动作不要标注。

2）有向连线、转换与转换条件

（1）有向连线。在功能表图中，随着时间的推移和转换条件的实现，将会发生步的活动状态的顺序进展，这种进展按有向连线规定的路线和方向进行。在画功能表图时，将代表各步的方框按它们成为活动步的先后次序顺序排列，并用有向连线将它们连接起来。活动状态的进展方向习惯上是从上到下或从左至右，在这两个方向有向连线上的箭头可以省略。如果不是上述的方向，应在有向连线上用箭头注明进展方向。

（2）转换。转换是用有向连线上与有向连线垂直的短划线来表示，转换将相邻两步分隔开。步的活动状态的进展是由转换的实现来完成的，并与控制过程的发展相对应。

（3）转换条件。转换条件是与转换相关的逻辑条件，转换条件可以用文字语言、布尔代数表达式或图形符号标注在表示转换的短线的旁边。转换条件 X 和 $\overline{X}$ 分别表示在逻辑信号 X 为“1”状态和“0”状态时转换实现。符号 X↑ 和 X↓ 分别表示当 X 从 0→1 状态和从 1→0 状态时转换实现。使用最多的转换条件表示方法是布尔代数表达式，如转换条件 $(X_0+X_3)\cdot\overline{C_0}$。

3）功能表图的基本结构

（1）单序列。单序列由一系列相继激活的步组成，每一步的后面仅接有一个转换，每一个转换的后面只有一个步，如图 1－36（a）所示。

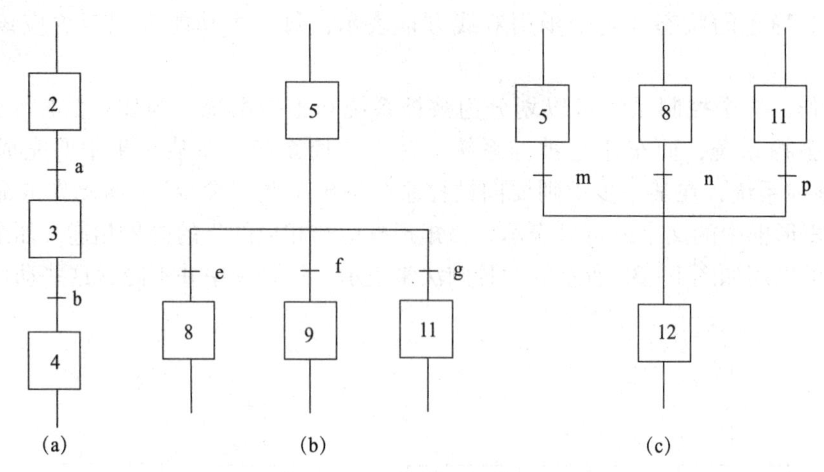

图 1－36 单序列与选择序列

（a）单序列；（b）选择序列开始；（c）选择序列结束

（2）选择序列。选择序列的开始称为分支，如图 1－36（b）所示，转换符号只能标在水平连线之下。如果步 2 是活动的，并且转换条件 e＝1，则发生由步 5→步 6 的进展；如果步 5 是活动的，并且 f＝1，则发生由步 5→步 9 的进展。在某一时刻一般只允许选择一个序列。

选择序列的结束称为合并，如图 1－36（c）所示。如果步 5 是活动步，并且转换条件 m＝1，则发生由步 5→步 12 的进展；如果步 8 是活动步，并且 n＝1，则发生由步 8→步 12 的进展。

（3）并行序列。并行序列的开始称为分支，如图 1－37（a）所示，当转换条件的实现导致几个序列同时激活时，这些序列称为并行序列。当步 4 是活动步，并且转换条件 a＝1 时，3、7、9 这三步同时变为活动步，同时步 4 变为不活动步。为了强调转换的同步实现，水平连线用双线表示。步 3、7、9 被同时激活后，每个序列中活动步的进展将是独立的。在表示同步的水平双线之上，只允许有一个转换符号。

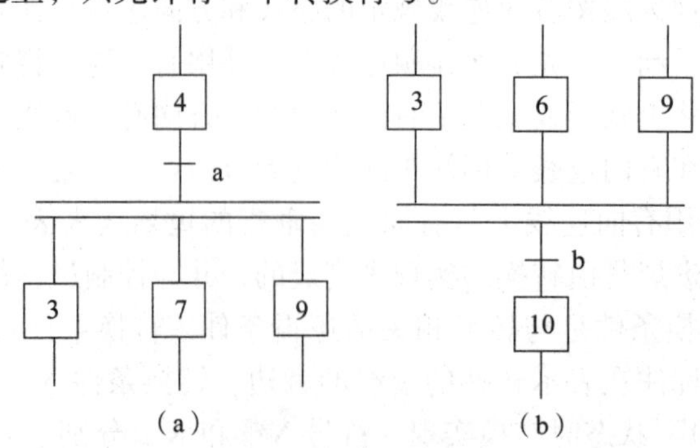

图 1－37 并行序列

（a）并行序列开始；（b）并行序列结束

并行序列的结束称为合并，如图1－37（b）所示，在表示同步的水平双线之下，只允许有一个转换符号。当直接连在双线上的所有前级步都处于活动状态，并且转换条件 b＝1时，才会发生步3、6、9到步10的进展，即步3、6、9同时变为不活动步，而步10变为活动步。并行序列表示系统的几个同时工作的独立部分的工作情况。

（4）子步。如图1－38所示，某一步可以包含一系列子步和转换，通常这些序列表示整个系统的一个完整的子功能。子步的使用使系统的设计者在总体设计时容易抓住系统的主要矛盾，用更加简洁的方式表示系统的整体功能和概貌，而不是一开始就陷入某些细节之中。设计者可以从最简单的对整个系统的全面描述开始，然后画出更详细的功能表图，子步中还可以包含更详细的子步，这使设计方法的逻辑性很强，可以减少设计中的错误，缩短总体设计和查错所需要的时间。

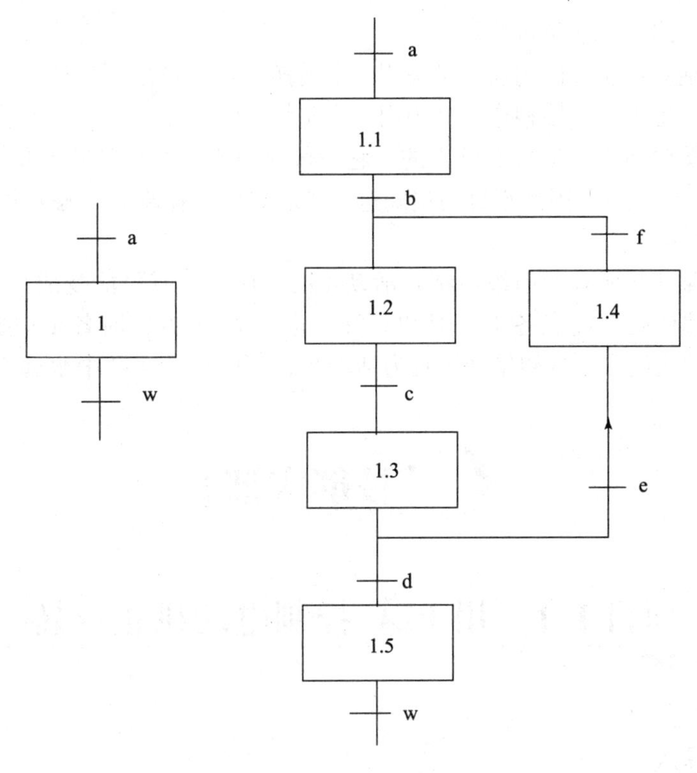

图1－38　子步

4）转换实现的基本规则

（1）转换实现的条件。在功能表图中，步的活动状态的进展是由转换的实现来完成的。转换实现必须同时满足两个条件：

①该转换所有的前级步都是活动步；

②相应的转换条件得到满足。

如果转换的前级步或后续步不止一个，转换的实现称为同步实现，如图1－39所示。

（2）转换实现应完成的操作。转换的实现应完成两个操作：

①使所有由有向连线与相应转换符号相连的后续步都变为活动步；

②使所有由有向连线与相应转换符号相连的前级步都变为不活动步。

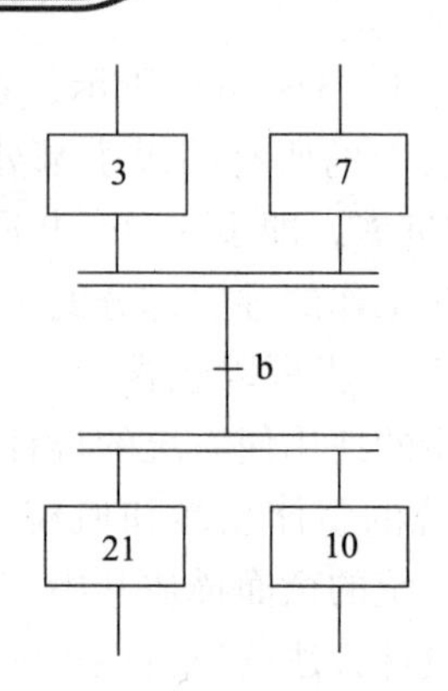

图 1-39 转换的同步实现

5）绘制功能表图应注意的问题

（1）两个步绝对不能直接相连，必须用一个转换将它们隔开。

（2）两个转换也不能直接相连，必须用一个步将它们隔开。

（3）功能表图中初始步是必不可少的，它一般对应于系统等待启动的初始状态，这一步可能没有什么动作执行，因此很容易遗漏这一步。如果没有该步，无法表示初始状态，系统也无法返回停止状态。

（4）只有当某一步所有的前级步都是活动步时，该步才有可能变成活动步。如果用无断电保持功能的编程元件代表各步，则 PLC 开始进入 RUN 方式时各步均处于“0”状态，因此必须要有初始化信号，将初始步预置为活动步，否则功能表图中永远不会出现活动步，系统将无法工作。

项目 1.1　用 PLC 控制电动机正反转

一、项目导入

生产设备常常要求具有上下、左右、前后等正反方向的运动，这就要求电动机能正反向工作，对于交流感应电动机，一般借助接触器改变定子绕组相序来实现。电动机正反转控制线路如图 1-40 所示。

二、项目分析

在该控制线路中，KM1 为正转交流接触器，KM2 为反转交流接触器，SB0 为停止按钮，SB1 为正转控制按钮，SB2 为反转控制按钮。为保证电动机正常工作，避免误操作等引起的电源短路故障，在电动机正、反向控制的两个接触器线圈电路中互串一个对方的常闭触点，形成相互制约的控制，使 KM1、KM2 两个线圈不能同时得电，这种连接方式叫作互锁。这种控制要求应该在梯形图中体现。

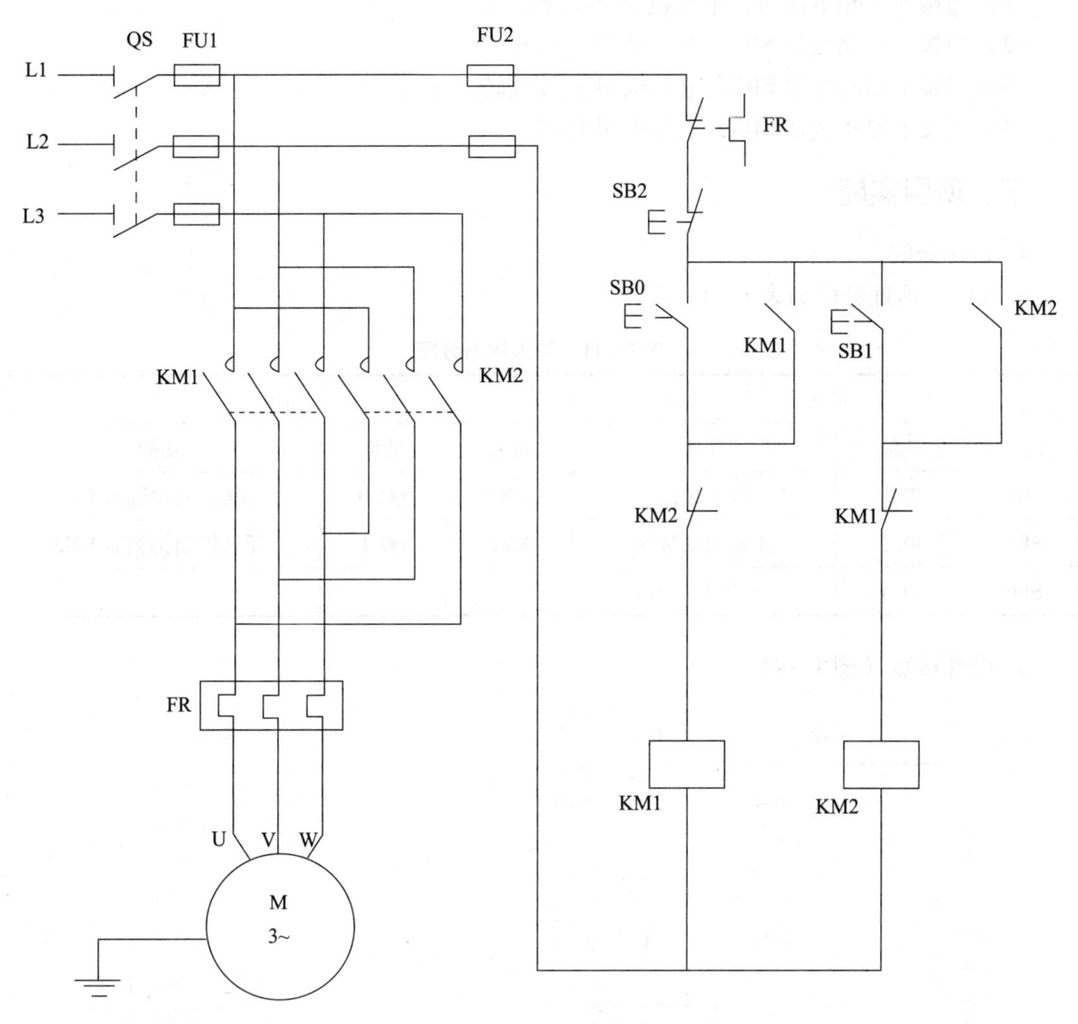

图 1-40 电动机正反转控制线路

正转分析：

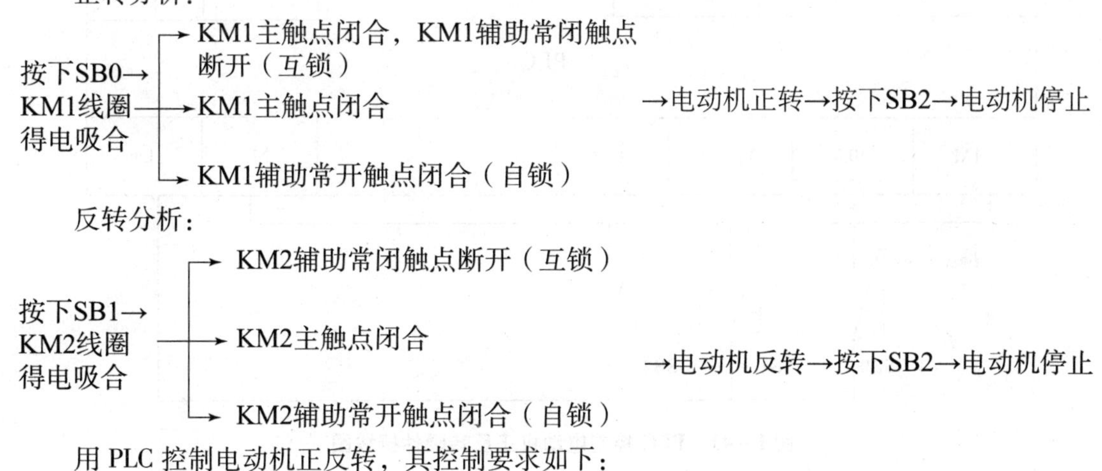

用 PLC 控制电动机正反转，其控制要求如下：

（1）当接通三相电源时，电动机 M 不运转。
（2）当按下启动按钮 SB1，电动机 M 连续正转。
（3）当按下启动按钮 SB2，电动机 M 连续反转。
（4）当按下停止按钮 SB0，电动机 M 停转。

三、项目实施

1. I/O 分配

输入输出地址分配如表 1－11 所示。

表 1－11　输入输出分配

输入			输出		
符号	地址	功能	符号	地址	功能
SB1	I0. 1	停止按钮	KM1	Q0. 0	正转控制接触器 KM1
SB2	I0. 2	正转启动按钮	KM2	Q0. 1	反转控制接触器 KM2
SB0	I0. 3	反转启动按钮			

2. 硬件接线（图 1－41）

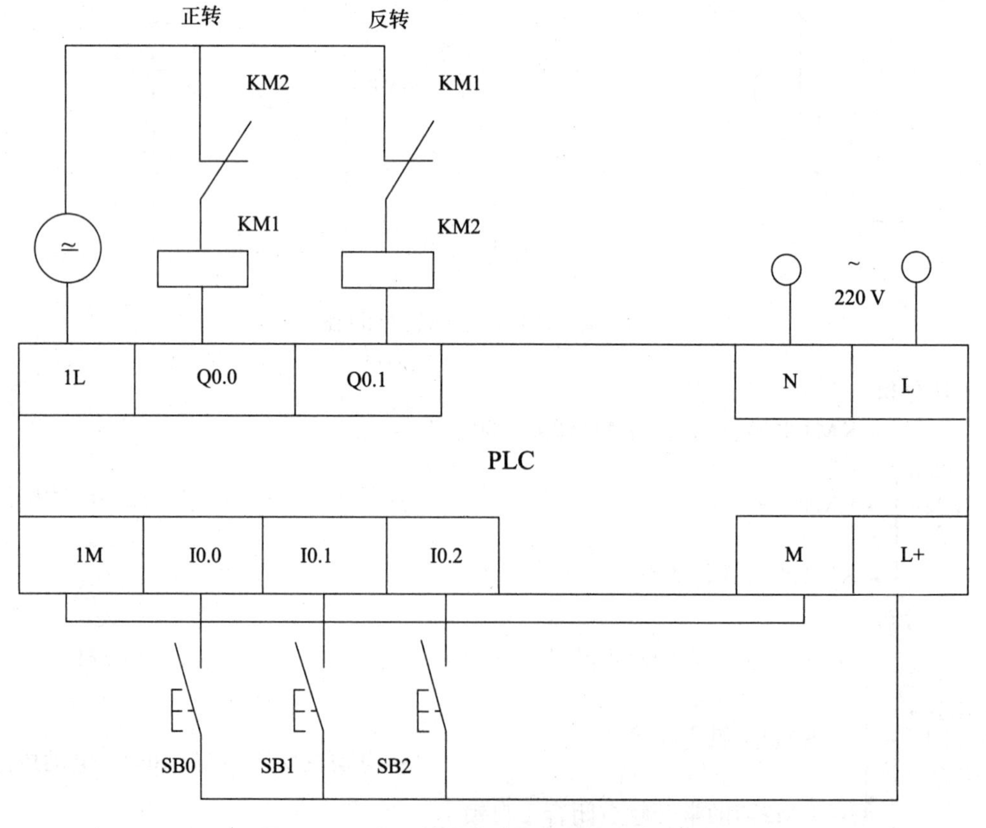

图 1－41　PLC 控制电动机正反转硬件接线图

四、运行调试

1. 软件编程

在个人计算机运行编程软件 STEP 7 Micro - WIN4.0，首先对电动机正反转控制程序的 I/O 及存储器进行分配和符号表的编辑，然后实现电动机正反转控制程序的编制，并通过编程电缆传送到 PLC 中。在 STEP 7 Micro - WIN4.0 中，单击“查看”视图中的“符号表”，弹出如图 1 - 42 所示窗口，在符号栏中输入符号名称，在地址栏中输入寄存器地址。

符号表

	符号	地址	注释
1	正转按钮	I0.0	
2	反转按钮	I0.1	
3	停止按钮	I0.2	
4	正转接触器	Q0.0	
5	反转接触器	Q0.1	

用户定义1　POU 符号

图 1 - 42　“符号表”窗口

符号表定义完符号地址后，在程序块中的主程序内输入如图 1 - 43 所示程序。注意当菜单“查看”中“√符号寻址”选项选中时，输入地址，程序中自动出现的是符号编址。若选中“查看”菜单的“符号信息表”选项，每一个网络中都有程序中相关符号信息。

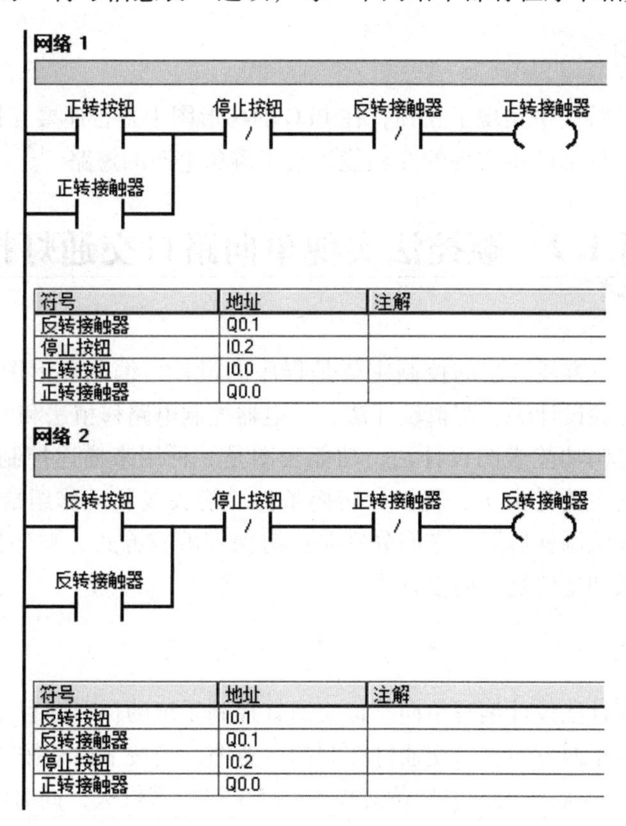

图 1 - 43　PLC 控制电动机正反转梯形图

2. 程序监控与调试

通过个人计算机运行编程软件 STEP 7 Micro - WIN4.0，在软件中应用程序监控功能和状态监视功能，监测 PLC 中的各按钮的输入状态和继电器的输出状态。

五、成绩评价

成绩评价如表 1 - 12 所示。

表 1 - 12 成绩评价

序号	主要内容	考核要求	评分标准	配分	扣分	得分
1	电气接线	能正确使用工具和仪表，按照电路图正确接线	（1）接线不规范，每处扣 5 ~ 10 分； （2）接线错误，扣 20 分	30		
2	气路连接	能根据项目要求正确连接气路	（1）连接不规范，每处扣 5 分； （2）连接错误，扣 10 分	20		
3	编程与调试	操作调试过程正确	编程错误扣 20 分	30		
4	安全文明生产	操作安全规范、环境整洁	违反安全文明生产规程，扣 5 ~ 10 分	20		

六、思考练习

（1）如果在硬件接线中实现了互锁，在 PLC 的梯形图中是否还要互锁？

（2）试分析仅在梯形图中实现的互锁能否真正避免电源的短路。

项目 1.2 顺控法实现单向路口交通灯控制

PLC 外部接线简单方便，它的控制主要是程序的设计，编制梯形图是最常用的编程方式，使用中一般有经验设计法、逻辑设计法、继电器控制电路移植法和顺序控制设计法，其中顺序控制设计法也叫功能表图设计法，功能表图是一种用来描述控制系统的控制过程功能、特性的图形，它主要是由步、转换、转换条件、箭头线和动作组成的。有了功能表图后，可以用四种方式编制梯形图，它们分别是：启保停编程方式、顺序控制指令编程方式、移位寄存器编程方式和置位复位编程方式。

一、项目导入

利用顺序控制设计法设计编写单向路口交通灯控制系统的梯形图程序，控制要求如下：

图 1 - 44 所示为东西方向路口交通灯控制的示意图，当按下启动按钮之后，首先绿灯亮 20 s，接着绿灯闪烁 5 s 后熄灭，然后黄灯亮 5 s，5 s 过后黄灯灭，同时红灯亮 30 s，30 s 后红灯灭，同时绿灯亮 20 s，依次循环。

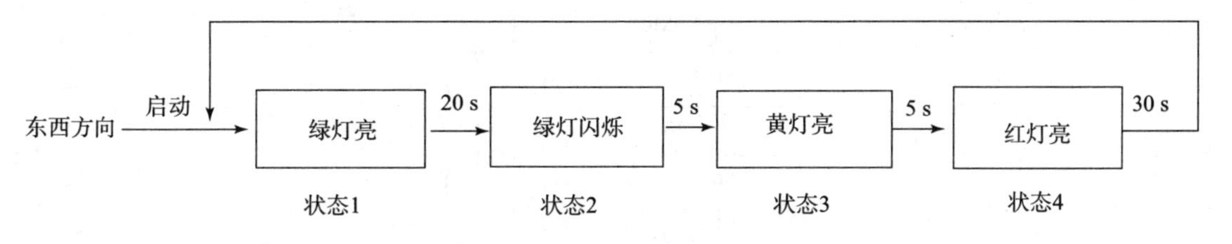

图 1－44　东西方向交通灯控制示意图

二、项目分析

1. 启保停编程方式

交通灯的控制是一种基于时间的控制，只要控制过程中按下启动按钮，几个灯的状态就会轮流改变。将这种轮流改变的一个循环作为一个时间周期，在一个时间周期内，不同的时间段，完成不同的工作。对应单向交通灯控制中的四个状态，分别有四个状态标志继电器 M0. 1、M0. 2、M0. 3 和 M0. 4。根据控制电路的要求，画出功能流程图，如图 1－45 所示。

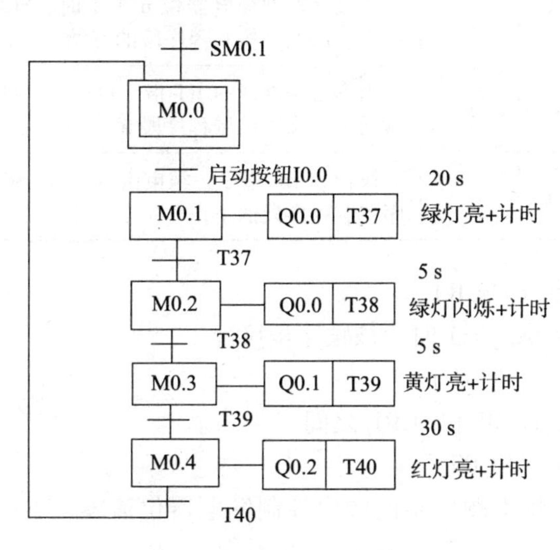

图 1－45　单向交通灯控制顺序功能图

2. 顺序控制指令编程方式

在运用 PLC 进行顺序控制时常采用顺序控制指令，这是一种由顺序功能图设计梯形图的步进型指令。首先用顺序功能图描述程序的设计思想，然后再用指令编写出符合程序设计思想的程序。顺序控制指令可以将顺序功能图转换成梯形图程序，顺序功能图是设计梯形图程序的基础。

通常用顺序控制继电器位 S0. 0 ~ S31. 7 来代表程序的状态步。图 1－46 所示为三步循环步进的顺序功能图，该图中 S0. 0、S0. 1、S0. 2 分别代表程序的三步状态，程序执行到某步时，该步状态位置为 1，其余为 0。

顺序控制继电器用 3 条指令描述程序的顺序控制步进状态，可以用于程序的步进、分支、循环和转移控制，其指令格式如表 1－13 所示。

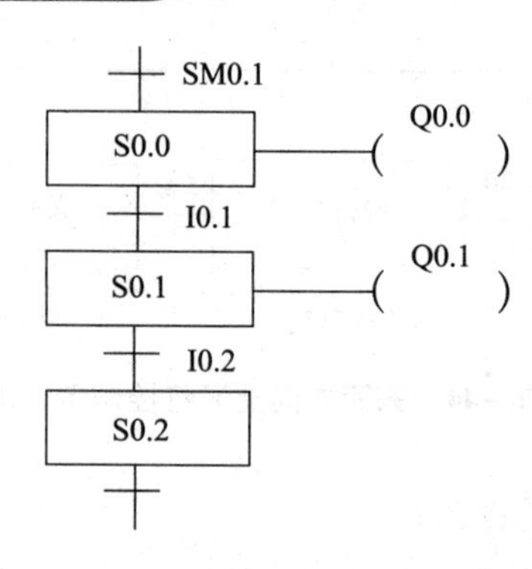

图 1-46　三步循环步进的顺序功能图

表 1-13　顺序控制继电器指令格式

梯形图 LAD	语句表 STL		功能
	操作码	操作数	
n SCR	SCR (LSCR)	n	当顺序控制继电器位 n 为 1 时，SCR（LSCR）指令被激活，标志着该顺序控制程序段的开始
n (SCRT)	SCRT	n	当满足条件使 SCRT 指令执行时，则复位本顺序控制程序段，激活下一顺序控制程序段 n
(SCRE)	SCRE	—	执行 SCRE 指令，结束由 SCR（LSCR）开始到 SCRE 之间顺序控制程序段的工作

（1）顺序步开始指令（LSCR）。

当顺序控制继电器位 Sx. y = 1 时，该顺序步执行。

（2）顺序步结束指令（SCRE）。

顺序步的处理程序在 LSCR 和 SCRE 之间。

（3）顺序步转移指令（SCRT）。

使能端输入有效时，将本顺序步的顺序控制继电器位清零，下一步顺序控制继电器位置 1。

三、项目实施

1. I/O 分配

根据电路要求，输入输出地址分配如表 1-14 所示。

表 1-14　输入输出地址分配

输入信号	输入地址分配	输出信号	输出地址分配
控制开关 SB1	I0. 0	绿灯 HL1	Q0. 0
		黄灯 HL2	Q0. 1
		红灯 HL3	Q0. 2

2. 硬件接线

根据电路要求，单向交通灯 PLC 外部接线如图 1-47 所示。

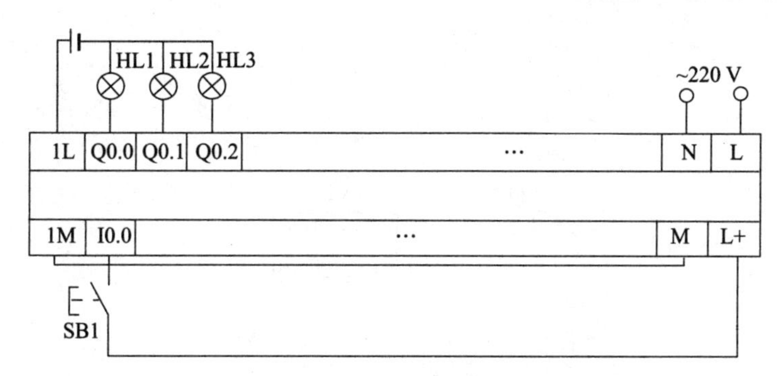

图 1－47　单向交通灯 PLC 外部接线

3. 软件编程

（1）用启保停方式编写出梯形图程序，程序设计如图 1－48 所示。

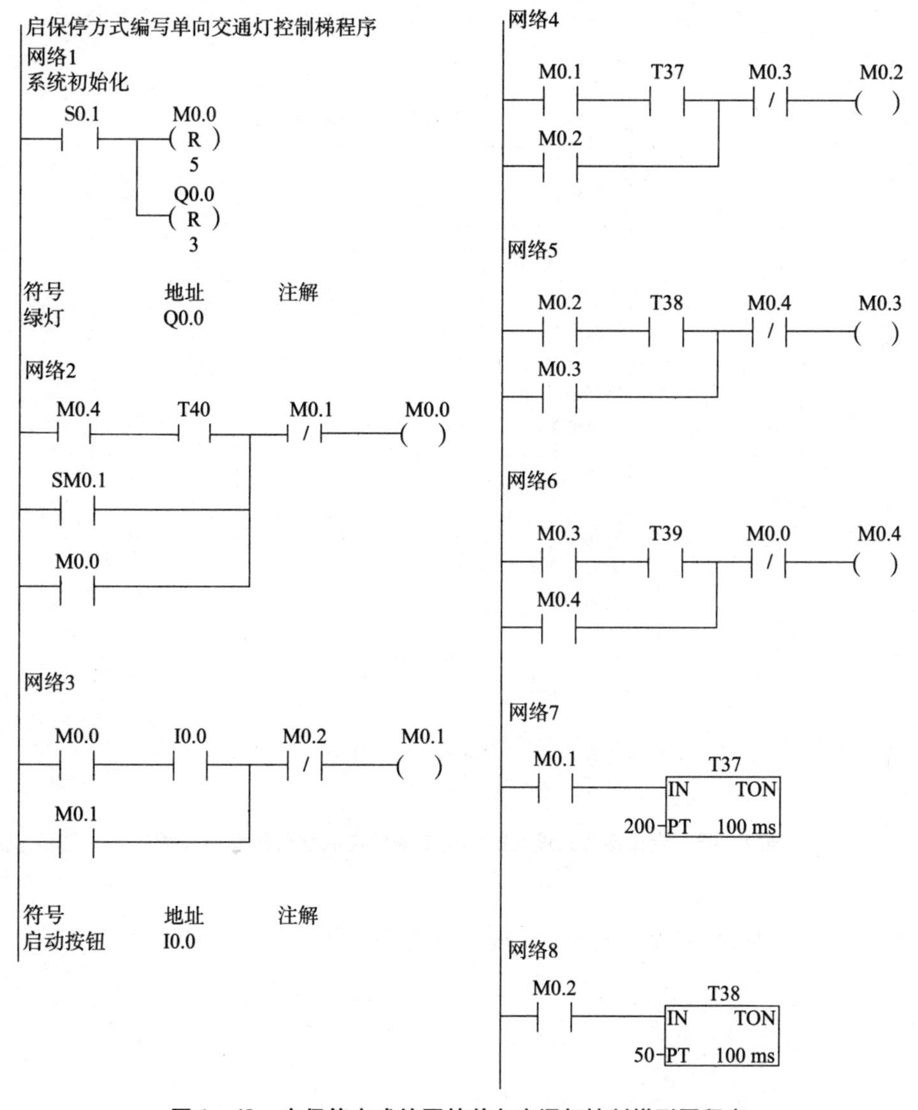

图 1－48　启保停方式编写的单向交通灯控制梯形图程序

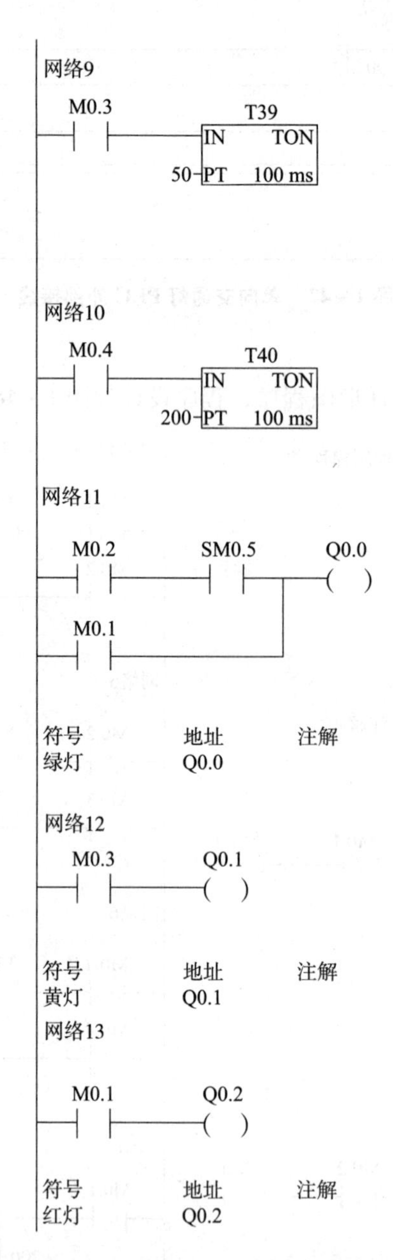

图1－48　启保停方式编写的单向交通灯控制梯形图程序（续）

（2）用顺序控制指令编程方式编写出梯形图程序，其程序设计如图1－49所示。

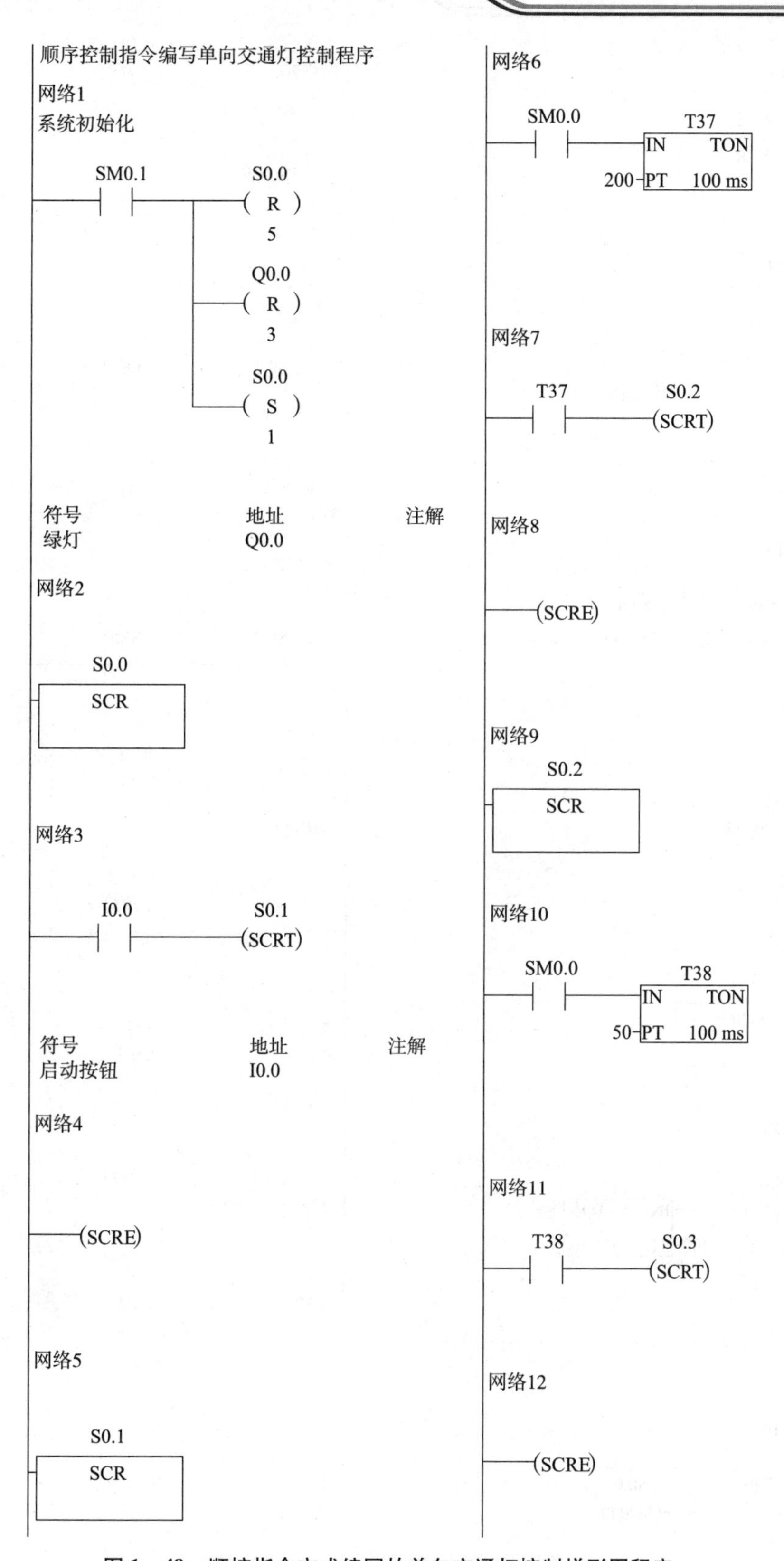

图 1－49　顺控指令方式编写的单向交通灯控制梯形图程序

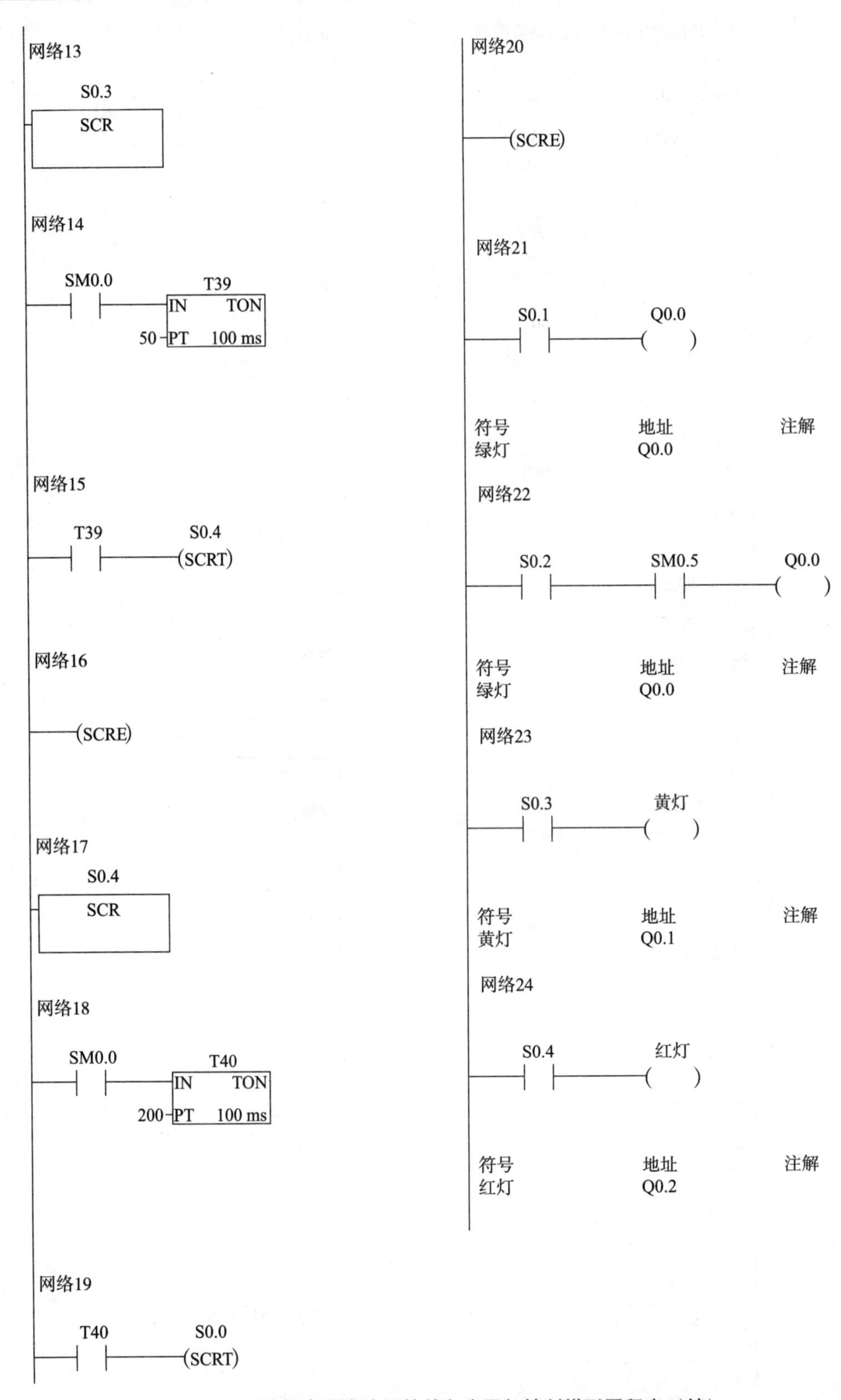

图 1-49 顺控指令方式编写的单向交通灯控制梯形图程序（续）

四、运行调试

PLC 正常开机状态，SB1 接通，绿灯亮 20 s，接着绿灯闪烁 5 s 后熄灭，然后黄灯亮 5 s，5 s 过后黄灯灭，同时红灯亮 30 s，30 s 后红灯灭，同时绿灯亮 20 s，依次循环。

五、成绩评价

成绩评价如表 1－15 所示。

表 1－15　成绩评价

序号	主要内容	考核要求	评分标准	配分	扣分	得分
1	电气接线	能正确使用工具和仪表，按照电路图正确接线	（1）接线不规范，每处扣 5～10 分； （2）接线错误，扣 20 分	30		
2	气路连接	能根据项目要求正确连接气路	（1）连接不规范，每处扣 5 分； （2）连接错误，扣 10 分	20		
3	编程与调试	操作调试过程正确	编程错误扣 20 分	30		
4	安全文明生产	操作安全规范、环境整洁	违反安全文明生产规程，扣 5～10 分	20		

六、思考练习

（1）SCR 段程序能否执行取决于什么？

（2）SCRE 与下一个 LSCR 之间的指令逻辑是否影响下一个 SCR 段程序的执行？

（3）思考如何用顺序控制设计法实现双向交通信号灯的控制。

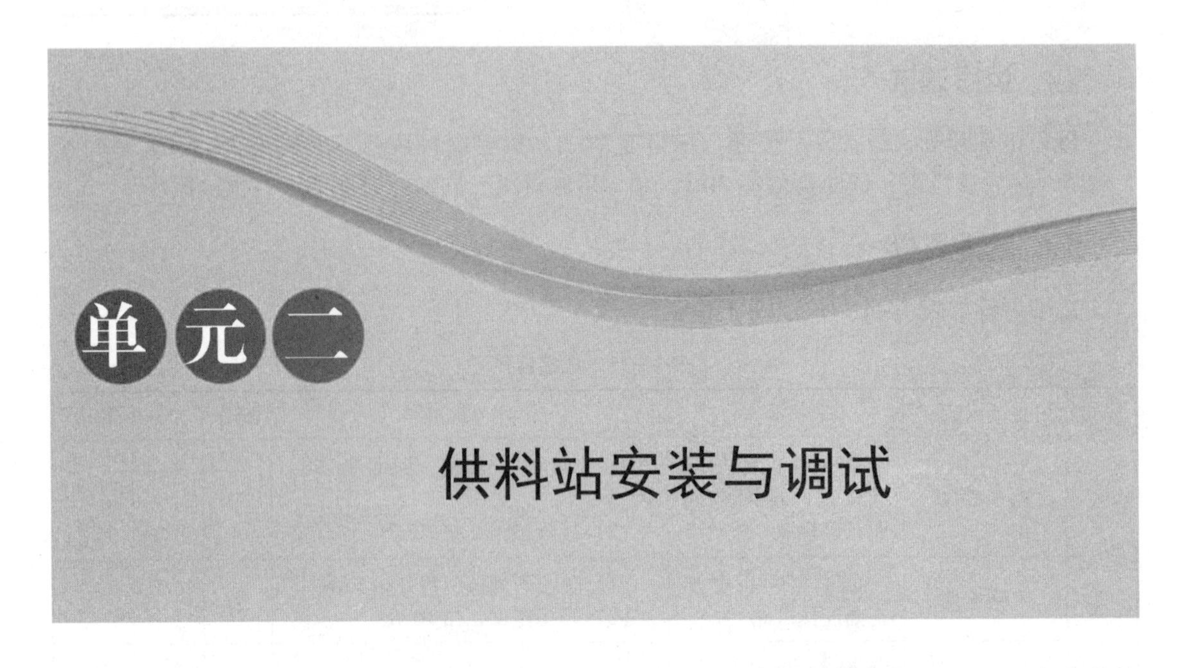

单元二 供料站安装与调试

供料站是 THJDAL－2 型自动生产线中的起始单元，在整个系统中起着向系统中的其他单元提供原料的作用。具体的功能是：按照需要将放置在料仓中待加工工件（原料）自动地推出到物料台上，以便输送单元的机械手将其抓取，输送到其他单元上。图 2－1 所示为供料站实物图。

图 2－1　供料站实物图

知识 2.1　气动技术

气动技术是以压缩空气作为介质，以空气压缩机作为动力源来实现能量传递或信号传递与控制的工程技术，是流体传动与控制的重要组成技术之一，也是实现工业自动化和机电一体化的重要途径。

气动系统的典型构成为气源发生装置、执行元件、控制元件和辅助元件。

一、气泵

气泵是用来产生具有足够压力和流量的压缩空气并将其净化、处理及存储的一套装置。通常利用空气压缩机将电动机输出机械能转变为空气的压力能，压力的单位是帕斯卡，符号是 Pa，工程上常用 MPa，1 MPa = 10^6 Pa，图 2－2 所示为产生气动力的气泵，压力范围是 0～0.8 MPa，设定正常工作压力值为 0.7 MPa。气泵的输出压力可通过其上的过滤减压阀进行调节。

注意：气泵使用前应检查气泵有无堵塞，通电后压力开关接通，电动机启动。当压力表压力升高至设定的最大压力时，压力开关自动断开，气泵停止工作。

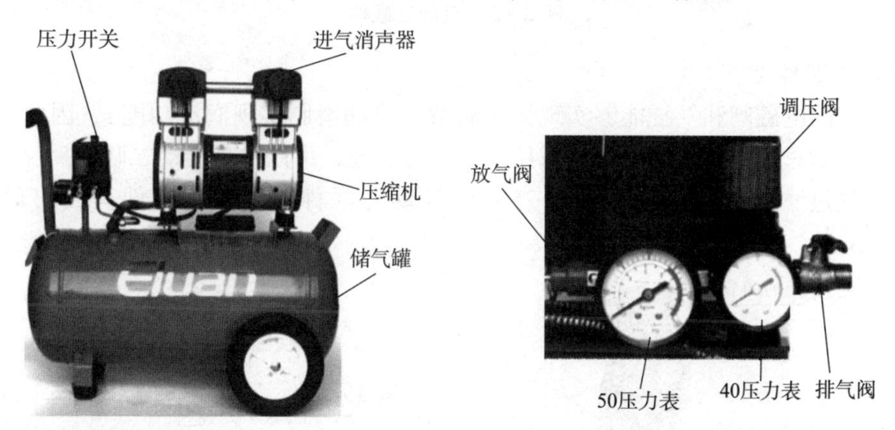

图 2－2　气泵

二、气源处理组件

1. 气源处理的必要性

从空压机输出的压缩空气，含有大量的水分、油和粉尘等污染物，空气质量不良是气动系统出现故障的主要因素，会使气动系统的可靠性和使用寿命大大降低，由此造成的损失会大大超过气源处理装置的成本和维护费用。

压缩空气中，绝对不许含有化学药品、有机溶剂的合成油、盐分和腐蚀性气体等。

气源处理包括：

（1）空气过滤：主要目的是滤除压缩空气中的水分、油滴以及杂质，以达到启动系统所需要的净化程度，它属于二次过滤器。

（2）压力调节：调节或控制气压的变化，并保持降压后的压力值固定在需要的值上，确保系统压力的稳定性减小因气源气压突变时对阀门或执行器等硬件的损伤。

（3）油雾器：气压系统中一种特殊的注油装置，其作用是把润滑油雾化后，经压缩空气携带进入系统各润滑油部位，满足润滑的需要。

2. 气动三联件

为得到多种功能，将空气过滤器、减压阀和油雾器等元件进行不同的组合，就构成了空气组合元件。各元件之间采用模块式组合的方式连接，如图2－3所示。

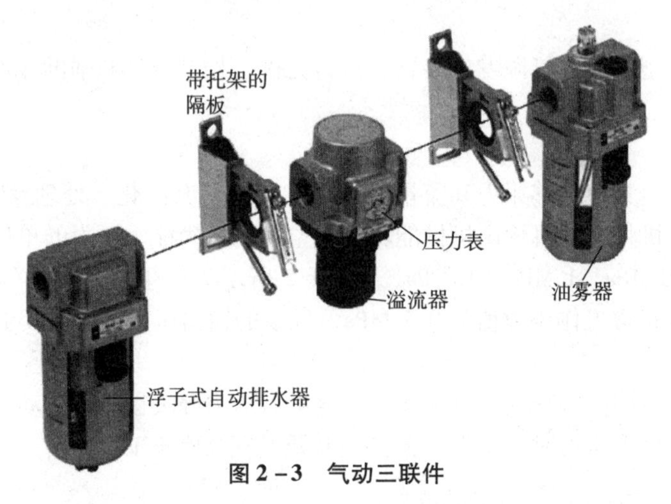

图2－3　气动三联件

3. 气动二联件

有些品牌的电磁阀和气缸能够实现无油润滑（靠润滑脂实现润滑功能），因此不需要使用油雾器。这时只须把空气过滤器和减压阀组合在一起，可以称为气动二联件。

使用空气过滤器和减压阀集装在一起的气动二联件结构，其组件及回路原理图如图2－4所示。

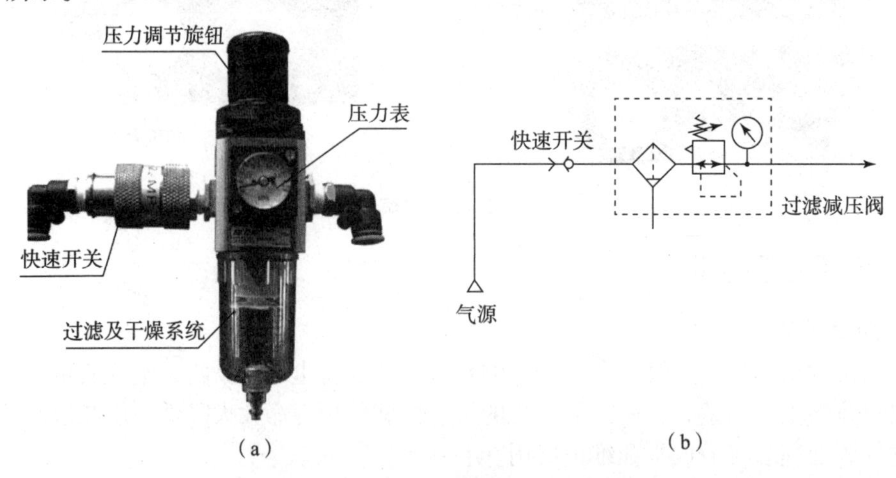

（a）　（b）

图2－4　气动二联件的组件及回路原理图

（a）组件实物图；（b）回路原理图

三、气缸

气缸是气动执行元件，可以把空气的压力能转变为机械能，气缸主要由缸筒、活塞杆、前后端盖及密封件等组成。

在气缸运动的两个方向上，按受气压控制的方向个数的不同，分为单作用气缸和双作用气缸。

1. 单作用气缸

只有一个方向受气压控制而另一个方向依靠复位弹簧实现复位的气缸称为单作用气缸。单作用气缸结构简单，耗气量少。缸体内安装了弹簧，缩短了气缸的有效行程。弹簧的反作用力随压缩行程的增大而增大，故活塞杆的输出力随运动行程的增大而减小。弹簧具有吸收动能的能力，可减小行程中断的撞击作用。单作用气缸一般用于行程短，对输出力和运动速度要求不高的场合，如图 2－5（a）所示。

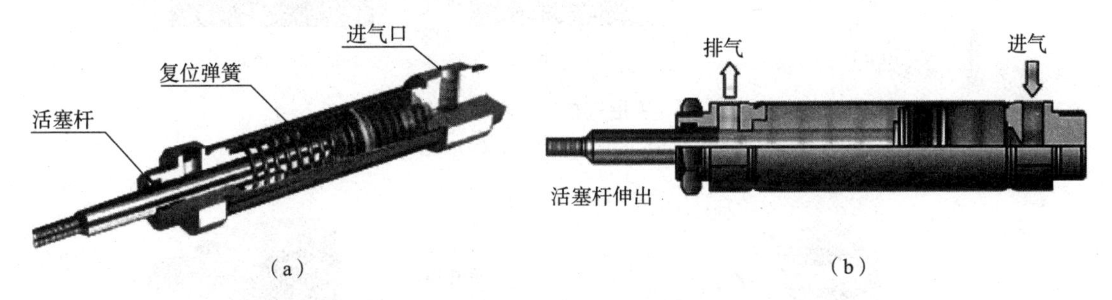

图 2－5　单作用和双作用气缸

（a）单作用气缸；（b）双作用气缸

2. 双作用气缸

两个方向都受气压控制的气缸称为双作用气缸。双作用气缸的活塞前进或后退都能输出力（推力或拉力），如图 2－5（b）所示。双作用气缸结构简单，行程可根据需要选择。气缸若不带缓冲装置，当活塞运动到终端时，特别是行程长的气缸，活塞撞击端盖的力量很大，容易损坏零件。因此，为了吸收行程终端气缸运动件的撞击能，在活塞两侧设有缓冲垫，以保护气缸不受损伤。

3. THJDAL－2 上的气动执行元件

（1）手指气缸：用于抓起工件的气爪，其实物及工作原理如图 2－6 所示。

（2）回转气缸：利用压缩空气驱动输出轴在一定角度范围内做往复回转运动的气动执行元件，如图 2－7 所示。其用于物体的转位、翻转、分类、夹紧、阀门的开闭以及机器人的手臂动作等。

（3）导杆气缸：具有导向功能的气缸，一般为标准气缸和导向装置的集合体。导向气缸具有导向精度高、抗扭转力矩、承载能力强、工作平稳等特点。导杆气缸如图 2－8 所示，该气缸由直线运动气缸带双导杆和其他附件组成。

（4）薄型气缸：属于省空间气缸类，即气缸的轴向或径向尺寸比标准气缸小很多的气缸，具有结构紧凑、质量轻、占用空间小等优点。图 2－9 所示为薄型气缸的实物及剖视图。

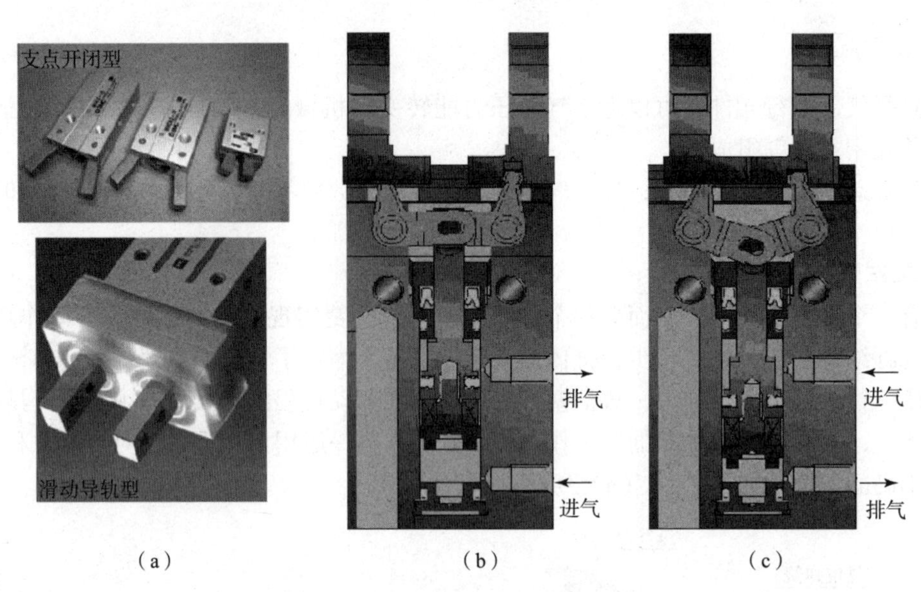

图 2-6　手指气缸的实物和工作原理

(a) 实物图；(b) 气爪松开状态；(c) 气爪夹紧状态

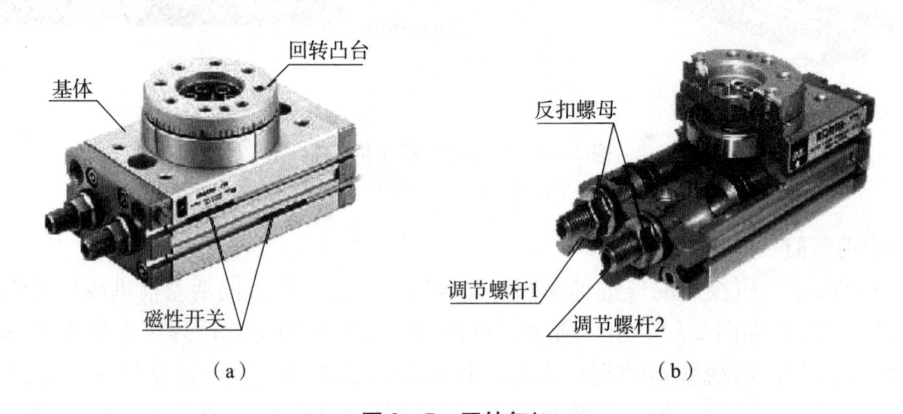

图 2-7　回转气缸

(a) 实物图；(b) 剖视图

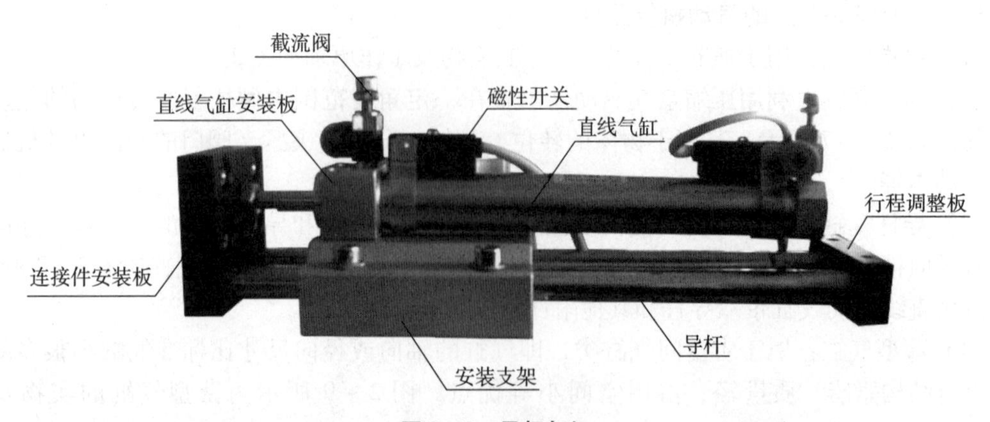

图 2-8　导杆气缸

(a)

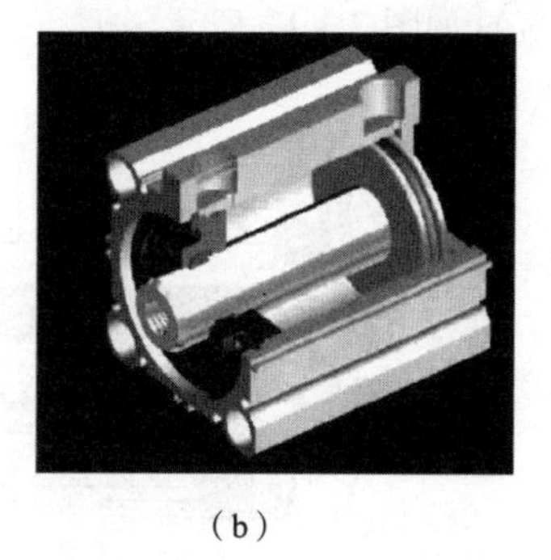
(b)

图 2-9 薄型气缸

(a) 实物图；(b) 剖视图

薄型气缸的特点是：缸筒与无杆侧端盖压铸成一体，杆盖用弹性挡圈固定，缸体为方形。这种气缸通常用于固定夹具和搬运中固定工件等。

(5) 笔形气缸：在 THJDAL-2 中主要用于推料控制，如图 2-10 所示。

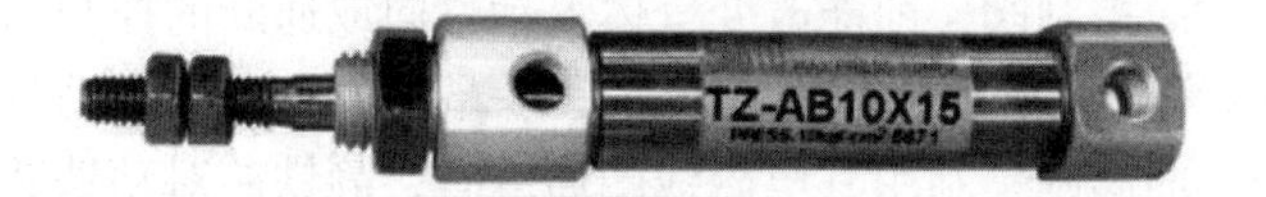

图 2-10 笔形气缸

四、THJDAL-2 上的气动控制元件

1. 流量控制阀

控制压缩空气流量的阀称为流量控制阀。在气动系统中，对气缸运动速度的控制、信号延时时间、油雾器的滴油量、气缓冲气缸的缓冲能力等，都是靠流量控制阀来实现的。

THJDAL-2 上使用的流量控制阀是单向节流阀，如图 2-11 所示，其由单向阀和节流阀并联而成，用于控制气缸的运动速度，也称为速度控制阀。单向阀的功能是靠单向密封圈来实现的。

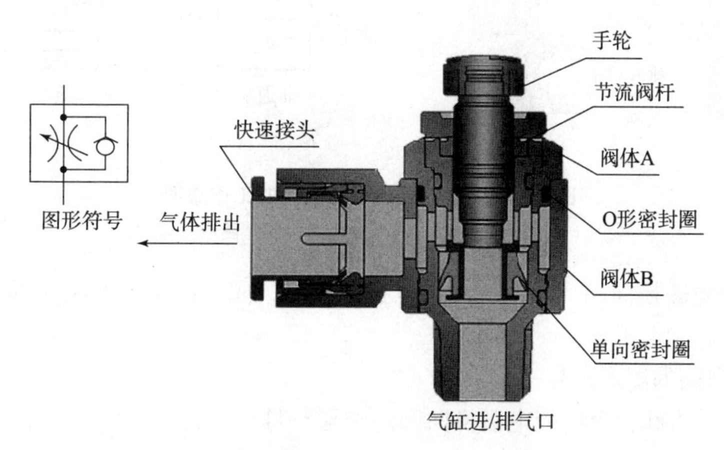

图 2-11 排气节流方式的单向节流阀

装有节流阀的气缸如图 2－12 所示。

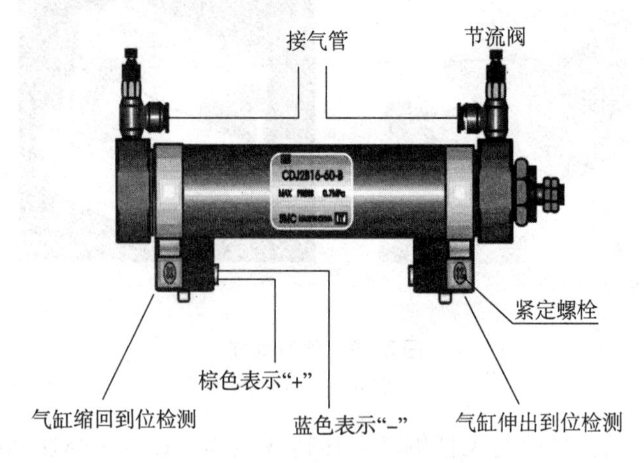

图 2－12　装有节流阀的气缸

2. 电磁换向阀

电磁换向阀属于方向控制阀，即能改变气体流动方向或通断的控制阀。如从气缸一端进气，并从另一端排气，再反过来，从一端进气，另一端排气，这种流动方向的改变，需要使用电磁换向阀。电磁换向阀则是利用其电磁线圈通电时，静铁芯对动铁芯产生电磁吸力使阀芯切换，达到改变气流方向的目的。

1）单电控和双电控电磁换向阀

（1）单电控电磁换向阀，在无电控信号时，阀芯在弹簧力的作用下会被复位，其工作原理如图 2－13 所示。

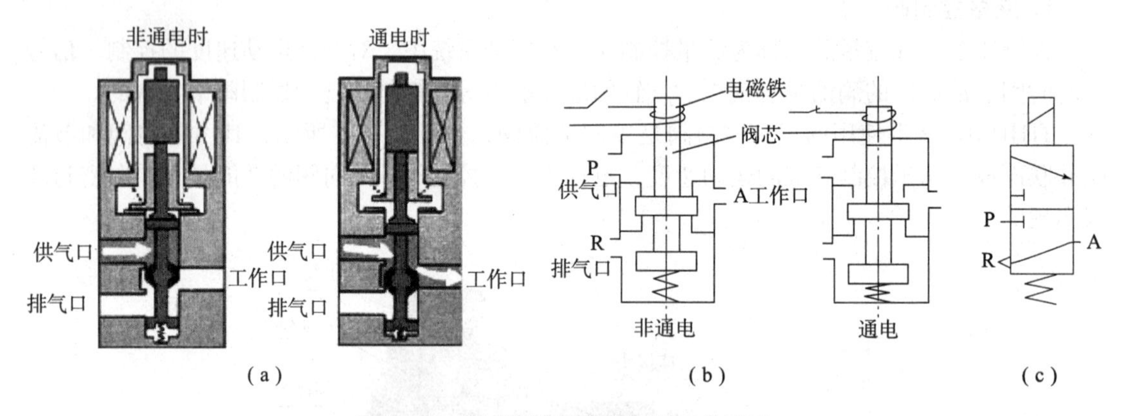

图 2－13　单电控电磁换向阀的工作原理

（a）实际工作图；（b）原理图；（c）图形符号

（2）双电控电磁换向阀，在两端都无电控信号时，阀芯的位置取决于前一个电控信号，其工作原理如图 2－14 所示。

2）电磁换向阀的图形符号

图 2－15 所示为部分单电控电磁换向阀的图形符号。

THJDAL－2 中所有工作单元的执行气缸都是双作用气缸，控制它们工作的电磁阀需要有两个工作口和两个排气口以及一个供气口，故使用的电磁阀均为二位五通电磁阀。

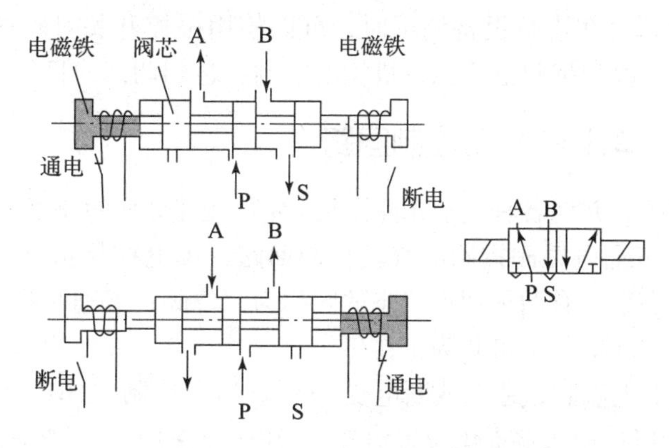

图 2－14　双电控电磁换向阀的工作原理

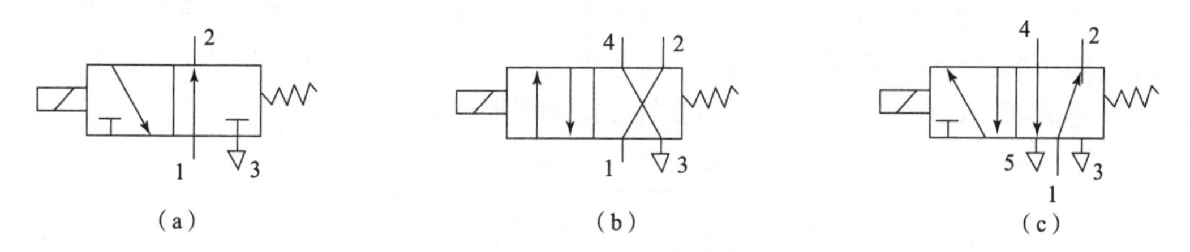

(a)　(b)　(c)

图 2－15　部分单电控电磁换向阀的图形符号

(a) 二位三通电磁阀；(b) 二位四通电磁阀；(c) 二位五通电磁阀

3）电磁阀的安装和调整

THJDAL－2 各工作单元的电磁阀均集中安装在汇流板上。汇流板中两个排气口末端均与消声器连接，消声器的作用是减少压缩空气在向大气排放时的噪声。这种将多个阀与消声器、汇流板等集中在一起构成的一组控制阀的集成称为阀组，而每个阀的功能是彼此独立的。电磁阀组的结构如图 2－16 所示。

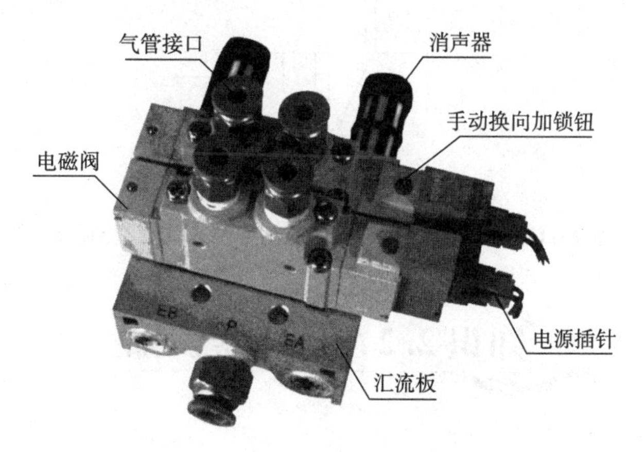

图 2－16　电磁阀组的结构

如图 2－16 所示，电磁阀组带手动换向加锁钮，有锁定（LOCK）和开启（PUSH）2 个位置。用小螺丝刀把加锁钮旋到 LOCK 位置时，手控开关向下凹进去，不能进行手控操作。只有在 PUSH 位置，用工具向下按，信号为“1”，等同于该侧的电磁信号为“1”；常态时，手控开关的信号为“0”。在进行设备调试时，可以使用手控开关对阀进行控制，从而实现对相应气路的控制，以改变推料缸等执行机构的控制，达到调试的目的。

五、THJDAL－2 上的气动控制回路

能传输压缩空气的，并使各种气动元件按照一定的规律动作的通道称为气动回路。图 2－17 所示为单电控二位五通电磁阀控制的气动控制回路。单电控是指有一个电磁阀；位数是指换向阀芯的切换状态数，有两种切换状态的阀称为二位阀；五通是指有 5 个通口，其中 P 为进气口，R 和 S 为排气口，A 和 B 为工作口。

1Y1 为控制气缸的电磁阀，通电或断电受 PLC 输出端控制。1B1、1B2 为安装在气缸两端的磁性传感器，为 PLC 输入端提供位置信号。当电磁阀通电时，阀芯向左滑动，气体由 P 流向 B，有杆腔气体经 R 排气口排出，气压力推动活塞杆伸出；断电后在弹簧力作用下，阀芯向右滑动，气体由 P 流向 A，无杆腔气体经 S 排气口排出，气压力推动活塞杆缩回。气动系统用过的压缩空气通过汇流板上消声器排入大气。气动控制回路图（图 2－17）表示为电磁阀不通电的状态，在常态时，气压力使气缸活塞杆缩回到位。

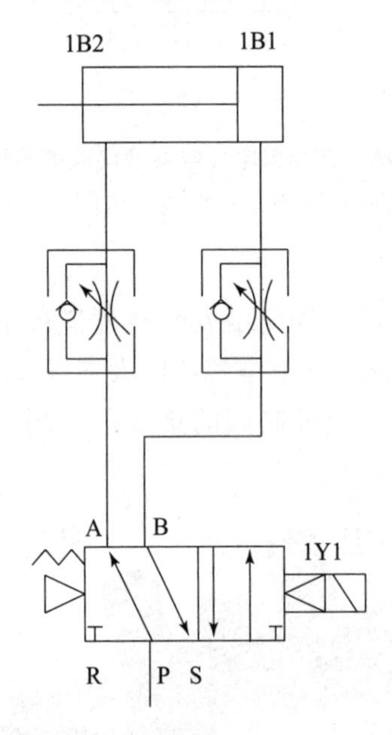

图 2－17　单电控二位五通电磁阀控制的气动控制回路

知识 2.2　传感器认知

传感器能够感受诸如力、温度、光、声、化学成分等非电学量，并能把它们按照一定的规律转换为电压、电流等电学量，或转化为电路的通断。

传感器感受的通常是非电学量，如压力、温度、位移、浓度、酸碱度等，而它输出的通常是电学量，如电压值、电流值、电荷量等，这些输出信号是非常微弱的，通常要经过放大后，再送给控制系统产生各种控制动作。传感器工作原理如图 2－18 所示。

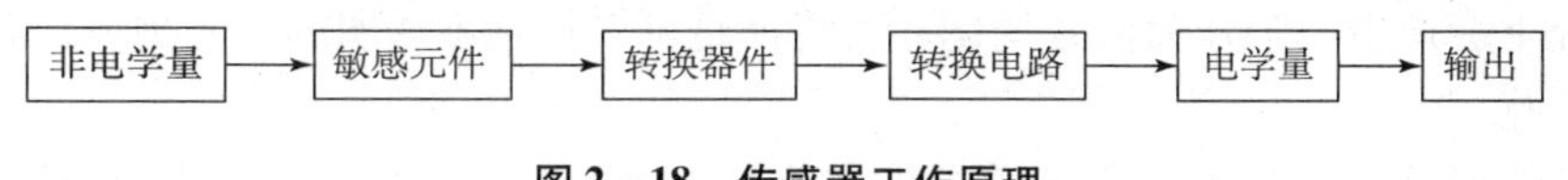

图 2－18　传感器工作原理

一、磁性传感器

THJDAL－2 所使用的气缸都带有磁性传感器，如图 2－19 所示。磁性传感器的基本工作原理是：当磁性物质接近传感器时，传感器便会动作并输出传感器信号。若在气缸的活塞（或活塞杆）上安装磁性物质，在气缸缸筒外面的两端位置各安装一个磁性传感器，就可以用这两个传感器分别标识气缸运动的两个极限位置。当气缸的活塞杆运动到哪一端时，哪一端的磁性传感器就动作并发出电信号。在 THJDAL－2 中，可以利用该信号判断推料及顶料缸的运动状态或所处的位置，以确定工件是否被推出或气缸是否返回。

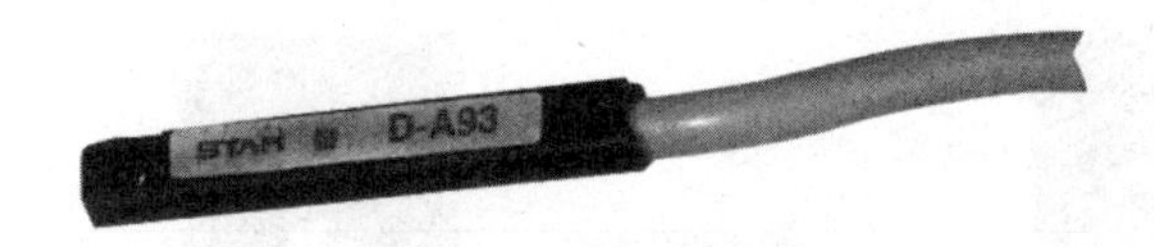

图 2－19　磁性传感器

在磁性传感器上设置的 LED 灯用于显示其信号状态，供调试时使用。磁性传感器动作时，输出信号“1”，LED 亮；磁性传感器不动作时，输出信号“0”，LED 不亮。磁性传感器的安装位置可以调整，调整方法是松开它的固定螺栓，让磁性传感器沿着气缸滑动，到达指定位置后，再旋紧固定螺栓。

磁性传感器有蓝色和棕色 2 根引出线，使用时蓝色引出线应连接到 PLC 输入公共端，棕色引出线应连接到 PLC 输入端。磁性传感器的内部电路如图 2－20 中虚线框内所示。

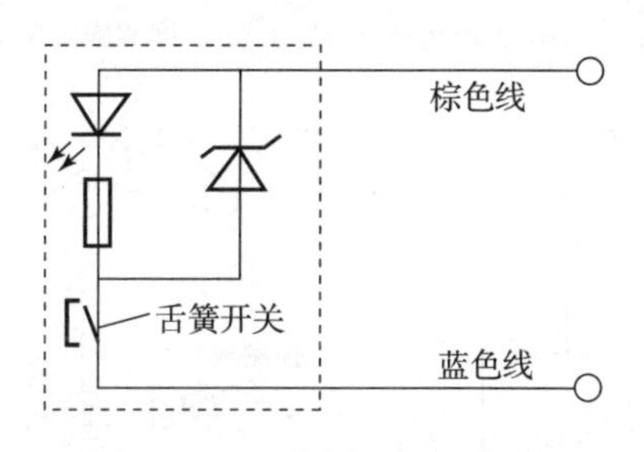

图 2－20　磁性传感器内部电路

二、光电传感器

光电传感器具有检测距离长、对检测物体的限制小、响应速度快、分辨率高、便于调整等特点，广泛应用于生产的各个环节。光电传感器根据光线的发射和接收方式不同可分为反射式、对射式和漫射式三种。

（1）反射式光电传感器由发射器和接收器构成，从发射器发出的光束在对面的反射镜被反射，即返回接收器，当光束被中断时会产生一个开关信号的变化。其特征是可以辨别不透明的物体，能借助反射镜部件形成高的有效距离范围，并且不易受干扰。

（2）对射式光电传感器由发射器和接收器组成，结构上两者是相互分离的，在光束被中断的情况下会产生一个开关信号变化。其特征是可以辨别不透明的反光物体，有效距离大且不易受干扰。

（3）漫射式光电传感器是当传感器发射光束时，目标产生漫反射，发射器和接收器构成单个的标准部件，当有足够的组合光返回接收器时，开关状态发生变化。在工作时，光发射器始终发射检测光，若漫射式光电传感器前方一定距离内没有物体，则没有光被反射到接收器，漫射式光电传感器处于常态而不动作；反之，若漫射式光电传感器的前方一定距离内出现物体，只要反射回来的发光强度足够，则接收器接收到足够的漫射光就会使漫射式光电传感器动作而改变输出的状态。

在供料站中，用来检测料仓中工件不足或工件有无的是漫射式光电传感器，为 E3Z－LS61 放大器内置型光电传感器。该光电传感器的外形和顶端面上的调节旋钮与显示灯如图 2－21 所示。图 2－22 所示为该光电传感器的电路原理图。

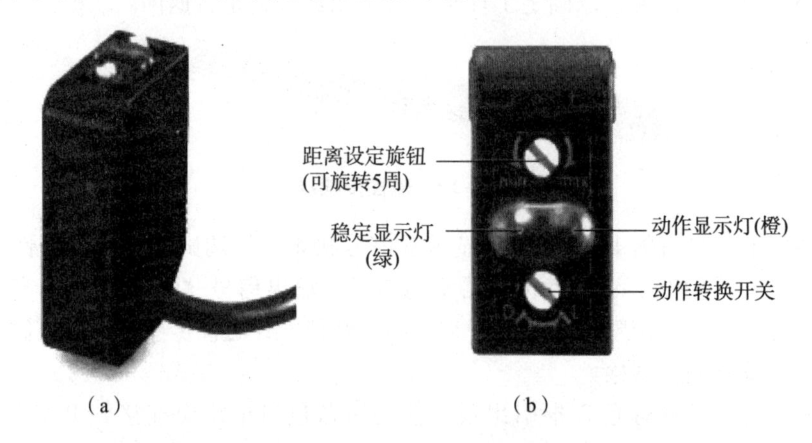

图 2－21　E3Z－L61 光电传感器外形以及调节旋钮和显示灯

（a）E3Z－L61 光电传感器外形；（b）调节旋钮和显示灯

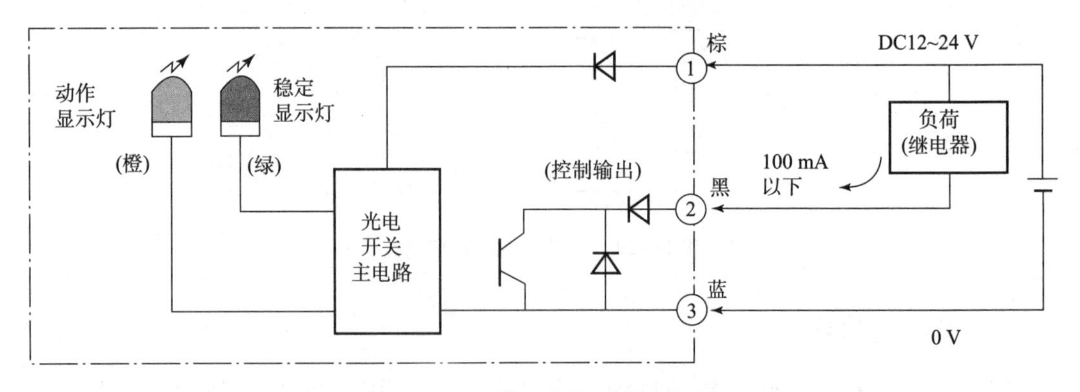

图 2－22　E3Z－L61 光电传感器的电路原理图

用来检测物料台上有无物料的光电传感器是一个圆柱形漫射式光电接近传感器，工作时向上发出光线，从而透过小孔检测是否有工件存在，以便向系统提供本单元物料台有无工件的信号。该光电传感器选用 SB03－1K 型，其外形如图 2－23 所示。

图 2－23　SB03－1K 光电传感器外形

三、电感式接近开关

1. 工作原理

电感式接近开关属于一种开关量输出的位置传感器，如图 2－24 所示。其工作原理如图 2－25 所示。它由 LC 高频振荡器和放大处理电路组成，利用金属物体在接近能产生交变电磁场的振荡感应器时，使物体内部产生涡流。这个涡流反作用于接近开关，使接近开关振荡能力衰减，内部电路的参数发生变化，由此识别出有无金属物体接近，进而控制开关的通或断。这种接近开关所能检测的物体必须是导电性能良好的金属物体。

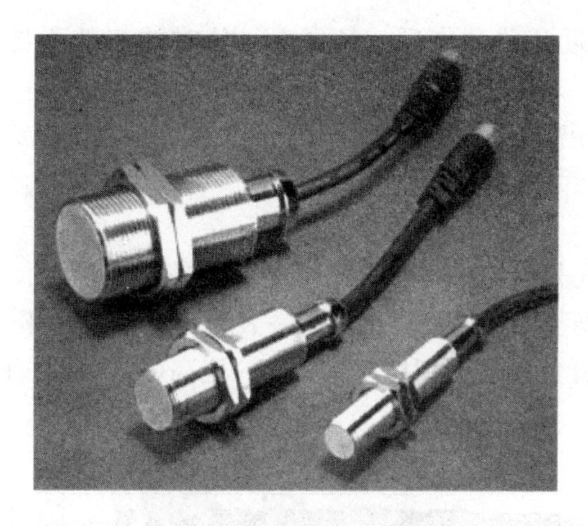

图 2－24　电感式接近开关

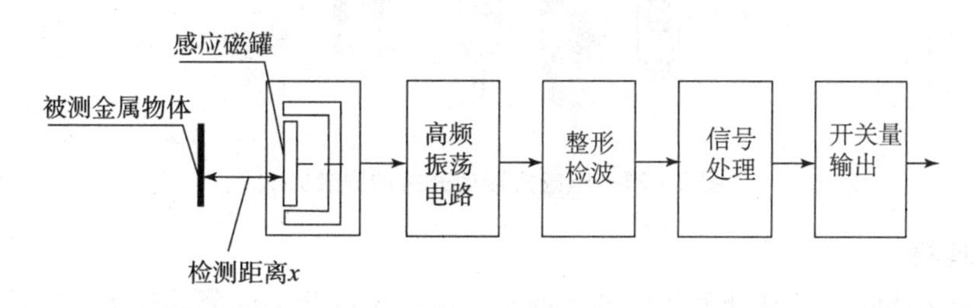

图 2－25　电感式接近开关工作原理

2. 型号说明

装配站中用到的电感式接近开关的型号为 LE4－1K，其型号说明如图 2－26 所示。

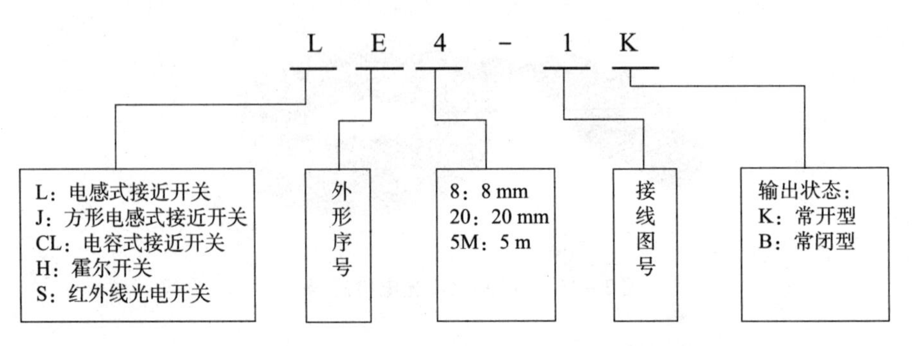

图 2－26　LE4－1K 型电感式传感器的型号说明

3. 术语解释

（1）动作（检测）距离：检测体按一定方式移动时，从基准位置（接近开关的感应表面）到开关动作时测得的基准位置到检测面的空间距离。额定动作距离是指接近开关动作距离的标称值。

（2）设定距离：指接近开关在实际工作中的整定距离，一般为额定动作距离的 0.8 倍。被测物与接近开关之间的安装距离一般等于额定动作距离，以保证工作可靠。安装后还须通过调试，然后紧固。

（3）复位距离：接近开关动作后，又再次复位时的与被测物的距离，它略大于动作距离。

（4）回差值：动作距离与复位距离之间的绝对值。回差值越大，对外界的干扰以及被测物的抖动等的抗干扰能力就越强。

4. 安装方式

接近开关的安装方式分为齐平式和非齐平式，如图 2－27 所示。齐平式（又称埋入式）的接近开关表面可与被安装的金属物件形成同一表面，不易被碰坏，但灵敏度较低；非齐平式（非埋入型）的接近开关则需要把感应头露出一定高度，否则将降低灵敏度。

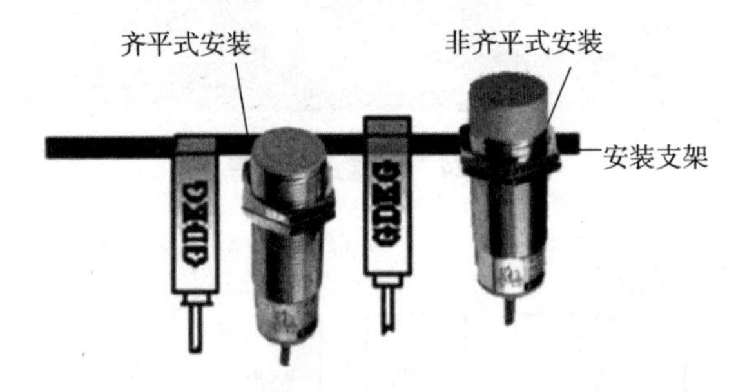

图 2－27　电感式接近开关的安装方式

5. 电气连接

当无检测物体时，对常开型接近开关而言，由于接近开关内部的输出三极管截止，所接的负载不工作（失电）。图 2－28 所示为 PNP 常开型接近开关的电气连接图，当检测到物体时，内部的输出级三极管导通，负载得电工作。同理，对常闭型接近开关而言，当未检测到物体时，三极管反而处于导通状态，负载得电工作；反之则负载失电。

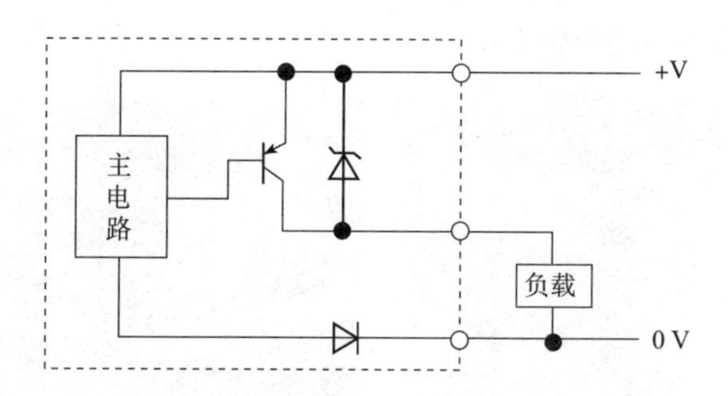

图 2-28　PNP 常开型接近开关的电气连接图

四、光纤传感器

光导纤维传感器简称光纤传感器，是目前发展速度很快的一种传感器。光纤不仅可以作为光波传输介质在长距离通信中应用，而且光在光纤中传播时，表征光波的特征参量（如振幅、相位、偏振态、波长等）因外界因素（如温度、压力、磁场、电场和位移等）的作用而间接或直接地发生变化，从而可将光纤作为传感元件来探测各种待测量。

1. 结构原理

以电为基础的传统传感器是一种把测量的状态转变为可测的电信号的装置。它的电源、敏感元件、信号接收和处理系统以及信息传输均用金属导线连接。光纤传感器则是一种把被测量的状态转变为可测的光信号的装置，由光发送器、敏感元件（光纤或非光纤的）、光接收器、信号处理系统以及光纤构成。

由光发送器发出的光经源光纤引导至敏感元件，这时，光的某一性质受到被测量的调制，已调光经接收光纤耦合到光接收器，使光信号变为电信号，最后经信号处理得到所期待的被测量。可见，光纤传感器与以电为基础的传统传感器相比，在测量原理上有本质的差别。传统传感器是以机-电测量为基础，而光纤传感器则以光学测量为基础。

2. 光纤传感器的主要特性

光纤传感器能够抗电磁干扰，其检测头小巧且传输距离远、使用寿命长，因此可工作于危险、恶劣环境。

3. 安装

光电式传感器不得相互干扰，它们之间必须保持一定的最小距离，该最小距离主要由传感器灵敏度决定。对于采用光纤的传感器，此距离主要由所使用的光纤类型决定。因此，无法指定一个特定的值。

4. 在自动化生产线分拣站中的应用

在分拣站中用到了两个光纤传感器，它们安装在分拣站的传送带上方，用于对白色工件和黑色工件的区分。光纤传感器由光纤检测头和光纤放大器两部分组成，如图 2-29 所示。光纤放大器和光线检测头是分离安装的，光线检测头的尾端部分分成两条光线，使用时分别插入放大器的两个光纤孔，光纤传感器的输出接至 PLC。

使用过程中，为了能对白色工件和黑色工件进行区分，要将两个光纤传感器灵敏度调整成不一样。当光纤传感器灵敏度调的较小时，对于反射性较差的黑色工件，光纤放大器无法接收到反射信号；而对于反射性较好的白色工件，光纤放大器可以接收到反射信号，从而可以将两种工件分开，完成自动分拣工序。

（a）

（b）

图 2-29　光纤传感器在分拣站中的应用

（a）光纤检测头；（b）光纤放大器

【技能实训】

项目 2.1　供料站安装与调试

一、项目导入

供料站是自动化生产线中的起始单元，按照需要将放置在料仓中的待加工工件（原料）自动地推出到物料台上，进行下一次推出工件操作，起着向整个系统中的其他单元提供原料的作用。

二、项目分析

1. 供料站结构及功能

供料工作单元的主要作用是为加工过程逐一提供加工工件。在管状料仓中最多可存放 8 个工件。工件垂直叠放在料仓中，双作用气缸处于料仓的底层并且其活塞杆可从料仓的底部通过。如果物料台没有物料，料仓中的物料充足，则双作用气缸将从料仓中推出工件，并为下一次推出工件做好准备。气缸的定位由磁感应传感器检测，送料的伸缩速度由单向节流阀设置。

供料站由井式工件库、推料气缸、物料台、光电传感器、磁性传感器、电磁阀、支架、机械零部件等构成。其功能主要完成按照需要将放置在料仓中待加工工件自动推出到物料台上，以便输送单元的机械手将其抓取，输送到其他站。

（1）井式工件库：用于存放黑白两种工件。

（2）PLC 主机：供电电源采用 AC 220 V，控制端子与端子排相连。

（3）光电传感器 1：用于检测工件库物料是否不够。当工件库有物料时给 PLC 提供输入信号。物料的检测距离可由光电传感器头的旋钮调节，调节检测范围 1 ~9 cm。

（4）光电传感器 2：用于检测工件库是否有物料。当工件库有物料时给 PLC 提供输入信号。物料的检测距离可由光电传感器头的旋钮调节，调节检测范围 1 ~9 cm。光电传感器 1 和光电传感器 2 都为反射光电传感器，它们的功能是检测料仓中有无储料或储料是否足够。若料仓内没有工件，两个反射光电传感器均处于常态；若仅在底层有 1 个工件，则底层处光电接近开关动作而第 2 层处光电接近开关常态，表明工件已经快用完了。

（5）光电传感器 3：物料台台面开有小孔，台下面设有一个圆柱形反射光电传感器，工作时向上发出光线，从而透过小孔检测是否有工件存在。当工件库与物料台上有物料时给 PLC 提供输入信号。

（6）磁性传感器：用于气缸的位置检测，当检测到气缸准确到位后给 PLC 发出一个到位信号。

（7）电磁阀：用于控制气缸伸缩，当 PLC 给电磁阀一个信号，电磁阀动作，气缸推出。

（8）推料气缸：由单控电磁阀控制。当电磁阀得电时，气缸伸出，同时将物料送至物料台上。

2. 主要技术指标

（1）控制电源：直流 24 V/2 A；

（2）PLC 主机：CPU222 AC/DC/RLY；

（3）光电传感器 1：E3Z－LS63；

（4）光电传感器 2：E3Z－LS63；

（5）光电传感器 3：SB03－1K；

（6）磁性传感器：D－C73；

（7）电磁阀：SY5120；

（8）推料气缸：CDJ2KB16－75。

三、项目实施

1. 供料站的气路设计与连线

气动控制回路是本工作单元的执行机构，该执行机构的逻辑控制功能是由 PLC 实现的。气动控制回路的工作原理图如图 2－30 所示，其中 1B1、1B2 为安装在推料气缸的两个极限工作位置的磁性传感器，当气缸伸出到位时 1B1 动作，当气缸缩回到位时 1B2 动作。1Y1 为控制推料气缸的电磁阀，当电磁阀通电时气缸伸出，当电磁阀断电时气缸缩回。

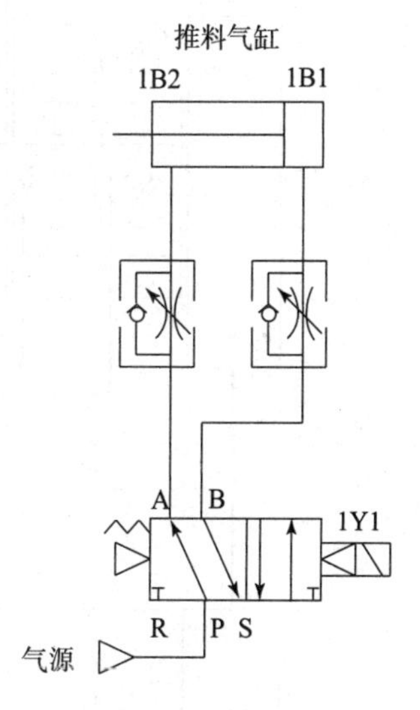

图 2－30　气动控制回路的工作原理图

连接时从汇流排开始连接电磁阀、气缸。连接时注意气管走向应按序排布，均匀美观，不能交叉、打折；气管要在快速接头中插紧，不能够有漏气现象。

2. 供料站的电路设计与连线

电气接线包括：在工作单元装置侧完成各传感器、电磁阀、电源端子等引线到装置侧接线端口之间的接线；在 PLC 侧进行电源连接、I/O 点接线等。

接线端口采用双层接线端子排，用于集中连接本工作单元所有电磁阀、传感器等器件的电气连接线、PLC 的 I/O 端口及直流电源。其中下排 1 ~ 3 和上排 1 ~ 3 号端子短接经过带保险的端子与 +24 V 相连。上排 4 ~ 11 号端子短接与 0 V 相连，下排 4 ~ 11 号端子与信号线相连，保险座内插装有 2 A 的保险管。接线端口上的每一个端子旁都有数字标号，以说明端子的位地址。接线端口通过导轨固定在底板上。如图 2 - 31 和图 2 - 32 所示，分别是供料站的端子接线图和 PLC 控制电路图。

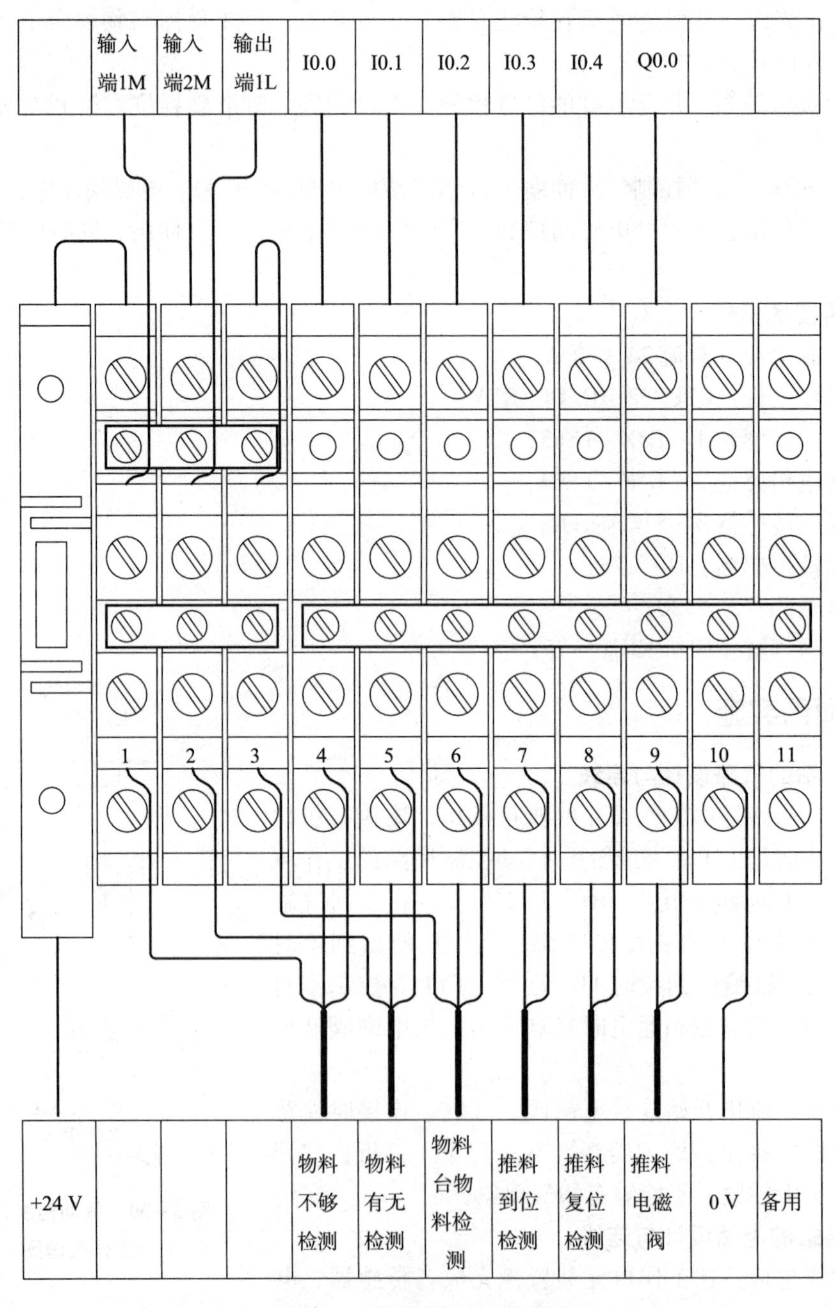

图 2 - 31　供料站的端子接线图

接线说明：

（1）光电传感器引出线：棕色接“+24 V”电源，蓝色接“0 V”，黑色接 PLC 输入。

（2）磁性传感器引出线：蓝色接“0 V”，棕色接 PLC 输入。

（3）电磁阀引出线：黑色接“0 V”，红色接 PLC 输出。

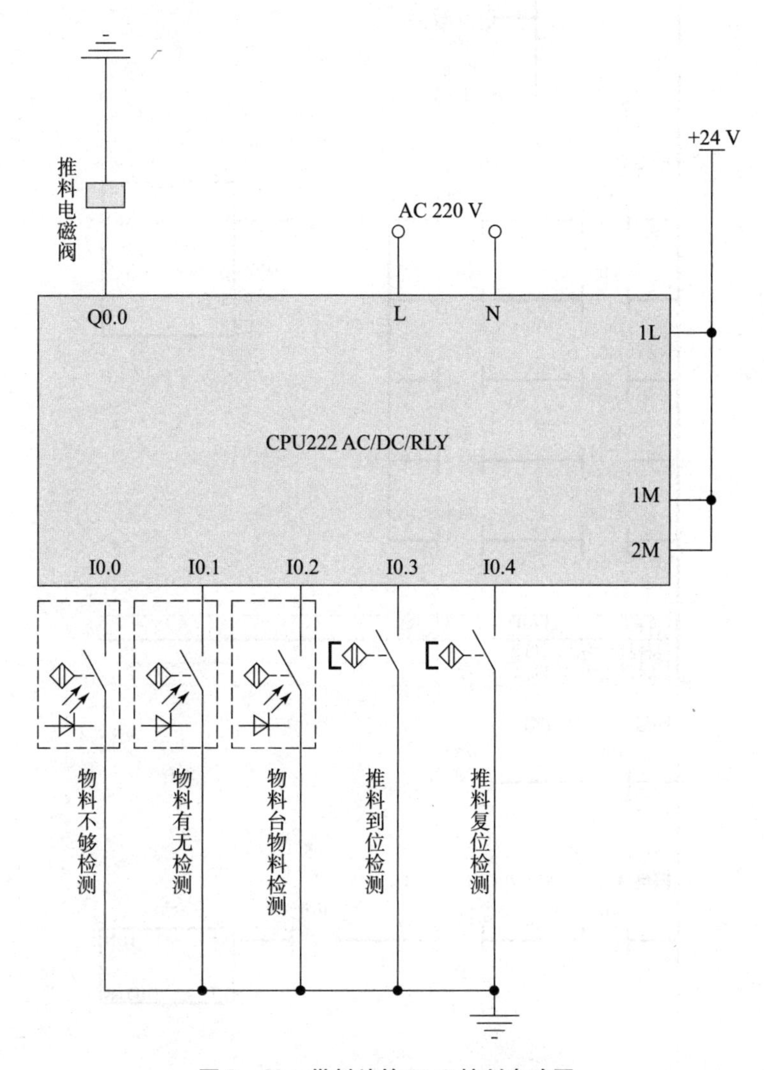

图 2-32　供料站的 PLC 控制电路图

3. 供料站的 PLC 编程与调试

为了使工作单元按工艺要求正常运转，必须正确地编制 PLC 应用程序。此 PLC 程序有多种编制方法，如图 2-33 和图 2-34 所示。

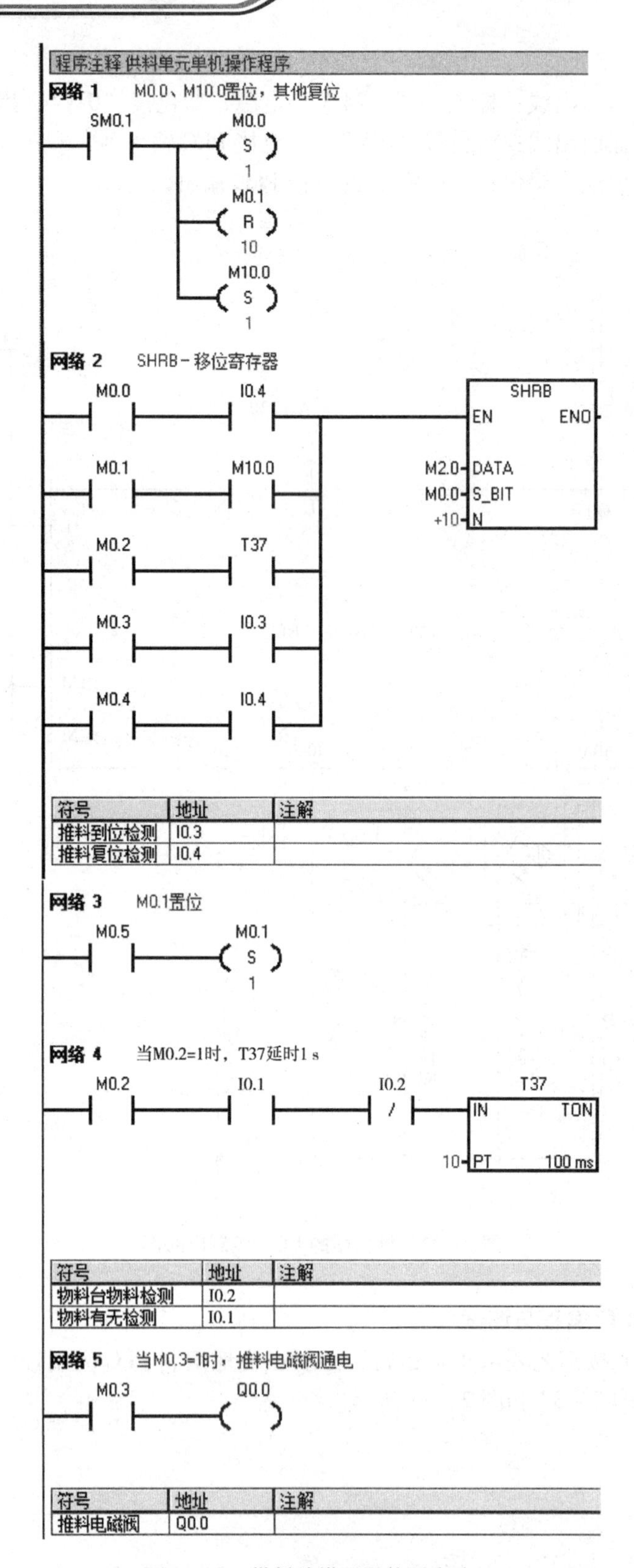

符号	地址	注解
推料到位检测	I0.3	
推料复位检测	I0.4	

符号	地址	注解
物料台物料检测	I0.2	
物料有无检测	I0.1	

符号	地址	注解
推料电磁阀	Q0.0	

图 2－33 供料站梯形图编制方法一

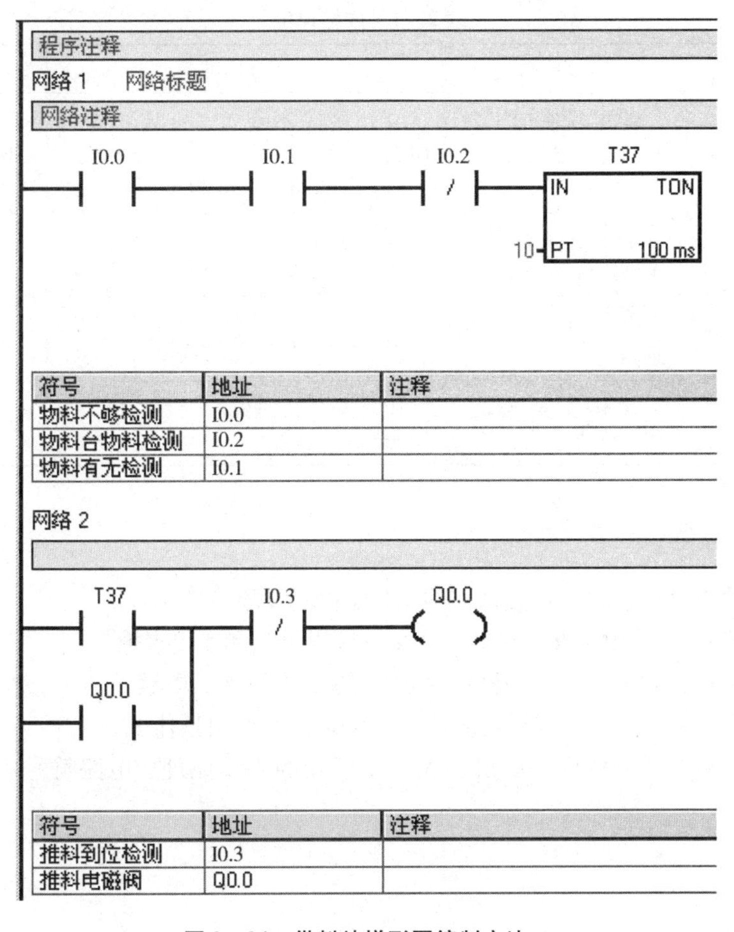

图 2－34　供料站梯形图编制方法二

四、运行调试

1. PLC 正常开机状态

（1）I0. 0 接通，表示工件库工件充足。

（2）I0. 1 接通，表示推料区有工件。

（3）I0. 2 接通，表示物料台有工件。

（4）I0. 4 接通，表示气缸推料完成，已复位。

2. 操作步骤

（1）将工件装入工件库。

（2）用手拿走物料台上的工件。

（3）延时 1 s 后气缸自动推出工件到物料台。

五、成绩评价

成绩评价如表 2－1 所示。

表2－1　成绩评价

序号	主要内容	考核要求	评分标准	配分	扣分	得分
1	电气接线	能正确使用工具和仪表，按照电路图正确接线	（1）接线不规范，每处扣5～10分；（2）接线错误，扣20分	30		
2	气路连接	能根据项目要求正确连接气路	（1）连接不规范，每处扣5分；（2）连接错误，扣10分	20		
3	编程与调试	操作调试过程正确	编程错误扣20分	30		
4	安全文明生产	操作安全规范、环境整洁	违反安全文明生产规程，扣5～10分	20		

六、思考练习

（1）总结检查气动连线、传感器接线、I/O检测及故障排除方法。

（2）分析供料站选用的PLC型号、含义及输入点数和输出点数。

（3）分析磁性开关的作用，磁性开关检测的工作原理、电路符号、接线规则、指示灯状态的含义；供料站一共用到哪几处磁性开关，它们的作用是什么？

（4）分析光电开关的作用，反射型光电传感器的工作原理、电路符号和接线规则，指示灯状态的含义。

单元三

加工站安装与调试

加工站的功能是把待加工工件从物料台移送到加工区域冲压气缸的正下方，完成对工件的冲压加工，然后把加工好的工件重新送回物料台的过程。

加工站结构如图3-1所示，主要结构组成为：物料台、物料夹紧装置、龙门式二维运动装置、主轴电动机、刀具以及相应的传感器、磁性开关、电磁阀组、步进电动机及步进驱动器、滚珠丝杠副、支架等机械零部件。

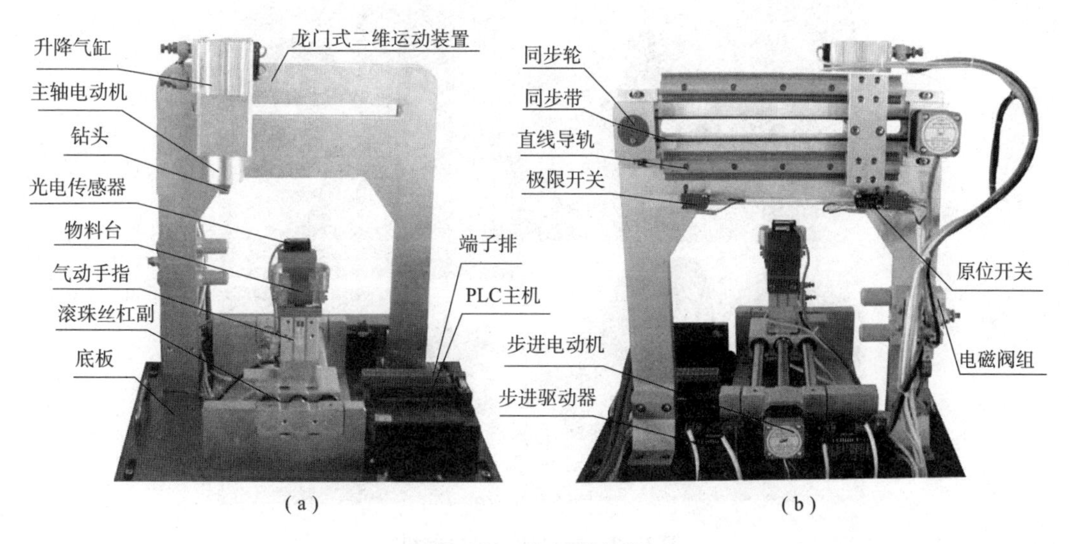

图3-1 加工站结构

【基础知识】

知识 3.1 步进电动机与步进驱动器

步进电动机是一种作为控制用的特种电动机，它的旋转是以固定的角度（称为“步距角”）一步一步运行的，其特点是没有积累误差（精度为 100%），所以广泛应用于各种开环控制。步进电动机的运行需要一种电子装置进行驱动，这种装置就是步进驱动器，它是把控制系统发出的脉冲信号转化为步进电动机的角位移，控制系统每发一个脉冲信号，通过驱动器就使步进电动机旋转一个步距角，所以步进电动机的转速与脉冲信号的频率成正比。因此，控制步进脉冲信号的频率，可以对电动机精确调速；控制步进脉冲的个数，可以对电动机精确定位。

一、步进电动机

步进电动机是一种用电脉冲信号进行控制，并将电脉冲信号转换成相应的角位移或线位移的控制电动机。它专门用于速度和位置精确控制。它的旋转是以固定的角度一步一步运行的，故称步进电动机。它每接收一个电脉冲，转子就转过一角度，称为步距角。图 3－2 所示为常见的步进电动机。

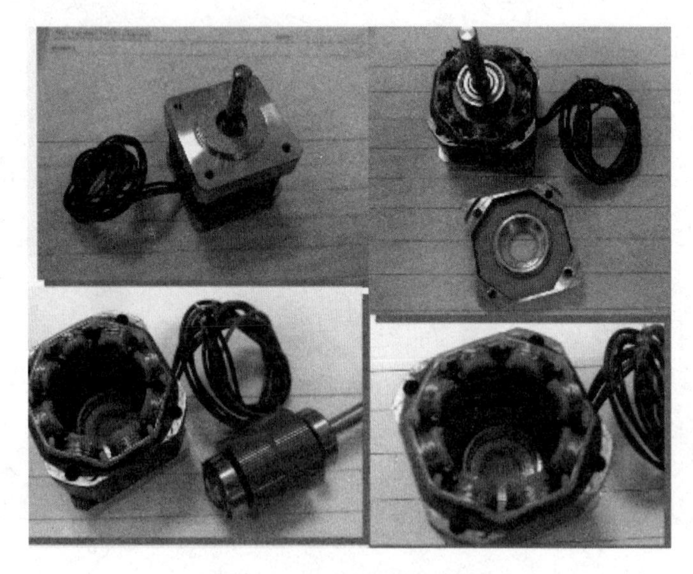

图 3－2　常见的步进电动机

1. 步进电动机的种类

步进电动机的分类方式很多，常见的分类方式有按力矩产生的原理、按输出力矩的大小、按定子数及按各相绕组分布等。根据不同的分类方式，可将步进电动机分为多种类型，如表 3－1 所示。

表3-1 步进电动机的分类

分类方式	具体类型
按力矩产生的原理	（1）反应式：转子无绕组，由被激磁的定子绕组产生反应力矩实现步进运行。 （2）激磁式：定、转子均有激磁绕组（或转子用永久磁钢），由电磁力矩实现步进运行
按输出力矩的大小	（1）伺服式：输出力矩在百分之几至十分之几（N·m）只能驱动较小的负载，要与液压扭矩放大器配用，才能驱动机床工作台等较大的负载。 （2）功率式：输出力矩在5~50 N·m，可以直接驱动机床工作台等较大的负载
按定子数	（1）单定子式；（2）双定子式；（3）三定子式；（4）多定子式
按各相绕组分布	（1）径向分布式：电动机各相按圆周依次排列； （2）轴向分布式：电动机各相按轴向依次排列

2. 步进电动机的结构

目前，我国使用的步进电动机多为反应式步进电动机。在反应式步进电动机中，有轴向分相和径向分相两种。

图3-3所示为一典型的单定子、径向分相、反应式伺服步进电动机的结构原理图。它与普通电动机一样，分为定子和转子两部分，其中定子又分为定子铁芯和定子绕组。定子铁芯由电工钢片叠压而成，其形状如图3-3所示。定子绕组是绕置在定子铁芯6个均匀分布齿上的线圈，在直径方向上相对的两个齿上的线圈串联在一起，构成一相控制绕组。图3-3所示的步进电动机可构成三相控制绕组，故也称三相步进电动机。若任一相绕组通电，便形成一组定子磁极，其方向即图3-3中所示的NS极。在定子的每个磁极上，即定子铁芯的每个齿上又开了5个小齿，齿槽等宽，齿间夹角为9°，转子上没有绕组，只有均匀分布的40个小齿，齿槽也是等宽的，齿间夹角也是9°，与磁极上的小齿一致。此外，三相定子磁极上的小齿在空间位置上依次错开1/3齿距，如图3-4所示。当A相磁极上的小齿与转子上的小齿对齐时，B相磁极上的齿刚好超前（或滞后）转子齿1/3齿距角，C相磁极齿超前（或滞后）转子齿2/3齿距角。

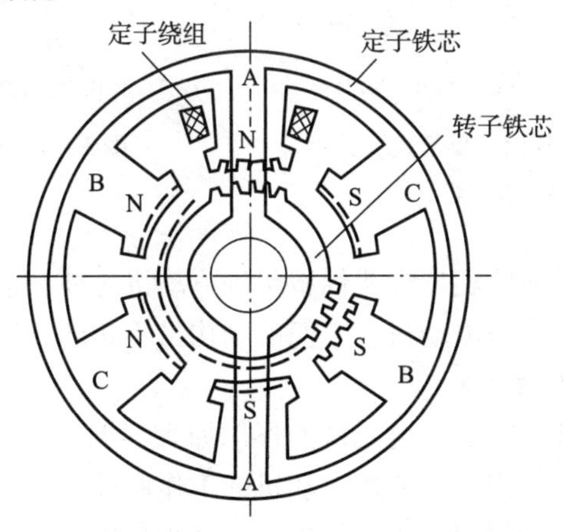

图3-3 单定子、径向分相、反应式伺服步进电动机的结构原理图

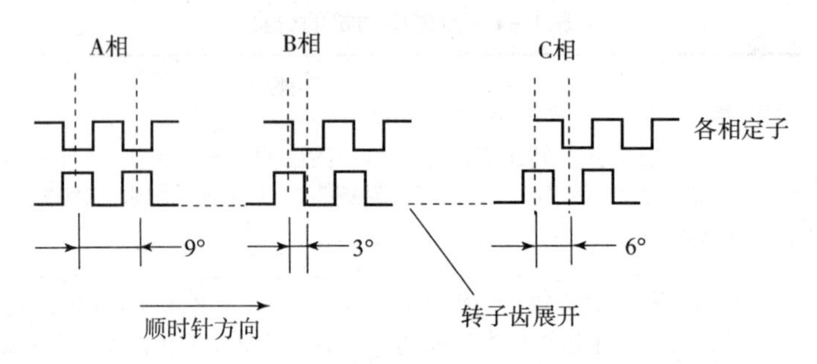

图3-4　步进电动机的齿距

图3-5所示为五定子、轴向分相、反应式伺服步进电动机的结构原理，从图中可以看出，步进电动机的定子和转子在轴向分为五段，每一段都形成独立的一相定子铁芯、定子绕组和转子，图3-6所示为其中的一段。各段定子铁芯形如内齿轮，由硅钢片叠成。转子形如外齿轮，也由硅钢片制成。各段定子上的齿在圆周方向均匀分布，彼此之间错开1/5齿距，其转子齿彼此不错位。当设置在定子铁芯环形槽内的定子绕组通电时，形成一相环形绕组，构成图3-6中所示的磁回路。

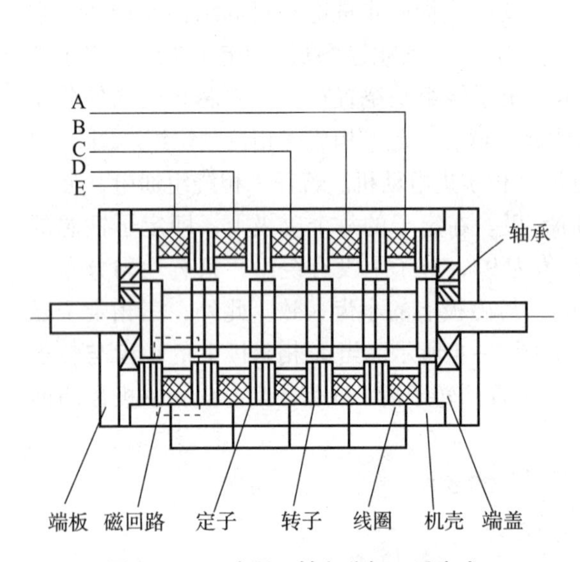

图3-5　五定子、轴向分相、反应式伺服步进电动机的结构原理

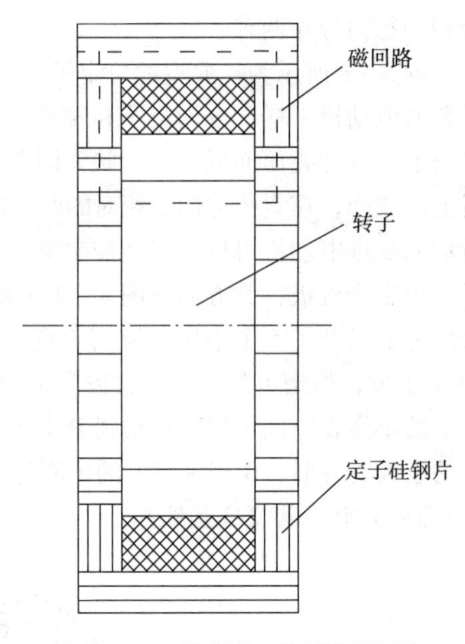

图3-6　一段定子、转子及磁回路

除上面介绍的单定子径向分相反应式伺服步进电动机之外，常见的步进电动机还有永磁式步进电动机和永磁反应式步进电动机，它们的结构虽不相同，但工作原理相同。

3. 步进电动机的工作原理

步进电动机的工作原理实际上是电磁铁的作用原理。图3-7所示为一种最简单的反应式步进电动机，下面以它为例来说明步进电动机的工作原理。

图3-7（a）中，当A相绕组通以直流电流时，根据电磁学原理，便会在AA方向上产生一磁场，在磁场电磁力的作用下吸引转子，使转子的齿与定子AA磁极上的齿对齐。若A

相断电，B 相通电，这时新的磁场的电磁力又吸引转子的两极与 BB 磁极齿对齐，转子沿顺时针转过 60°。通常，步进电动机绕组的通断电状态每改变一次，其转子转过的角度 α 称为步距角。因此，图 3－7（a）所示步进电动机的步距角 α 等于 60°。如果控制线路不停地按 A→B→C→A…的顺序控制步进电动机绕组的通断电，步进电动机的转子便不停地顺时针转动。若通电顺序改为 A→C→B→A…，同理，步进电动机的转子将逆时针不停地转动。

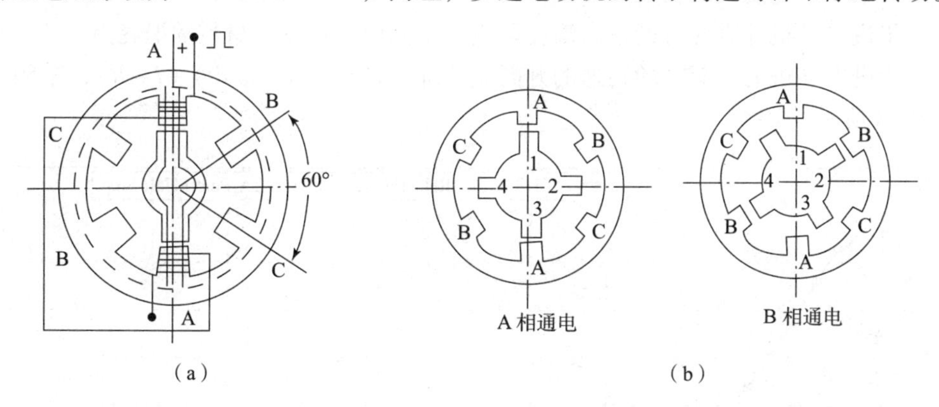

图 3－7　反应式步进电动机工作原理示意图

上面所述的这种通电方式称为三相三拍。还有一种三相六拍的通电方式，它的通电顺序是：顺时针为 A→AB→B→BC→C→CA→A…；逆时针为 A→AC→C→CB→B→BA→A…。

若以三相六拍通电方式工作，当 A 相通电转为 A 和 B 的两相同时通电时，转子的磁极将同时受到 A 相绕组产生的磁场和 B 相绕组产生的磁场的共同吸引，转子的磁极只好停在 A 和 B 两相磁极之间，这时它的步距角 α 等于 30°。当由 A 和 B 两相同时通电转为 B 相通电时，转子磁极再沿顺时针旋转 30°，与 B 相磁极对齐，其余以此类推。采用三相六拍通电方式，可使步距角 α 缩小一半。

图 3－7（b）中的步进电动机，定子仍是 A、B、C 三相，每相两极，但转子不是两个磁极而是四个。当 A 相通电时，是 1 和 3 极与 A 相的两极对齐；当 A 相断电、B 相通电时，2 和 4 极将与 B 相两极对齐。这样，在三相三拍的通电方式中，步距角 α 等于 30°，在三相六拍通电方式中，步距角 α 则为 15°。

综上所述，可以得到如下结论：

（1）步进电动机定子绕组的通电状态每改变一次，它的转子便转过一个确定的角度，即步进电动机的步距角 α；

（2）改变步进电动机定子绕组的通电顺序，转子的旋转方向随之改变；

（3）步进电动机定子绕组通电状态的改变速度越快，其转子旋转的速度越快，即通电状态的变化频率越高，转子的转速越高；

（4）步进电动机步距角 α 与定子绕组的相数 m、转子的齿数 z、通电方式 k 有关，可用下式表示：

$$\alpha = 360° / (mzk) \qquad (3-1)$$

式中，当为 m 相 m 拍时，$k=1$；当为 m 相 $2m$ 拍时，$k=2$；以此类推。

对于图 3－3 所示的单定子、径向分相、反应式伺服步进电动机，当它以三相三拍通电方式工作时，其步距角为

$$\alpha = 360°/(mzk) = 360°/(3 \times 40 \times 1) = 3° \quad (3-2)$$

若按三相六拍通电方式工作，则步距角为

$$\alpha = 360°/(mzk) = 360°/(3 \times 40 \times 2) = 1.5° \quad (3-3)$$

4. 步进电动机的特点

（1）一般步进电动机的精度为步距角的3%～5%，且不累积。

（2）步进电动机外表允许的最高温度取决于不同电动机磁性材料的退磁点。

（3）步进电动机的力矩会随转速的升高而下降［$U = E + L(\mathrm{d}i/\mathrm{d}t) + I * R$］，矩频特性曲线如图3－8所示。

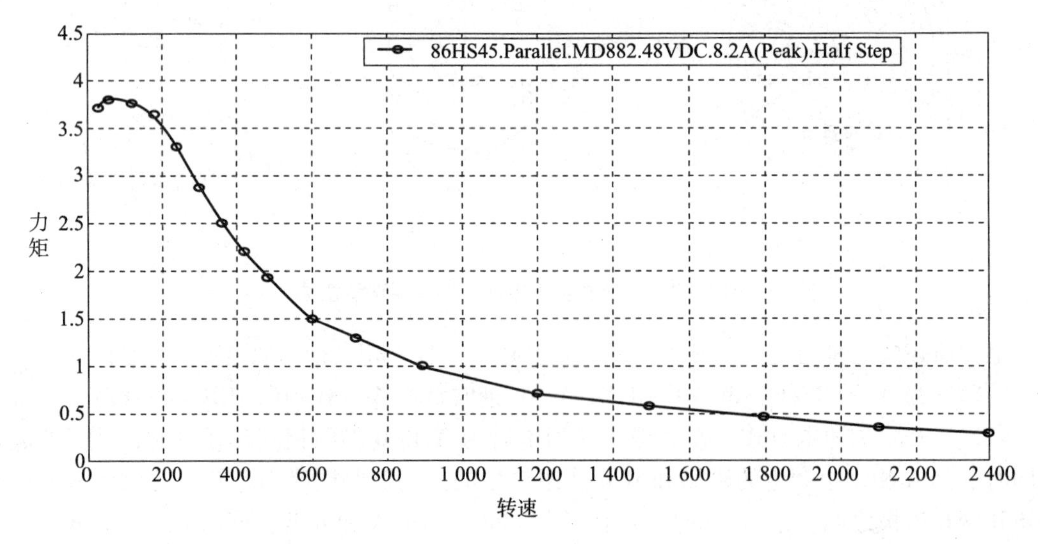

图3－8　矩频特性曲线

（4）空载启动频率：即步进电动机在空载情况下能够正常启动的脉冲频率，如果脉冲频率高于该值，电动机不能正常启动，可能发生丢步或堵转。步进电动机的起步速度一般在10～100 r/min，伺服电动机的起步速度一般在100～300 RPM。根据电动机大小和负载情况而定，大电动机一般对应较低的起步速度。

（5）低频振动特性：步进电动机以连续的步距状态边移动边重复运转。其步距状态的移动会产生步距响应，步距响应图如图3－9所示。

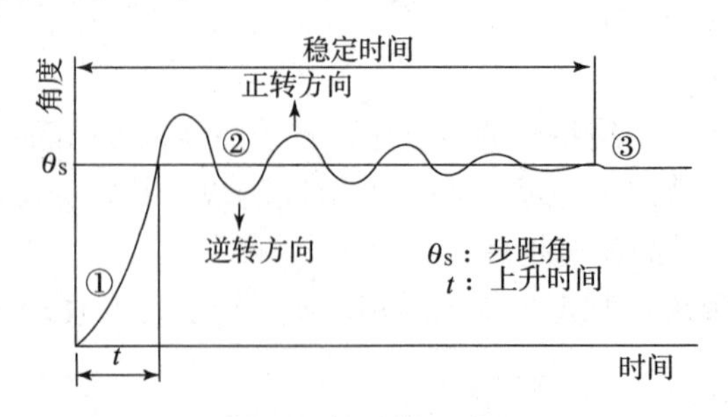

图3－9　步距响应图

电动机驱动电压越高，电动机电流越大，负载越轻，电动机体积越小，则共振区向上偏移，反之亦然。步进电动机低速转动时振动和噪声大是其固有的缺点，克服两相混合式步进电动机在低速运转时的振动和噪声方法：

①通过改变减速比等机械传动避开共振区。

②采用带有细分功能的驱动器。

③换成步距角更小的步进电动机。

④选用电感较大的电动机。

⑤换成交流伺服电动机，几乎可以完全克服振动和噪声，但成本高。

⑥采用小电流、低电压来驱动。

⑦在电动机轴上加磁性阻尼器。

⑧中高频稳定性。

（6）电动机的固有频率估算值：

$$f_0 = \frac{1}{2\pi}\sqrt{\frac{Z_r T_k}{J}}$$

式中，Z_r 为转子齿数；T_k 为电动机负载转矩；J 为转子转动惯量。

5. 步进电动机的主要特性

（1）步距角。步进电动机的步距角是反映步进电动机定子绕组的通电状态每改变一次，转子转过的角度。它是决定步进伺服系统脉冲当量的重要参数。数控机床中常见的反应式步进电动机的步距角一般为 $0.5° \sim 3°$。步距角越小，数控机床的控制精度越高。

（2）矩角特性、最大静态转矩 M_{jmax} 和启动转矩 M_q。矩角特性是步进电动机的一个重要特性，它是指步进电动机产生的静态转矩与失调角的变化规律。

（3）启动频率 f_q。空载时，步进电动机由静止突然启动，并进入不丢步的正常运行所允许的最高频率，称为启动频率或突跳频率。若启动时频率大于突跳频率，步进电动机就不能正常启动。空载启动时，步进电动机定子绕组通电状态变化的频率不能高于该突跳频率。

（4）连续运行的最高工作频率 f_{max}。步进电动机连续运行时，它所能接受的即保证不丢步运行的极限频率，称为最高工作频率。它是决定定子绕组通电状态最高变化频率的参数，它决定了步进电动机的最高转速。

（5）加减速特性。步进电动机的加减速特性是描述步进电动机由静止到工作频率和由工作频率到静止的加减速过程中，定子绕组通电状态的变化频率与时间的关系。当要求步进电动机启动到大于突跳频率的工作频率时，变化速度必须逐渐上升；同样，从最高工作频率或高于突跳频率的工作频率停止时，变化速度必须逐渐下降。逐渐上升和下降的加速时间、减速时间不能过小，否则会出现失步或超步。我们用加速时间常数 T_a 和减速时间常数 T_d 来描述步进电动机的升速和降速特性，如图 3－10 所示。

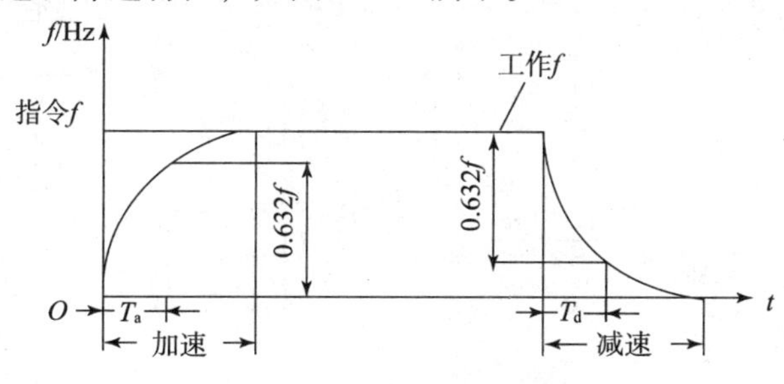

图 3－10　加减速特性曲线

二、步进驱动器简介

步进驱动器是一种能使步进电动机运转的功率放大器，能把控制器发来的脉冲信号转化为步进电动机的角位移，电动机的转速与脉冲频率成正比，所以控制脉冲频率可以精确调速，控制脉冲数就可以精确定位。图 3－11 所示为步进电动机控制原理图。

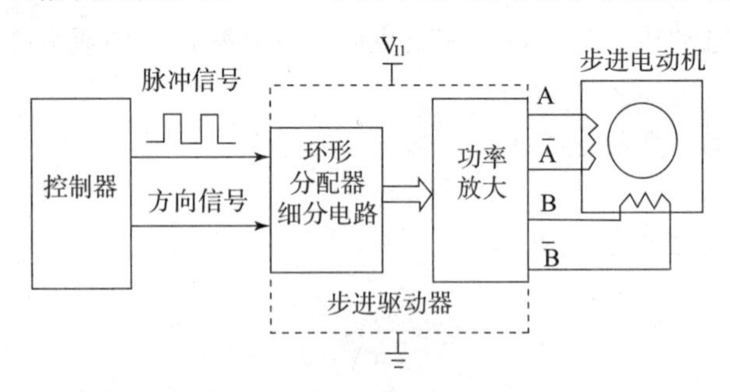

图 3－11　步进电动机控制原理图

1）恒流驱动

恒流控制的基本思想是通过控制主电路中 MOSFET 的导通时间，即调节 MOSFET 触发信号的脉冲宽度，来达到控制输出驱动电压进而控制电动机绕组电流的目的。图 3－12 所示为恒电流斩波驱动电压与电流的关系图，图 3－13 和图 3－14 分别为 H 桥恒频斩波恒相流驱动电路原理框图和电流 PWM 细分驱动电路示意图。

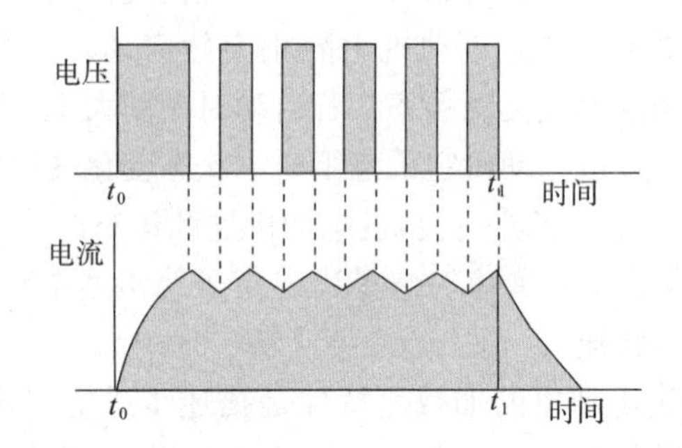

图 3－12　恒电流斩波驱动电压与电流的关系图

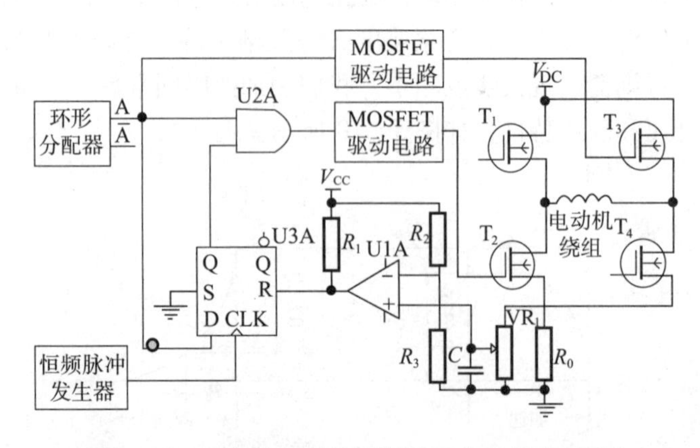

图 3－13　H 桥恒频斩波恒相流驱动电路原理框图

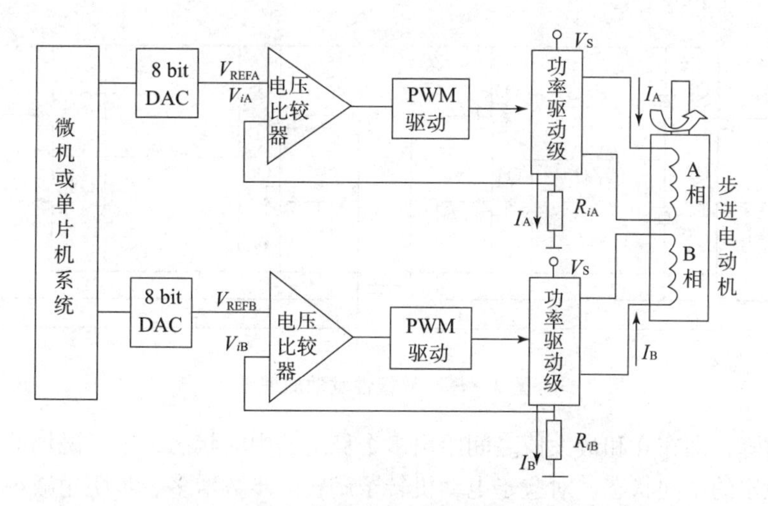

图 3－14　电流 PWM 细分驱动电路示意图

2）单极性驱动

单极性（unipolar）和双极性（bipolar）是步进电动机最常采用的两种驱动架构。单极性驱动电路使用四个晶体管来驱动步进电动机的两组相位，电动机结构包含两组带有中间抽头的线圈，整个电动机共有六条线与外界连接。这类电动机又称为四相电动机，但这种称呼容易令人混淆又不正确，因为它其实只有两个相位，精确的说法应是双相位六线式步进电动机。六线式步进电动机虽又称为单极性步进电动机，实际上却能同时使用单极性或双极性驱动电路。单极性驱动原理如图 3－15 所示。

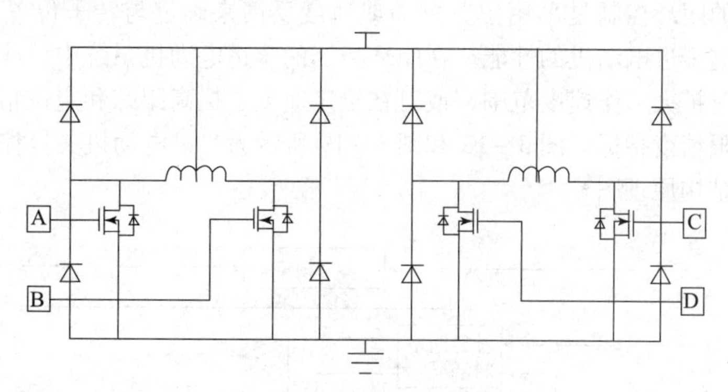

图 3－15　单极性驱动原理

3）双极性驱动

双极性步进电动机的驱动电路使用八个晶体管来驱动两组相位。双极性驱动电路可以同时驱动四线式或六线式步进电动机，虽然四线式电动机只能使用双极性驱动电路，它却能大幅降低量产型应用的成本。双极性步进电动机驱动电路的晶体管数目是单极性驱动电路的两倍，其中四个下端晶体管通常是由微控制器直接驱动，上端晶体管则需要成本较高的上端驱动电路。双极性驱动电路的晶体管只需承受电动机电压，所以它不像单极性驱动电路一样需要箝位电路。图 3－16 所示为双极性驱动原理图。

4）微步驱动

微步驱动技术是一种电流波形控制技术。其基本思想是控制每相绕组电流的波形，使其

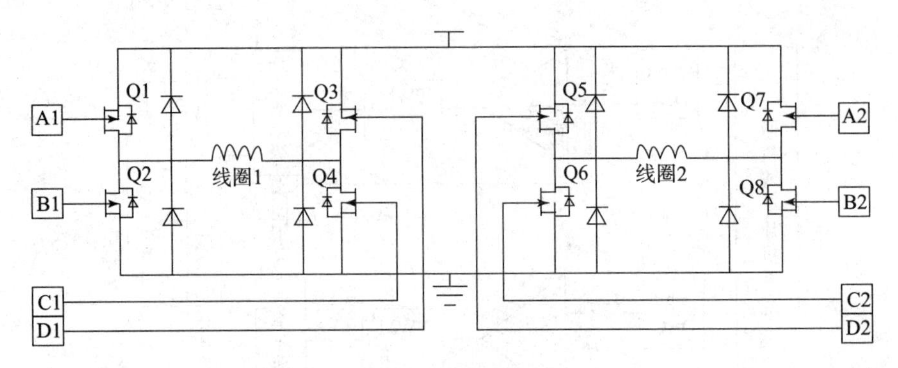

图 3-16　双极性驱动原理图

阶梯上升或下降，即在 0 和最大值之间给出多个稳定的中间状态，定子磁场的旋转过程中也就有了多个稳定的中间状态，对应于电动机转子旋转的步数增多、步距角减小。采用细分驱动技术可以大大提高步进电动机的步矩分辨率，减小转矩波动，避免低频共振及降低运行噪声。图 3-17 所示为步进电动机微步驱动电路的基本结构框图。

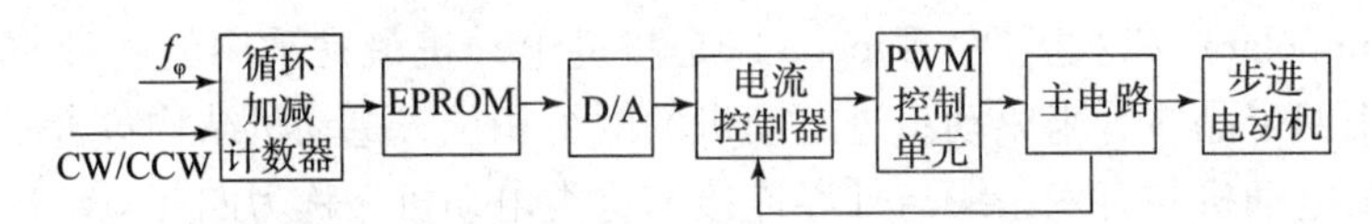

图 3-17　步进电动机微步驱动电路的基本结构框图

5）步进电动机的闭环伺服控制

步进电动机的闭环控制是采用位置反馈或速度反馈来确定与转子位置相适应的相位转换，可以大大改进步进电动机的性能。在闭环控制的步进电动机系统中，或可在具有给定精度下跟踪和反馈时扩大工作速度范围，或可在给定速度下提高跟踪和定位精度，或可得到极限速度指标和极限精度指标。图 3-18 和图 3-19 所示为步进电动机矢量控制位置伺服系统框图和系统硬件结构原理图。

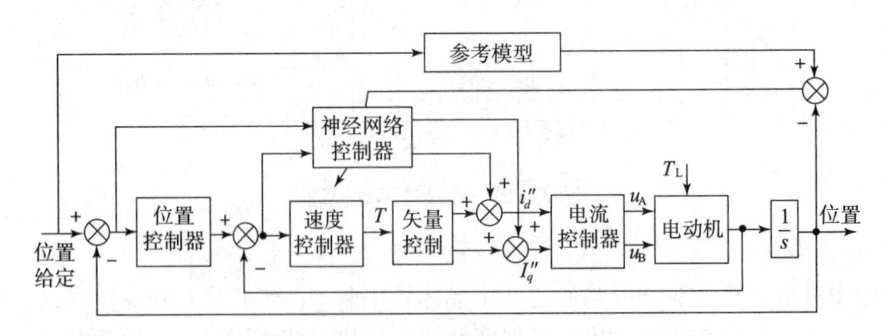

图 3-18　步进电动机矢量控制位置伺服系统框图

6）电压和电流与转速、转矩的关系

（1）步进电动机一定时，供给驱动器的电压值对电动机性能影响大，电压越高，步进电动机能产生的力矩越大，越有利于需要高速应用的场合，但电动机的发热随着电压、电流的增加而加大，所以要注意电动机的温度不能超过最大限值。

（2）一个可供参考的经验值：步进驱动器的输入电压一般设定在步进电动机额定电压

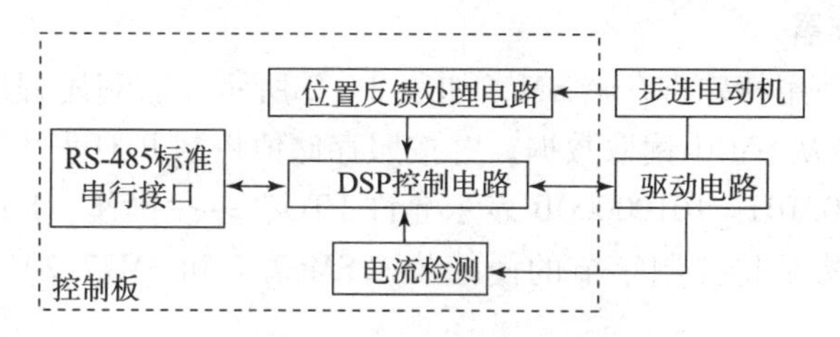

图 3－19　系统硬件结构原理图

的 3～25 倍。57 机座电动机采用直流 24～48 V，86 机座电动机采用直流 36～70 V，110 机座电动机采用高于直流 80 V。

（3）对变压器降压，然后整流、滤波得到的直流电源，其滤波电容的容量可按以下工程经验公式选取：

$$C=(8\ 000\times I)/V(\mu F)$$

式中，I 为绕组电流（A）；V 为直流电源电压（V）。

项目 3.1　步进电动机控制机械手运动

一、项目导入

本项目是通过 PLC 程序控制步进电动机运动，驱动主轴电动机定向、定位运动。控制要求：按下启动按钮，主轴电动机从原点位置前进 500 mm 后自动停止；按下停止按钮，主轴电动机立即停止；按下复位按钮，主轴电动机可从任意位置退回原点位置处并停止；主轴电动机运动有终端限位开关保护。

二、项目分析

1. PLC 脉冲串输出功能（Pulse Train Output：PTO）

S7－200 晶体管输出型 CPU 内置两个 PTO 发生器，用以输出高速脉冲串，两个发生器分别指定输出端口为 Q0.0 和 Q0.1。当执行 PTO 操作时，生成一个占空比为 50% 的脉冲串用于步进电动机的脉冲控制，如图 3－20 所示。

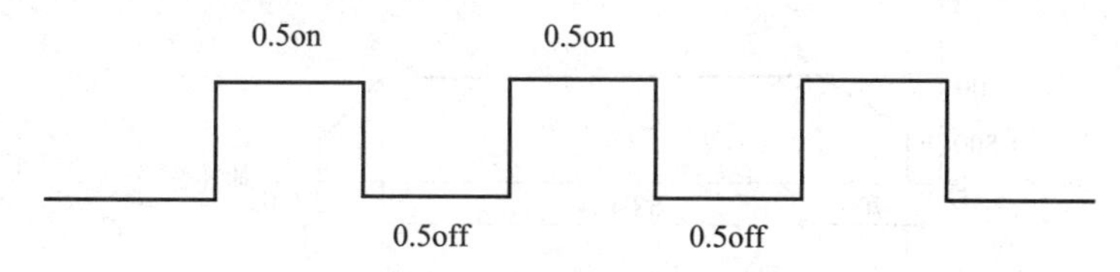

图 3－20　50%占空比的脉冲串

2. PTO 控制寄存器

PTO 功能的配置使用特殊寄存器 SM，如表 3－2 所示。需利用程序先将 PTO 参数存在 SM 中，然后 PLS 指令从 SM 中读取数据，并按照存储值控制 PTO 发生器。

例如，控制字节 0A0H＝10100000B 表示允许 PTO、多段操作、1 μs 时基；也可以在任意时刻禁止 PTO，方法是将控制字节的使能位（SM67.7 和 SM77.7）清零，然后执行 PLS 指令。

表 3－2　PTO 控制寄存器的参数选择

Q0.0	Q0.1	状态字节
SM66.7	SM76.7	PTO 空闲位，0＝PTO 执行中；1＝PTO 空闲
SMW168	SMW178	包络表参数存储的起始地址，用从 VB×××开始的字节偏移表示
Q0.0	Q0.1	控制字节
SM67.0	SM77.0	—
SM67.1	SM77.1	—
SM67.2	SM77.2	
SM67.3	SM77.3	PTO 时间基准选择，0＝1 μs/时基；1＝1 ms/时基
SM67.4	SM77.4	—
SM67.5	SM77.5	PTO 操作，0＝单段操作；1＝多段操作
SM67.6	SM77.6	PTO/PWM 模式选择，0＝选择 PTO；1＝选择 PWM（脉宽调制）
SM67.7	SM77.7	PTO 允许，0＝禁止；1＝允许

3. 设计步进电动机的运动包络

1）计算脉冲个数

在本项目中使用的同步轮齿距为 3 mm，共 24 个齿，步进电动机每转一圈，机械手移动 72 mm，驱动器细分设置为 10 000 步/圈，即每步机械手位移为 0.007 2 mm，要让机械手移动 500 mm，需要的脉冲个数为 500/0.007 2＝69 444。

2）设计机械手前进包络

机械手前进采用相对位置模式，PLC 控制器给步进驱动器 69 444 个脉冲，其运动包络如图 3－21 所示。

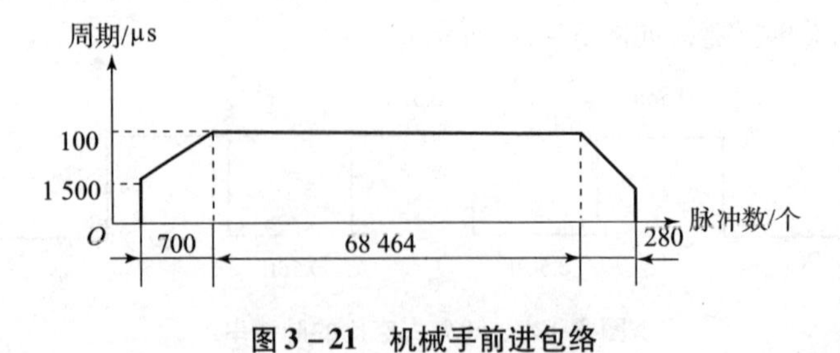

图 3－21　机械手前进包络

机械手前进包络：其中加速段 700 个脉冲，匀速段 68 464 个脉冲，减速段 280 个脉冲。启动/停止段脉冲周期为 1 500 μs（频率为 667 Hz），匀速段脉冲周期为 100 μs（频率为 10 kHz），加速段周期增量为 -2 μs，减速段周期增量为 +5 μs。前进时方向信号 DIR 为 OFF 状态。

3）设计机械手后退包络

机械手后退返回原点位置时，使用相对位置控制和单一速度的连续转动混合模式，其运动包络如图 3-22 所示。

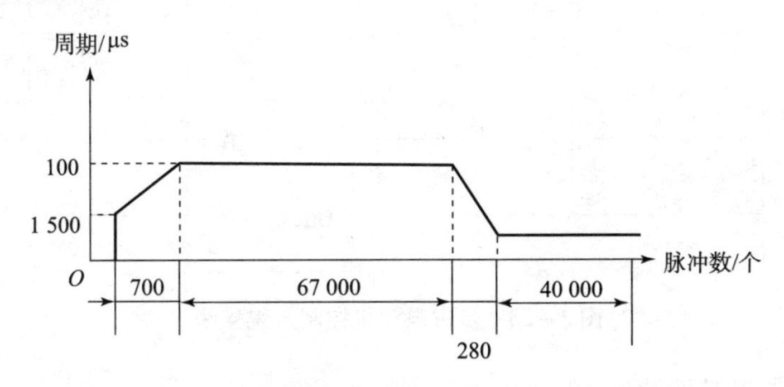

图 3-22　机械手后退包络

为了保证机械手触碰到原点位置行程开关，所需的脉冲个数要大于 69 444。在相对位置控制模式中脉冲个数为 700 + 67 000 + 280 = 67 980，在单一速度的连续转动模式中的脉冲个数为 40 000，后退时方向信号 DIR 为 ON 状态。

4. PLC 输入/输出端口

PLC 输入/输出端口分配如表 3-3 所示。

表 3-3　PLC 输入/输出端口分配

输入端口			输出端口	
输入端	输入元件	作用	输出端	作用
I0.0	行程开关	原点位置	Q0.0	输出脉冲信号到 PUL+，控制步进电动机旋转圈数
I1.0	按钮	复位	Q0.1	输出电平信号到 DIR+，控制步进电动机旋转方向
I1.1	按钮	启动		
I1.2	按钮	停止		

三、项目实施

1. 硬件接线

步进电动机控制系统接线如图 3-23 所示。

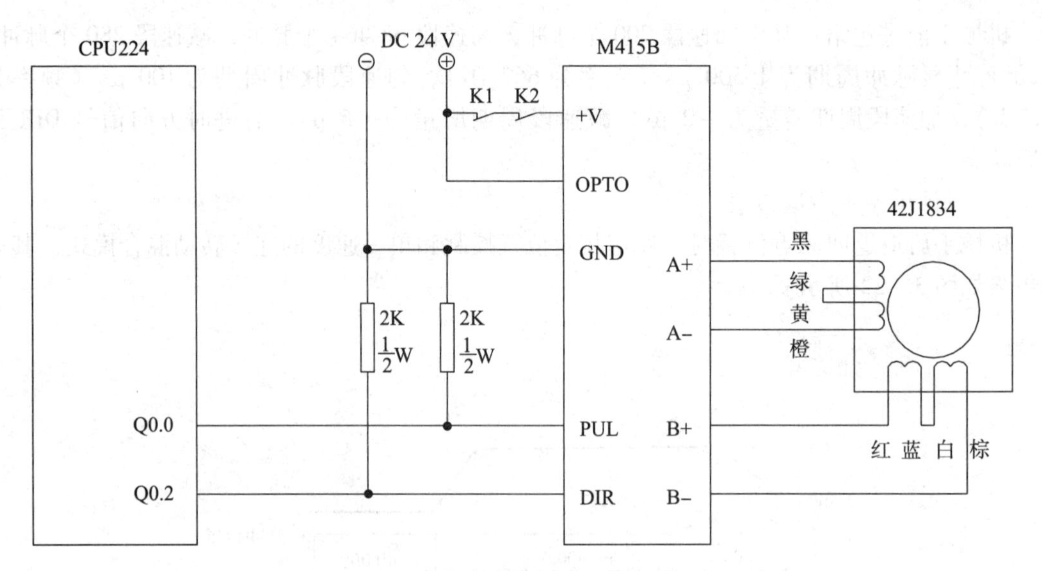

图 3－23　步进电动机控制系统接线

2. 步进驱动器参数设置

X 轴、*Y* 轴驱动器电流都设定为 0. 84 A，细分设定为 16，如表 3－4 和表 3－5 所示。

表 3－4　加工站步进驱动器电流设定

序号	SW1	SW2	SW3	电流/A
1	OFF	ON	ON	0. 21
2	ON	OFF	ON	0. 42
3	OFF	OFF	ON	0. 63
4	ON	ON	OFF	0. 84
5	OFF	ON	OFF	1. 05
6	ON	OFF	OFF	1. 26
7	OFF	OFF	OFF	1. 50

表 3－5　加工站步进驱动器细分设定

序号	SW1	SW2	SW3	细分
1	ON	ON	ON	1
2	OFF	ON	ON	2
3	ON	OFF	ON	4
4	OFF	OFF	ON	8
5	ON	ON	OFF	16
6	OFF	ON	OFF	32
7	ON	OFF	OFF	64

3. 编写 PLC 控制程序

根据机械手的前进包络参数和后退包络参数编写步进电动机控制程序。程序由主程序和三个子程序构成，其中前进包络对应子程序 0；后退包络对应子程序 2；停止包络对应子程序 1。

PLC 主程序：PLC 主程序如图 3－24 所示。当机械手在原点位置，且按下启动按钮时，调用子程序 0，机械手前进 500 mm 后自动停止；当按下复位按钮时，调用子程序 2，并且方向控制继电器 Q0.1 导通，步进电动机换向，机械手后退；当机械手返回至原点行程开关或按下停止按钮时，调用子程序 1，步进电动机停止。

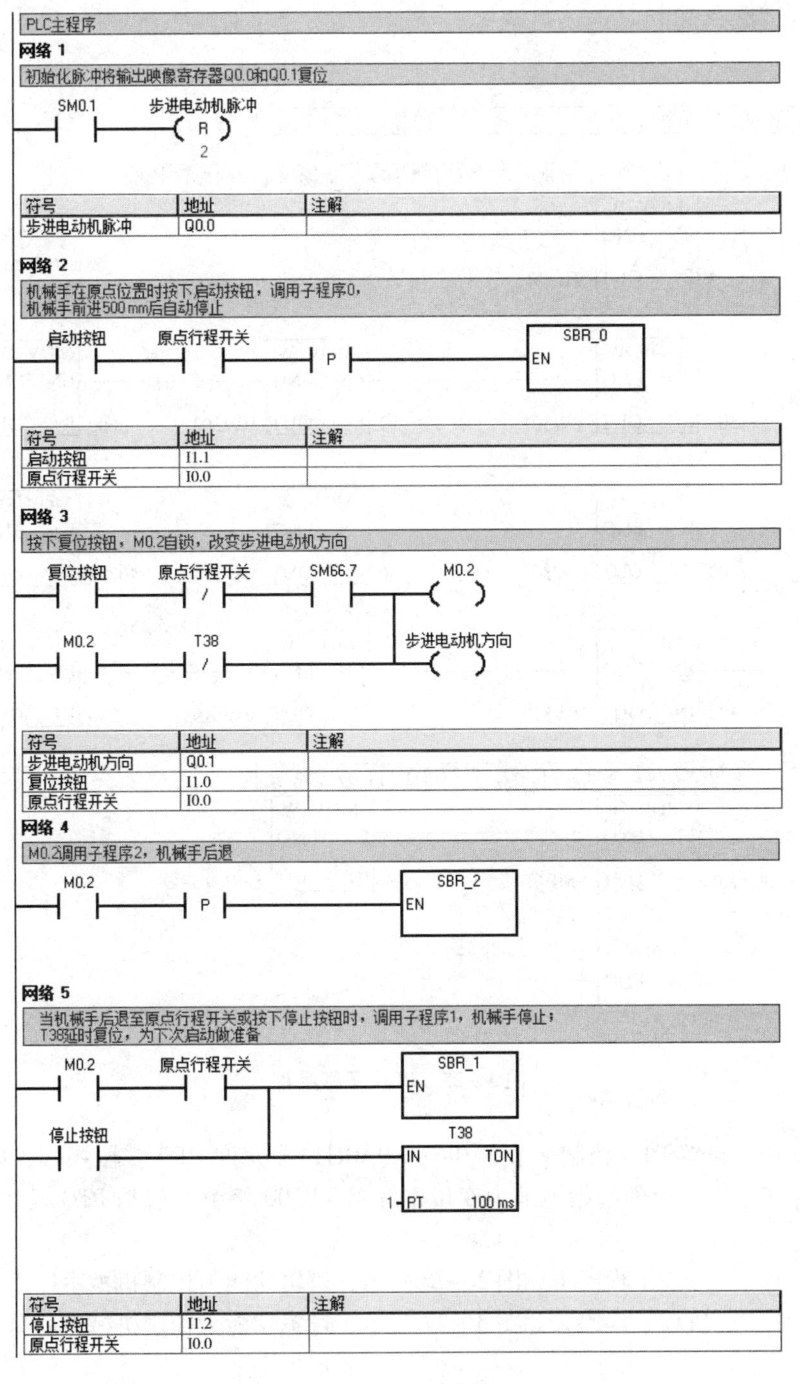

图 3－24　PLC 主程序

PLC 子程序 0：PLC 子程序 0 如图 3－25 所示，功能为控制机械手前进。在网络 1 中预装 PTO 包络表，该包络表由加速、匀速和减速三段构成。在加速度段，起始周期为 1 500 μs，每个脉冲的周期增量为 －2 μs，脉冲个数为 700；在匀速段，起始周期为 100 μs，周期增量为 0，脉冲个数为 68 464；在减速段，起始周期为 100 μs，每个脉冲的周期增量为 ＋5 μs，脉冲个数为 280。

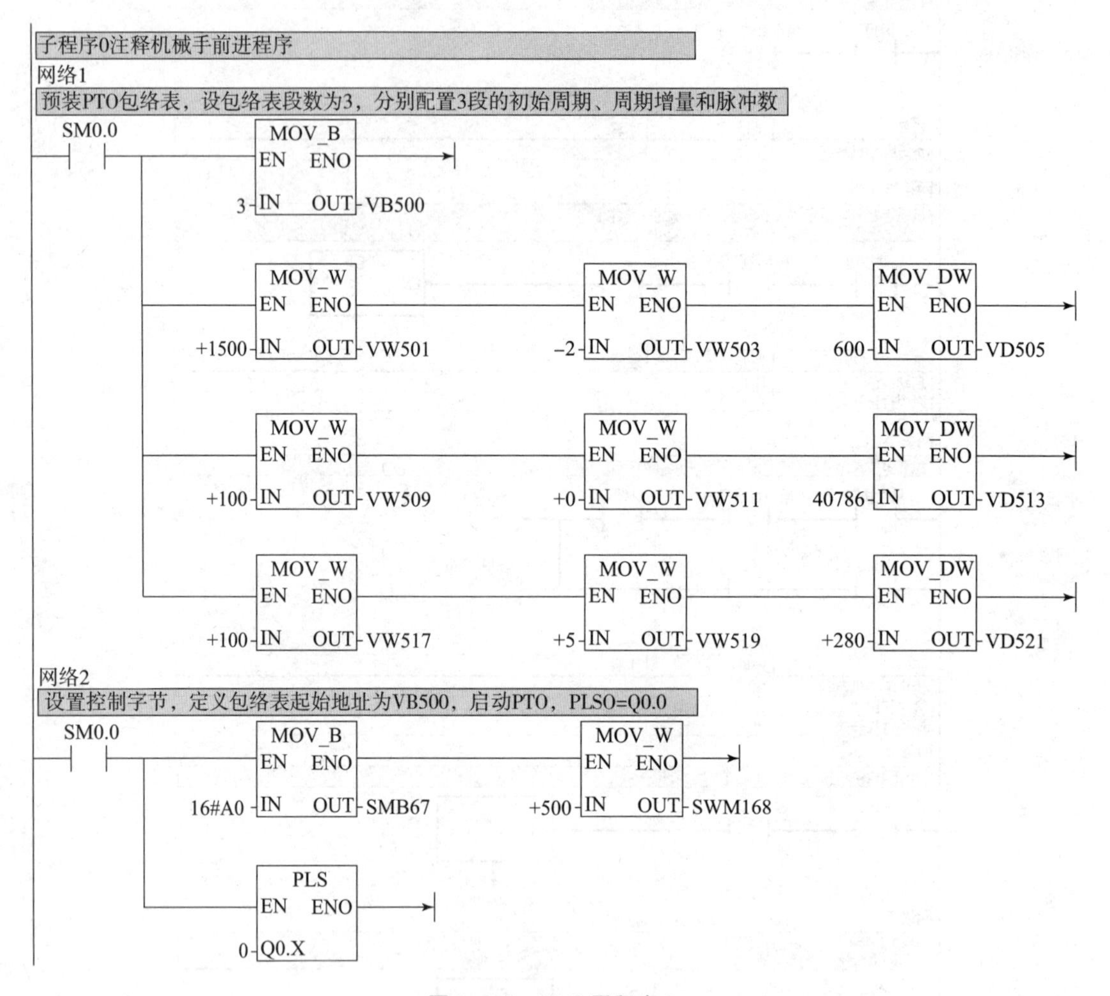

图 3－25　PLC 子程序 0

在网络 2 中，设置 PTO 控制字节 SMB67＝0A0H，即允许 PTO 多段操作，以 1 μs 为时基。定义包络表参数存储的起始地址为变量寄存器 VB500 字节。启动 PTO 操作，输出脉冲端为 Q0. 0。

PLC 子程序 1：PLC 子程序 1 如图 3－26 所示，逻辑功能为控制机械手停止。

PLC 子程序 2：PLC 子程序 2 如图 3－27 所示，逻辑功能为控制机械手后退。

子程序1注释机械手停止程序
网络1　网络标题
网络注释
SM0.0
MOV_B
EN ENO
0 IN OUT SMB67
PLS
EN ENO
0 Q0.X

图 3-26　PLC 子程序 1

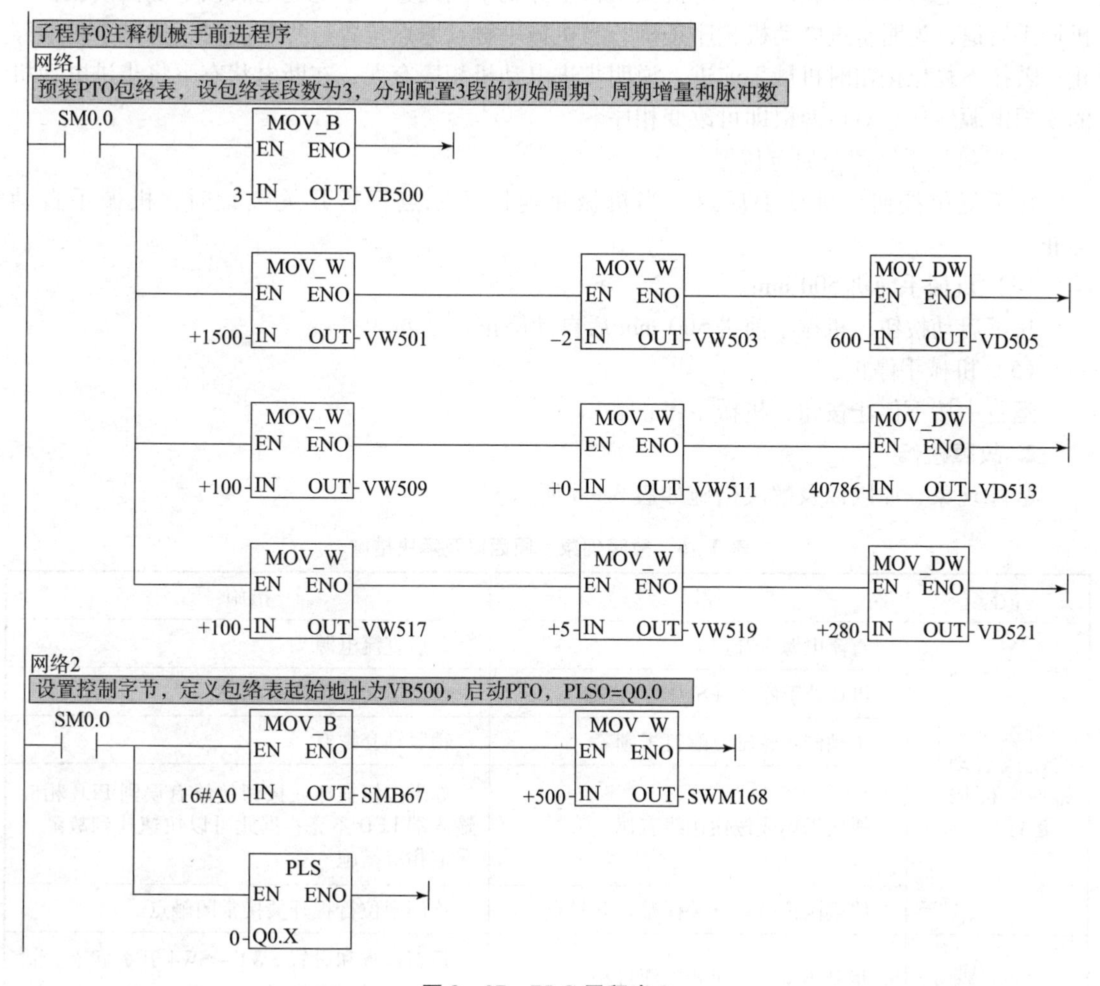

图 3-27　PLC 子程序 2

在网络 1 中预装 PTO 包络表，该包络表由加速、匀速 1、减速和匀速 2 四段构成。在加速度段，起始周期为 1 500 μs，每个脉冲的周期增量为 -2 μs，脉冲个数为 700；在匀速 1 段，起始周期为 100 μs，周期增量为 0，脉冲个数为 67 000；在减速段，起始周期为

100 μs，每个脉冲的周期增量为 +5 μs，脉冲个数为 280；在匀速 2 段，起始周期为 1 500 μs，周期增量为 0，脉冲个数为 40 000。

在网络 2 中，设置 PTO 控制字节 SMB67 = 0A0H，即允许 PTO 多段操作，以 1 μs 为时基。定义包络表参数存储的起始地址为变量寄存器 VB500 字节。启动 PTO 操作，输出脉冲端为 Q0. 0。

四、运行调试

1. 操作步骤

（1）下载程序并使 PLC 处于运行状态。

（2）调整步进电动机旋转方向。

在步进电动机断电状态下，将机械手移至导轨中间位置。系统通电后按下复位按钮，若机械手后退，说明步进电动机相序正确，当机械手触及原点位置行程开关时，机械手自动停止；若按下复位按钮时机械手前进，说明步进电动机相序有误，在断电状态下将步进电动机的 3 根电源线任意对调两根即可改变相序。

（3）机械手返回至原点位置。

按下复位按钮，机械手后退，当机械手返回至原点行程开关位置时，机械手自动停止。

（4）机械手前进 500 mm。

按下启动按钮，机械手前进 500 mm 后自动停止。

（5）机械手停止。

运行中按下停止按钮，机械手停止。

2. 故障检修

故障现象、原因以及解决措施如表 3 – 6 所示。

表 3 – 6　故障现象、原因以及解决措施

故障	原因	措施
当按下复位按钮或启动按钮时，机械手不运行	直流电源未开启	开启直流电源
	PLC 处于停止（STOP）状态	转为运转（RUN）状态
	主动同步轮轴套螺钉未锁紧	锁紧轴套螺钉
	按钮损坏或按钮接线有误	如果按钮损坏或按钮接线有误则 PLC 相应输入端 LED 不亮，据此可以快速找到故障点采取相应措施
	终端限位行程开关误接常开触点	终端限位行程开关接常闭触点
驱动机械手转矩偏小	步进驱动器输出相电流过小	重新检查和设置 SW1 ~ SW4 开关状态，输出大一等级的电流
	同步带松懈	调整同步轮位置，张紧同步带
	步进电动机温度过高	重新检查和设置 SW1 ~ SW4 开关状态

续表

故障	原因	措施
步进电动机温度过高	步进驱动器输出相电流过大	重新检查和设置 SW1 ~ SW4 开关状态，减小输出相电流
	SW5 设置为 ON 状态（静态电流全流）	SW5 设置为 OFF 状态（静态电流半流）
	主动同步轮轴套螺钉未锁紧	锁紧轴套螺钉
	机械负荷过大	调整负荷或更换更大容量的步进电动机
	使用环境温度超标	通风降温
机械手定位偏差大	细分设置有误	重新检查和设置 SW6 ~ SW8 开关状态
	包络计算有误	重新计算包络参数，修改 PLC 控制程序
	原点位置行程开关安装有误	重新调整行程开关的位置
机械手静止时不能锁紧	脱机控制端 ENA 接入信号 ON	脱机控制端 ENA 接入信号 OFF

五、成绩评价

成绩评价如表 3－7 所示。

表 3－7　成绩评价

序号	主要内容	考核要求	评分标准	配分	扣分	得分
1	接线	能正确使用工具和仪表，按照电路图正确接线	（1）接线不规范，每处扣 5 ~ 10 分； （2）接线错误，扣 20 分	30		
2	参数设置	能根据项目要求正确设置步进驱动器参数	（1）参数设置不全，每处扣 5 分； （2）参数设置错误，每处扣 10 分	20		
3	程序编制与调试	操作调试过程正确	编程错误扣 20 分	30		
4	安全文明生产	操作安全规范、环境整洁	违反安全文明生产规程，扣 5 ~ 10 分	20		

六、思考练习

（1）PTO 控制寄存器用了哪几个特殊存储器？它们的作用是什么？

（2）如果要求机械手移动 100 mm 应该如何修改子程序？

（3）相对位置控制模式和单一速度连续转动模式有何区别，在本项目中它们分别应用在机械手的哪个运动阶段？

项目 3.2　加工站安装与调试

一、项目导入

加工站主要完成对工件的冲压加工过程。加工站物料台的物料检测传感器检测到工件后，机械手指夹紧工件，二维运动装置开始动作，主轴下降并启动电动机，模拟切削加工。切削加工完成后，主轴电动机提升并停止，二维运动装置回零点，向系统发出加工完成信号。待搬运机械手将工件搬运走以后，操作结束，等待下一次待加工工件。

二、项目分析

1. 加工站组成及功能

加工站由物料台、物料夹紧装置、龙门式二维运动装置、行程开关、主轴电动机以及相应的传感器、磁性开关、电磁阀、步进电动机及驱动器、滚珠丝杠副、支架、机械零部件构成，主要完成工件模拟钻孔、切屑加工。

（1）PLC 主机：供电电源采用 DC 24 V，控制端子与端子排相连，起程序控制作用。

（2）两相步进电动机及驱动器：共两套，分别用于驱动龙门式二维（*X*、*Y* 方向）装置运动。

（3）光电传感器：用于检测物料台是否有工件。当物料台有物时给 PLC 提供输入信号。物料的检测距离可由光电传感器头部的旋钮调节，调节检测范围 1 ~9 cm。

（4）磁性传感器 3：用于气动手指的位置检测，当检测到气动手指夹紧后给 PLC 发出一个到位信号。

（5）磁性传感器 1、2：用于升降气缸位置检测，当检测到升降气缸准确到位后给 PLC 发出一个到位信号。

（6）行程开关：共 6 个。*X* 轴、*Y* 轴分别装有三个行程开关，其中两个给 PLC 提供两轴的原点信号，另外四个用于硬件保护，当任何一轴运行过头，碰到行程开关时断开步进驱动器控信号公共端。

（7）电磁阀：气动手指、升降气缸均用二位五通的带手控开关的单控电磁阀控制，两个单控电磁阀集中安装在带有消声器的汇流板上。当 PLC 给电磁阀一个信号时，电磁阀动作，对应气缸动作。

（8）气动手指：由单控电磁阀控制。当气动电磁阀得电时，气动手指夹紧工件；断电时气动手指松开。

（9）升降气缸：由单控电磁阀控制。当气动电磁阀得电时，气缸伸出，带动主轴电动机下降；断电时气缸上升复位。

（10）主轴电动机：用于驱动模拟钻头。

（11）滚珠丝杠：用于带动气动手指沿 *Y* 轴方向移动，并实现精确定位。

（12）同步轮同步带：用于带动主轴电动机沿 *X* 轴方向移动，并实现精确定位。

2. 主要技术指标

(1) 控制电源：直流 24 V/2 A；

(2) PLC 主机：CPU224 DC/DC/DC；

(3) 步进电动机驱动器：M415B；

(4) 步进电动机：42J1834 - 810；

(5) 光电传感器：ZD - L09N；

(6) 磁性传感器 1：D - Z73；

(7) 磁性传感器 2：D - A73；

(8) 行程开关：RV - 165 - 1C25；

(9) 电磁阀：SY5120；

(10) 气动手指：MHZ2 - 20D；

(11) 升降气缸：CDQ2B50 - 20。

三、项目实施

1. 加工站的气路设计与连线

气动控制系统是本工作单元的执行机构，该执行机构的控制逻辑控制功能是由 PLC 实现的。加工站的气动控制回路如图 3 - 28 所示。1B、2B1、2B2 为安装在气缸极限工作位置的磁性传感器。1Y1、2Y1 为控制气缸的电磁阀，1Y1 断电时夹紧手指放松。

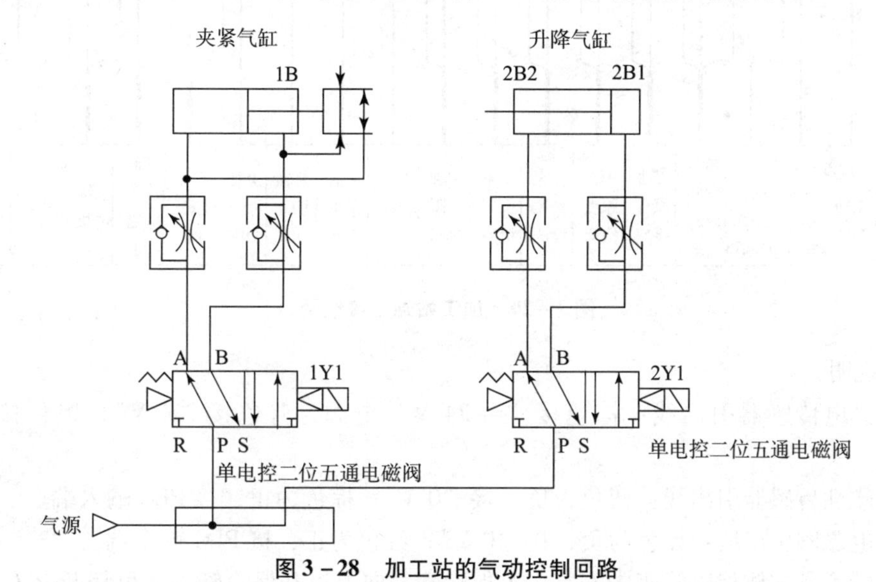

图 3 - 28　加工站的气动控制回路

2. 加工站的电路设计与连线

接线端口采用双层接线端子排，用于集中连接本工作单元所有电磁阀、传感器等器件的电气连接线、PLC 的 I/O 端口及直流电源。其中下排 1 ~ 4 和上排 1 ~ 4 号端子短接经过带保险的端子与 + 24 V 相连。上排 5 ~ 19 号端子短接与 0 V 相连，下排 5 ~ 19 号端子为信号相连，保险座内插装有 2 A 的保险管。接线端口上的每一个端子旁都有数字标号，以说明端子的位地址。接线端口通过导轨固定在底板上。如图 3 - 29 和图 3 - 30 所示，分别是本单元的端子接线图和 PLC 控制电路图。

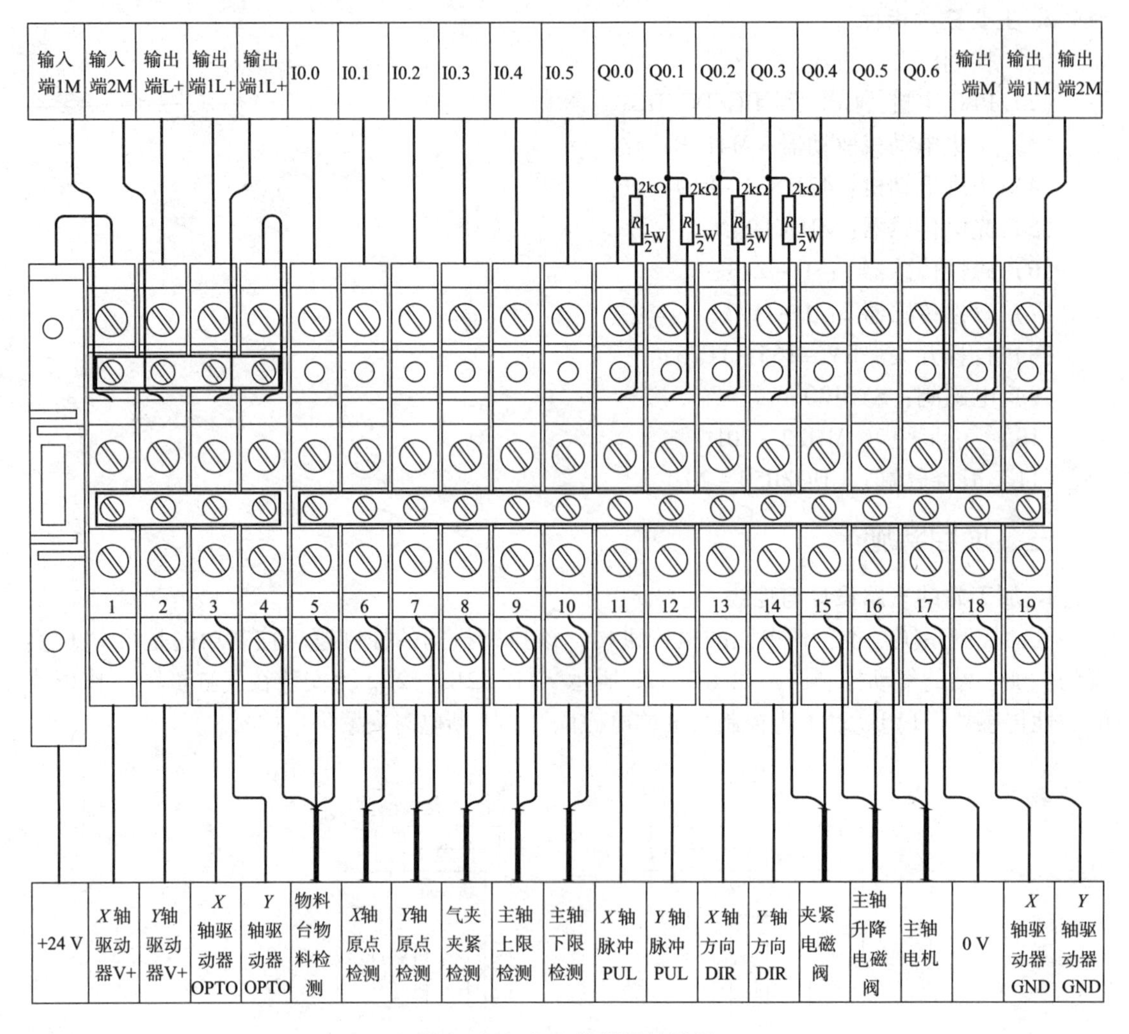

图 3－29　加工站端子接线图

接线说明：

（1）光电传感器引出线：棕色接“＋24 V”电源，蓝色接“0 V”，黑色接 PLC 输入端。

（2）磁性传感器引出线：蓝色为负，接“0 V”；棕色为正，接 PLC 输入端。

（3）电磁阀引出线：黑色为负，接“0 V”；红色为正，接 PLC 输出端。

（4）端子排左侧保险管座内安装 2 A 保险管，向上扳开保险管盖，可切断 PLC 输入/输出端＋24 V 电源。

3. 步进电动机及驱动器

（1）两相步进电动机 42J1834－810 的主要参数。

①相电流：直流 1 A；

②相电阻：4.6 Ω。

（2）两相步进电动机驱动器 M415B 的主要参数。

①供电电压：直流 12～40 V，典型值 24 V；

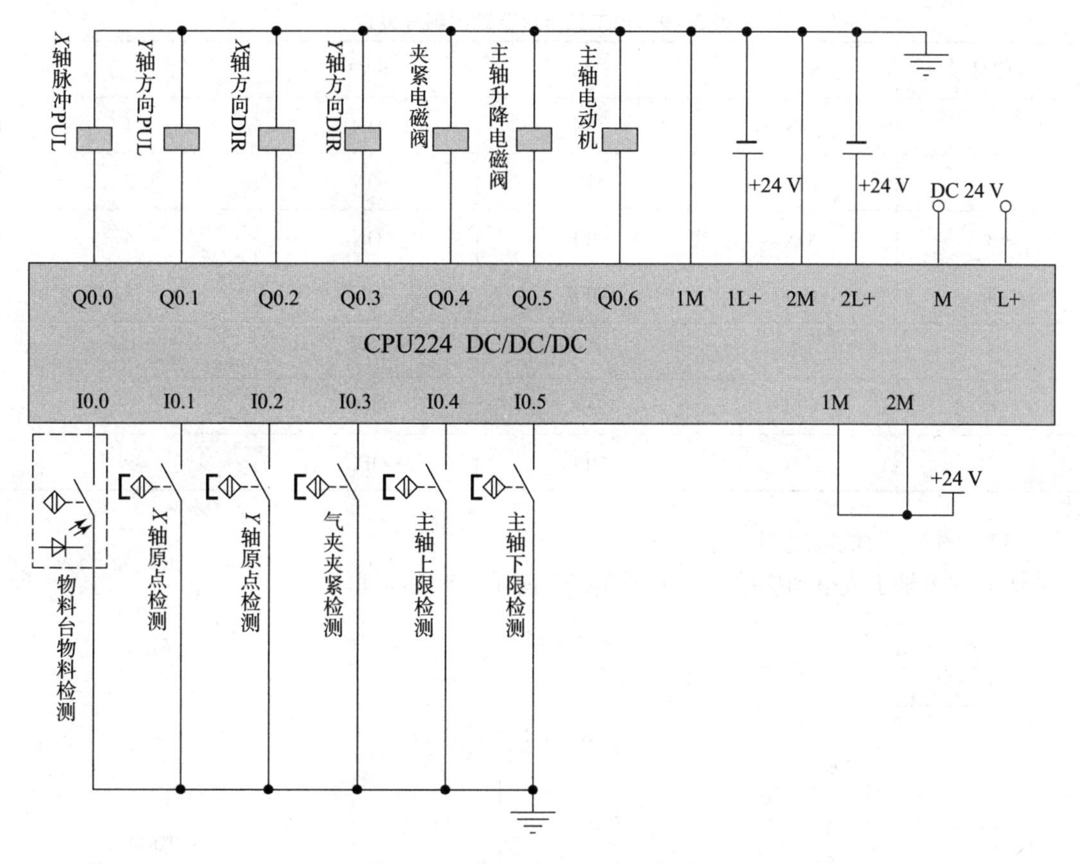

图 3－30　加工站 PLC 控制电路图

②输出相电流：0.21～1.5 A，典型值 1 A；

③控制信号输入电流：6～20 mA，典型值 10 mA。

（3）参数设定。

在步进驱动器的侧面连接端子中间有蓝色的六位 SW 功能设置开关，用于设定电流和细分步数。该站 *X* 轴、*Y* 轴驱动器电流都设定为 0.84 A，细分设定为 16，如表 3－8 所示。

表 3－8　加工站步进驱动器电流设定

序号	SW1	SW2	SW3	电流/A
1	OFF	ON	ON	0.21
2	ON	OFF	ON	0.42
3	OFF	OFF	ON	0.63
4	ON	ON	OFF	0.84
5	OFF	ON	OFF	1.05
6	ON	OFF	OFF	1.26
7	OFF	OFF	OFF	1.50

X 轴、*Y* 轴驱动器细分系数都设定为 16，即每圈 3 200 个脉冲信号，如表 3－9 所示。

表 3-9　加工站步进驱动器细分设定

序号	SW1	SW2	SW3	细分
1	ON	ON	ON	1
2	OFF	ON	ON	2
3	ON	OFF	ON	4
4	OFF	OFF	ON	8
5	ON	ON	OFF	16
6	OFF	ON	OFF	32
7	ON	OFF	OFF	64

（4）步进电动机接线图

加工站 X 轴步进电动机接线图如图 3-31 所示，Y 轴同理。

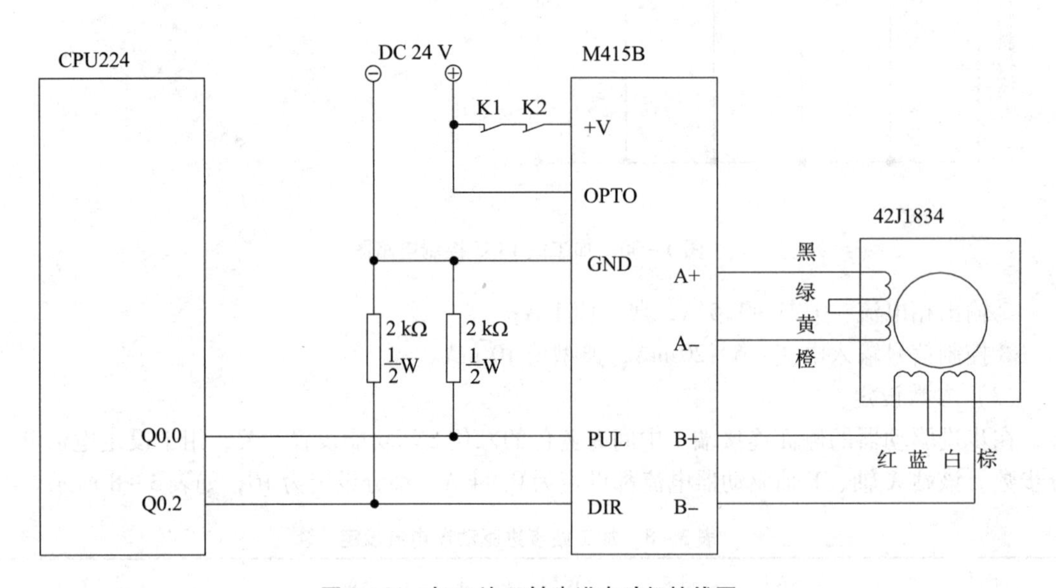

图 3-31　加工站 X 轴步进电动机接线图

4. 加工站的 PLC 编程与调试

加工站 PLC 程序由主程序、X 轴运行子程序 0、X 轴停止子程序 1、Y 轴运行子程序 2、Y 轴停止子程序 3 五个部分构成。

（1）主程序（图 3-32）。

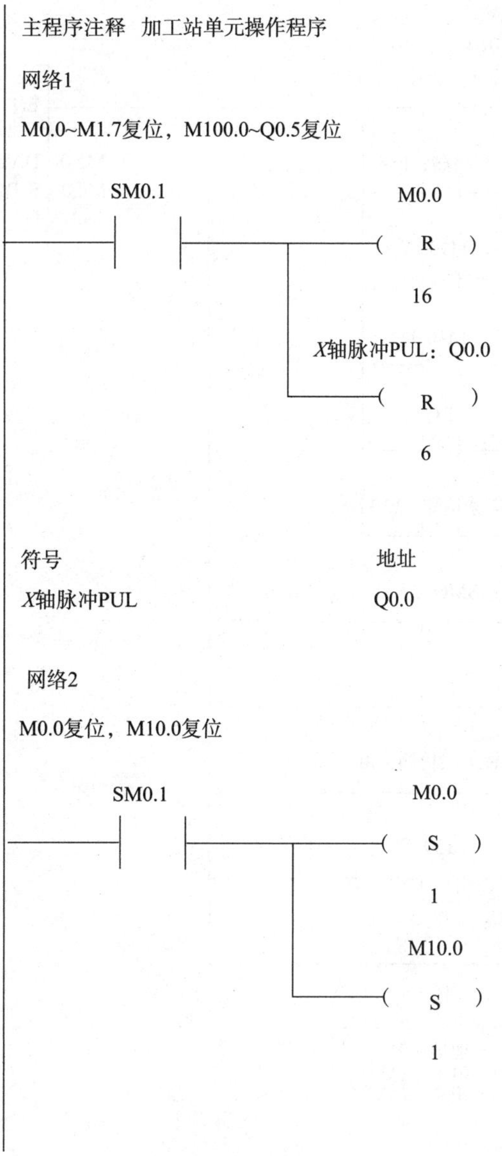

主程序注释　加工站单元操作程序

网络1

M0.0~M1.7复位，M100.0~Q0.5复位

SM0.1

M0.0

(R)

16

*X*轴脉冲PUL：Q0.0

(R)

6

符号	地址
*X*轴脉冲PUL	Q0.0

网络2

M0.0复位，M10.0复位

SM0.1

M0.0

(S)

1

M10.0

(S)

1

图 3－32　加工站 PLC 主程序

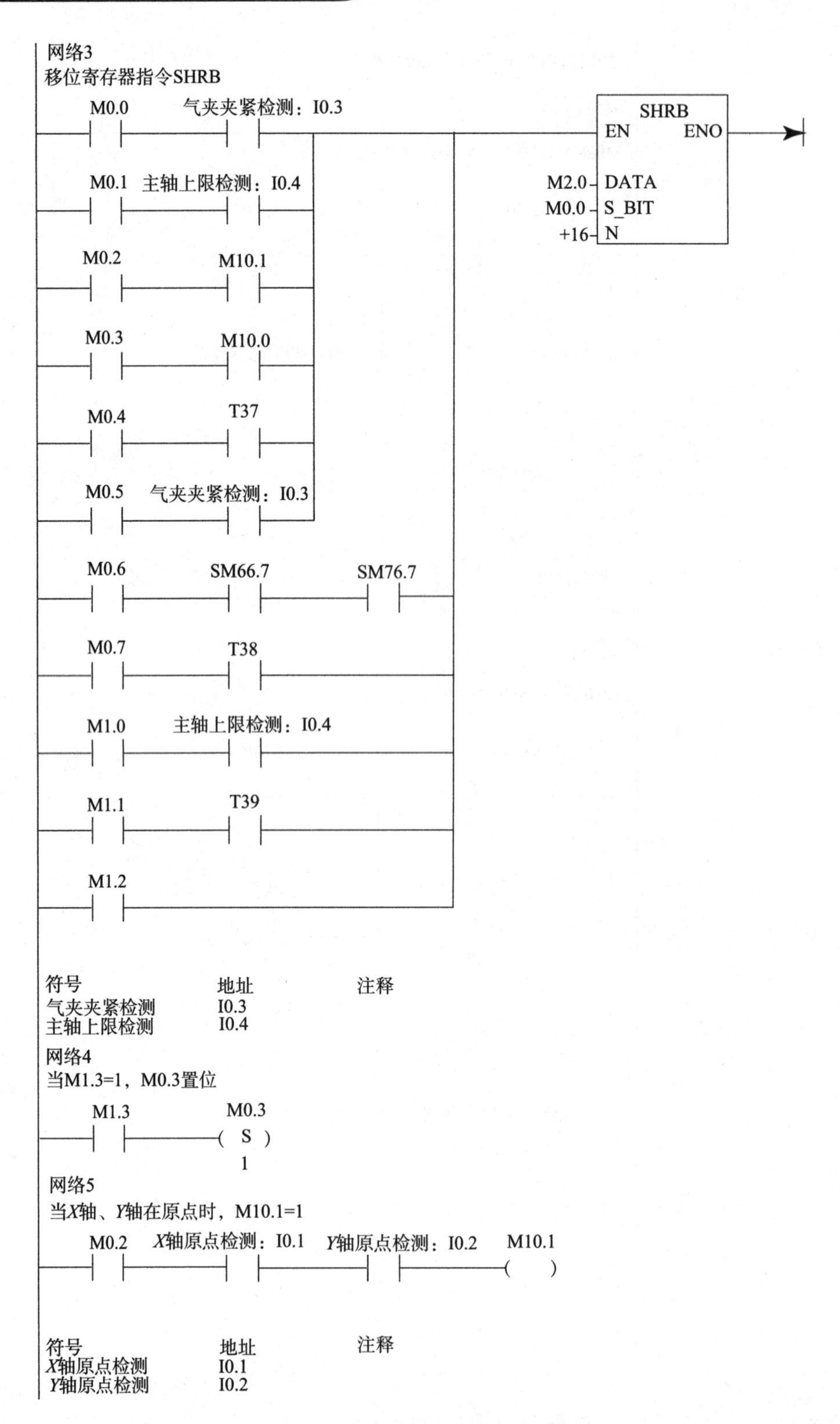

图 3-32　加工站 PLC 主程序（续）

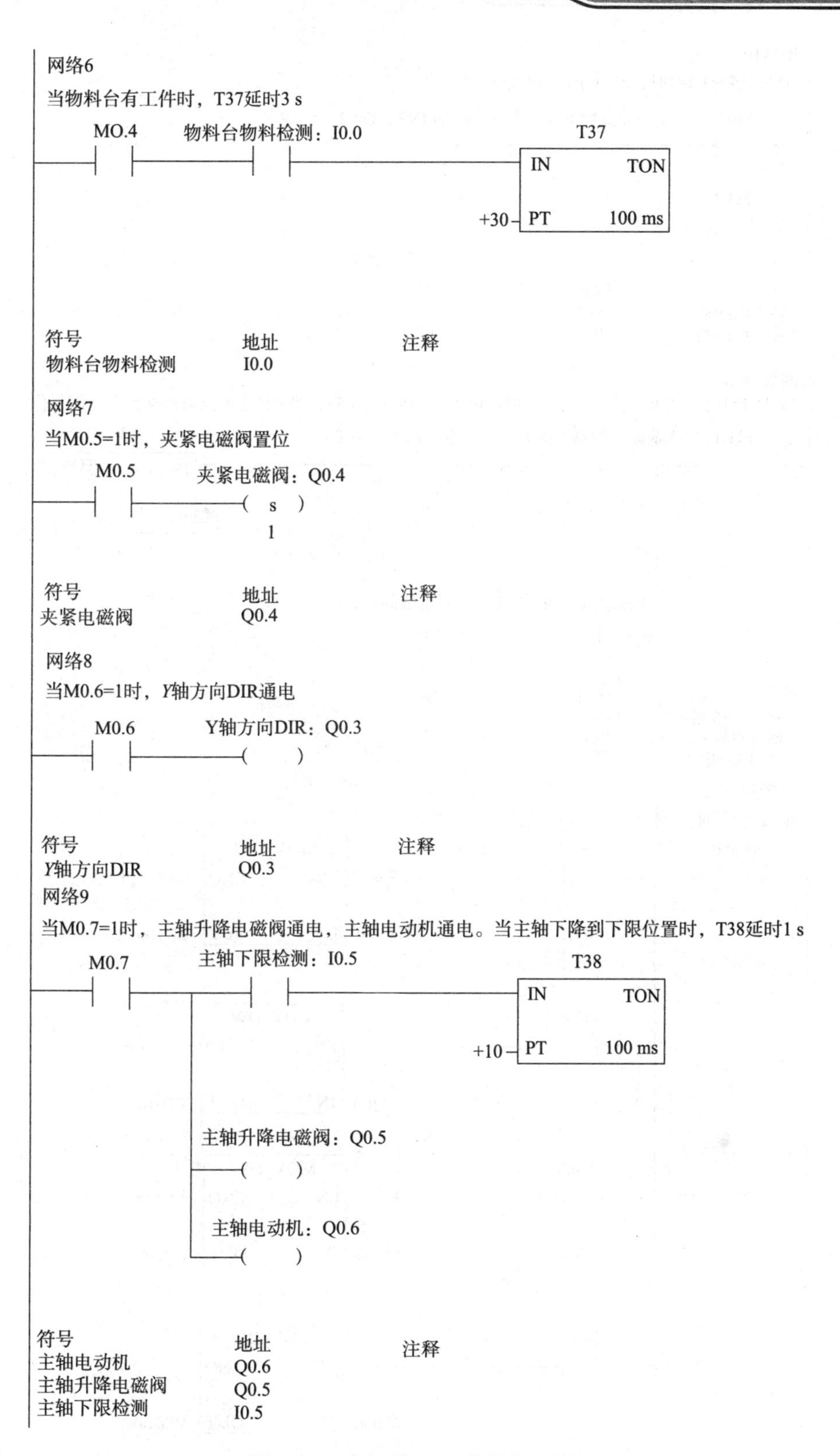

图 3-32 加工站 PLC 主程序（续）

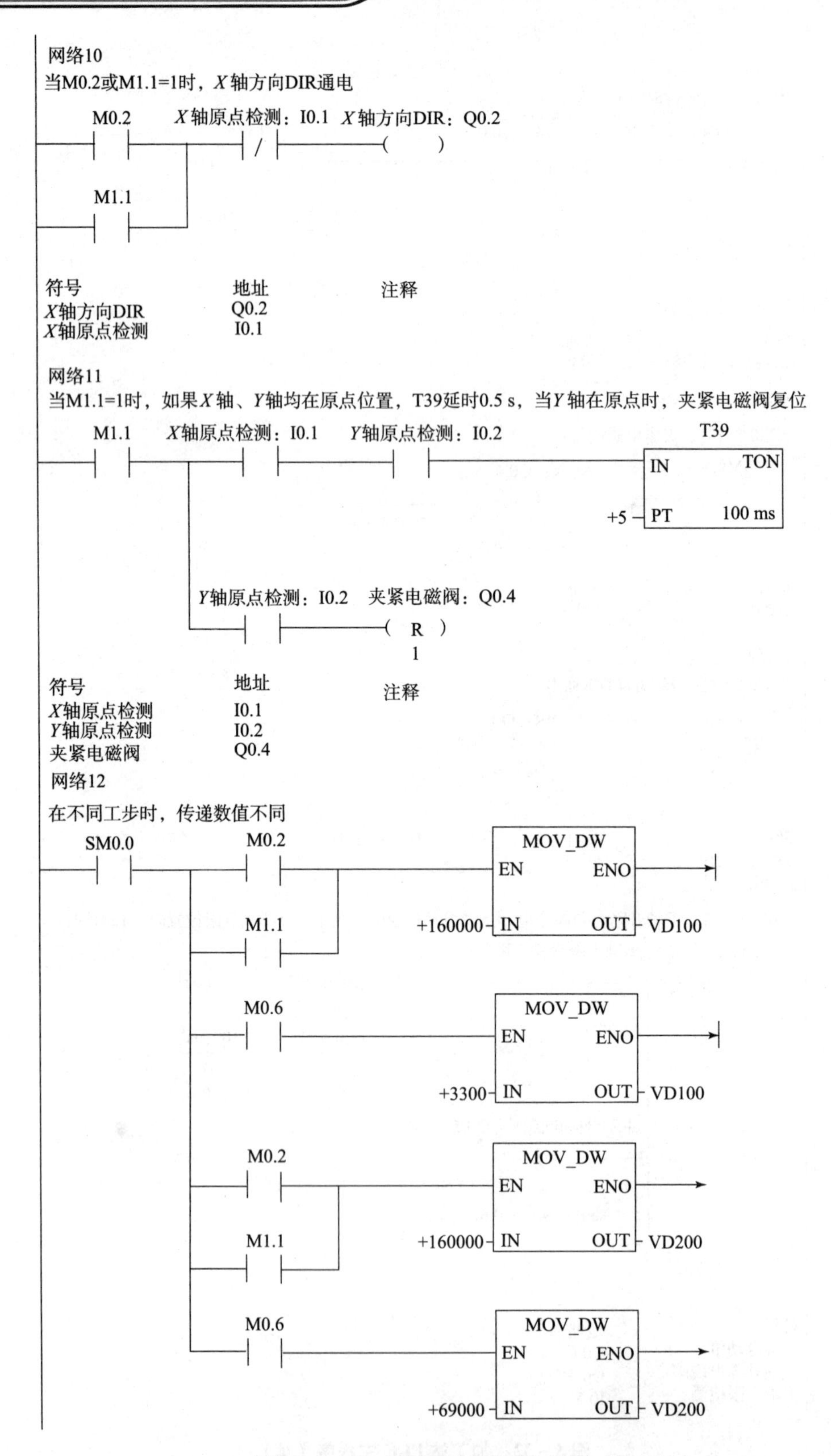

图3－32　加工站PLC主程序（续）

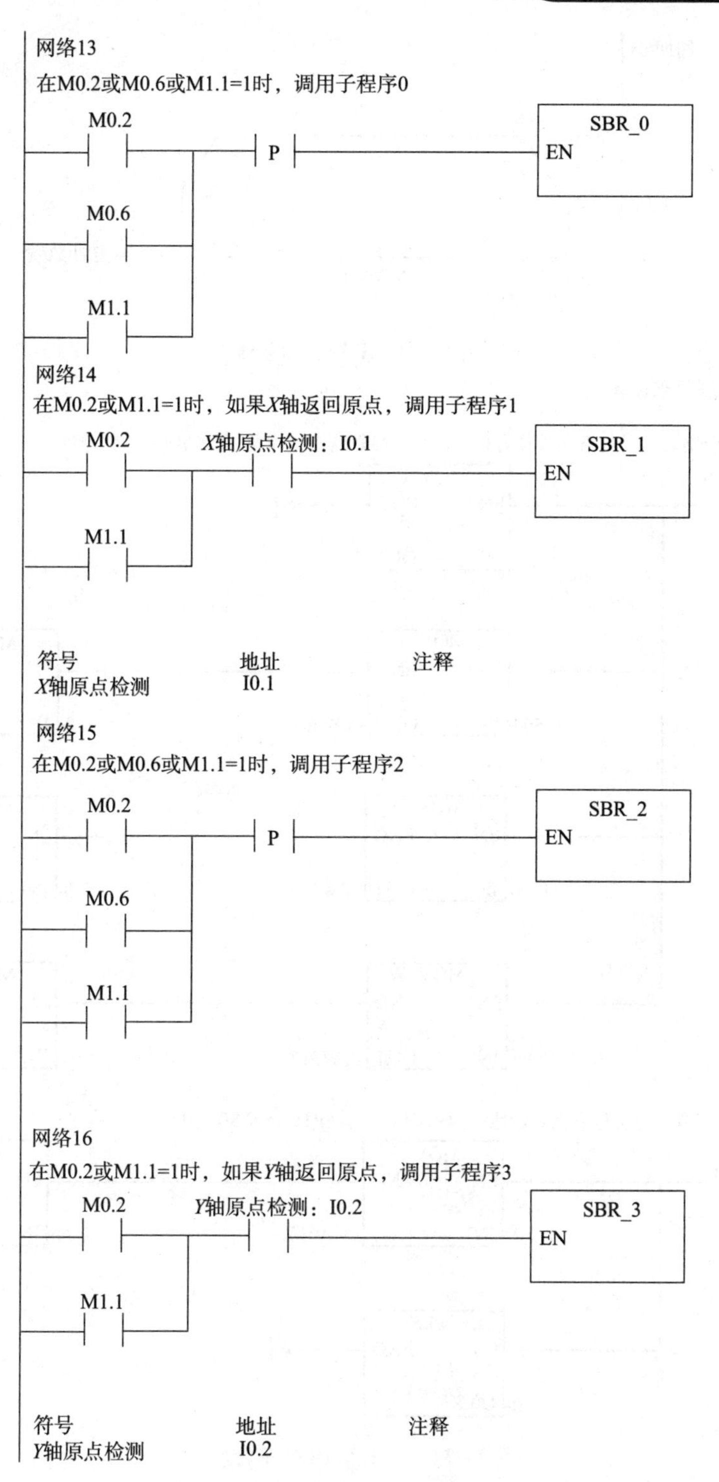

图 3－32　加工站 PLC 主程序（续）

（2）X 轴运动包络与子程序 0。

X 轴运动包络如图 3－33 所示，X 轴前进时 VD100＝3 300，X 轴后退返回原点位置时 VD100＝160 000。X 轴前进时方向信号 DIR 断电。与 X 轴包络对应的子程序 0 如图 3－34 所示。

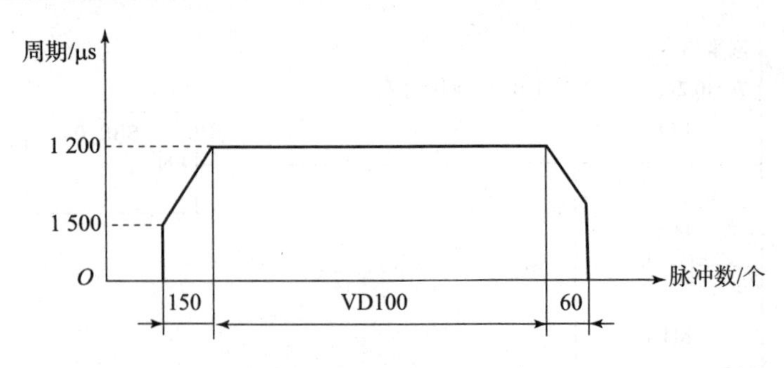

图 3 - 33 X 轴运动包络

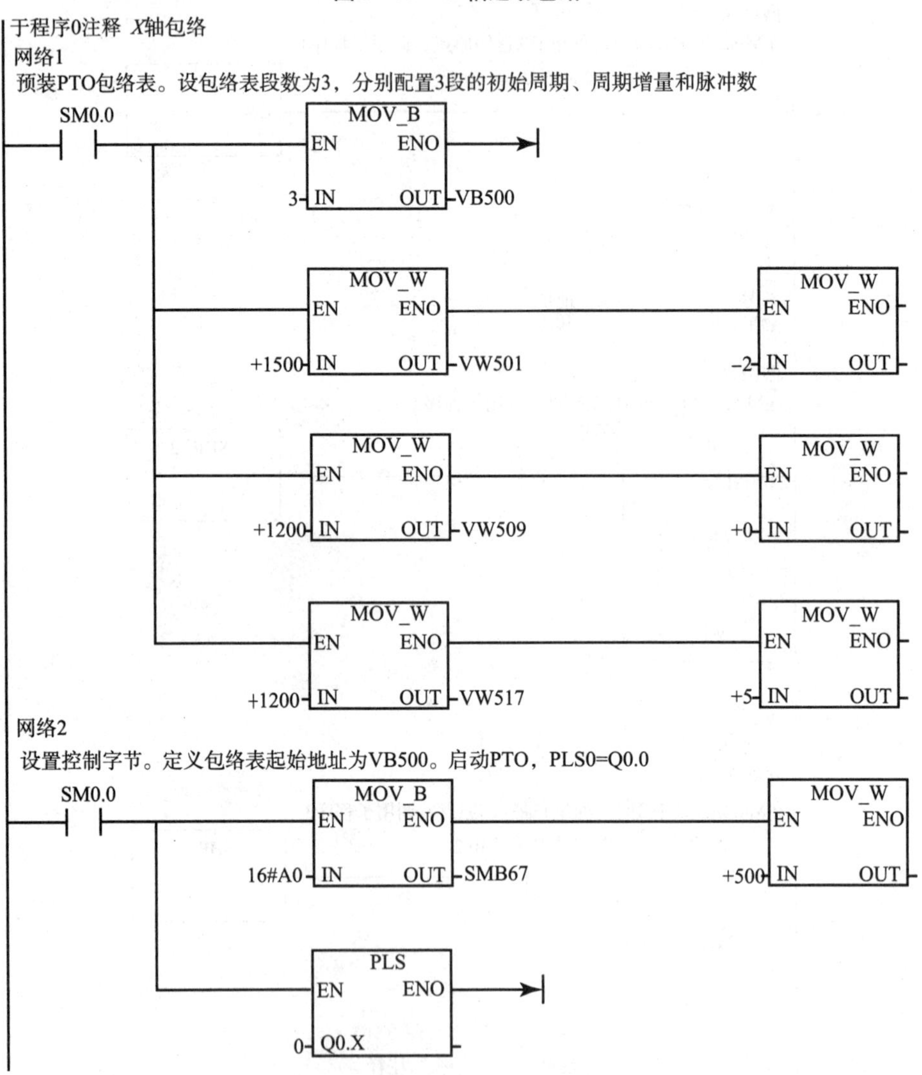

图 3 - 34 加工站 PLC 子程序 0

（3）X 轴停止子程序 1 如图 3 - 35 所示。

（4）Y 轴运动包络与子程序 2。

Y 轴包络如图 3 - 36 所示，Y 轴前进时 VD200 = 69 000，Y 轴后退返回原点位置时 VD200 = 160 000。Y 轴前进时方向信号 DIR 断电。与 Y 轴包络对应的子程序 2 如图 3 - 37 所示。

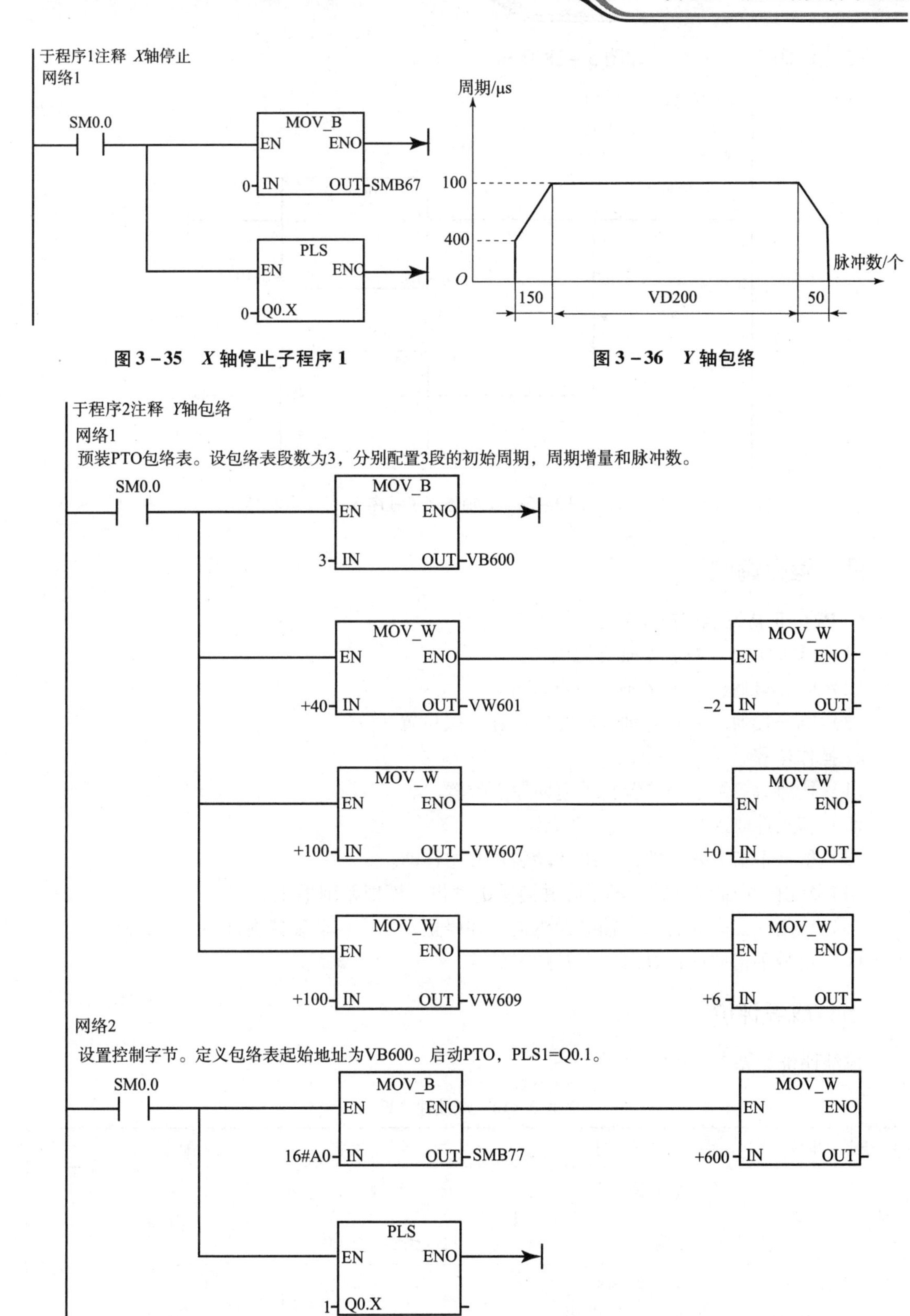

图3-35　X轴停止子程序1

图3-36　Y轴包络

图3-37　与Y轴包络对应的子程序2

（5）*Y* 轴停止子程序 3 如图 3-38 所示。

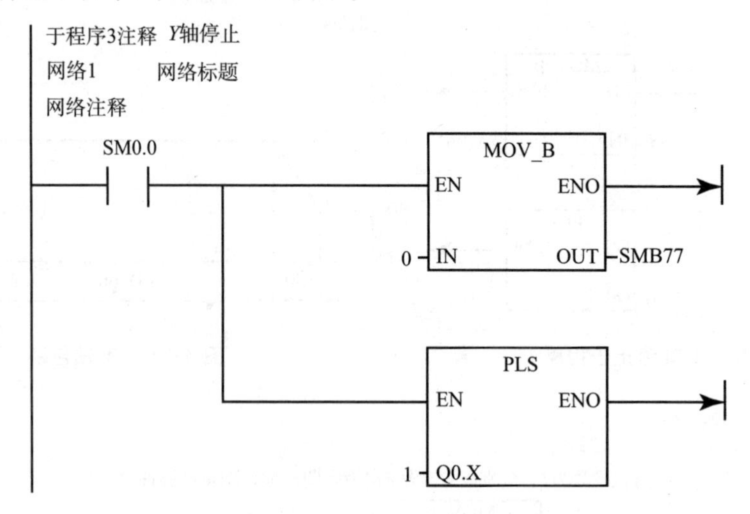

图 3-38　*Y* 轴停止子程序 3

四、运行调试

1. PLC 正常开机状态

（1）I0.1 接通，表示 *X* 轴在原点位置。

（2）I0.2 接通，表示 *Y* 轴在原点位置。

（3）I0.4 接通，表示主轴气缸复位，在上限位置。

2. 操作步骤

（1）接通后二维运动装置自动返回原点位置。

（2）将工件放入物料台。

（3）机械手指夹紧工件，二维运动装置开始移动。

（4）*X* 轴、*Y* 轴定位后主轴下降并启动电动机，模拟钻削加工。

（5）钻削加工完成后，主轴电动机提升并停止，二维运动装置返回原点位置。

（6）机械手指放松，取出加工好的工件。

五、成绩评价

成绩评价如表 3-10 所示。

表 3-10　成绩评价表

序号	主要内容	考核要求	评分标准	配分	扣分	得分
1	接线	能正确使用工具和仪表，按照电路图正确接线	（1）接线不规范，每处扣 5～10 分； （2）接线错误，扣 20 分	30		
2	参数设置	能根据项目要求正确设置步进驱动器参数	（1）参数设置不全，每处扣 5 分； （2）参数设置错误，每处扣 5 分	20		

续表

序号	主要内容	考核要求	评分标准	配分	扣分	得分
3	编程与调试	操作调试过程正确	编程错误扣20分	30		
4	安全文明生产	操作安全规范、环境整洁	违反安全文明生产规程，扣5～10分	20		

六、思考练习

（1）加工站各子程序的功能分别是什么？
（2）步进电动机控制系统的原理是什么？
（3）加工站一共用到几处限位开关？它们的接线及作用有什么不同？
（4）运动包络的含义是什么？分析包络参数与PLC子程序的对应关系。

单元四

装配站安装与调试

装配站主要通过三工位旋转工作台完成将工件库内的圆环体小工件嵌入到圆柱台阶大工件的紧合装配。旋转工作台的传感器检测到工件到来后，旋转工作台顺时针旋转，将工件旋转到井式供料单元下方，井式供料单元顶料气缸伸出顶住倒数第二个工件；挡料气缸缩回，工件库中底层的工件落到待装配工件上，挡料气缸伸出到位，顶料气缸缩回物料落到工件库底层，同时旋转工作台顺时针旋转，将工件旋转到冲压装配站下方，冲压气缸下压，完成工件紧合装配后，气缸回到原位，旋转工作台顺时针旋转到待搬运位置，操作结束，向系统发出装配完成信号。如果装配站的工件库没有小工件或工件不足，向系统发出报警信号。图 4 – 1 所示为装配站实物图。

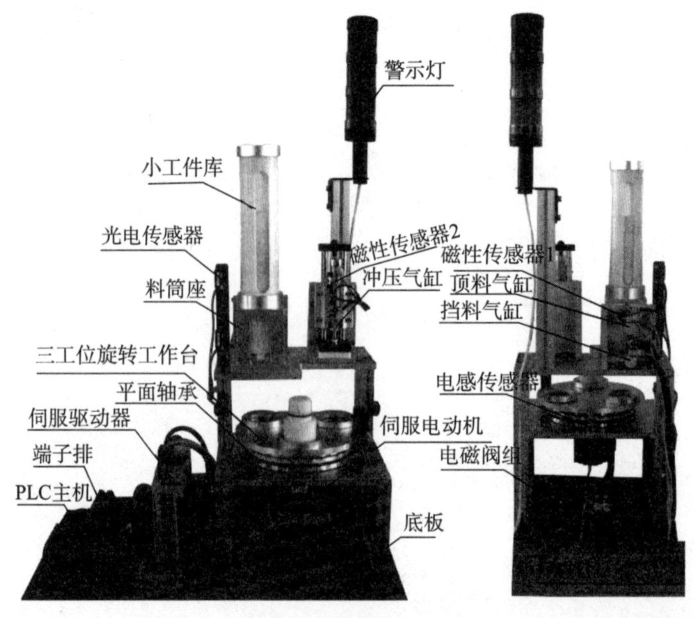

图 4 – 1　装配站实物图

【基础知识】

知识 4.1　伺服电动机与伺服驱动器

伺服系统是使物体的位置、方向、状态等输出被控量能随输入目标值（或给定值）的任意变化的自动控制系统，如图 4－2 所示。它的主要优点有：

（1）高精度的位置控制。

（2）高速定位控制。

（3）机械性能好。

（4）抗干扰能力强。

图 4－2　伺服电动机和伺服驱动器

一、交流伺服电动机

伺服电动机又叫执行电动机，或叫控制电动机。在自动控制系统中，伺服电动机是一个执行元件，它的作用是把信号（控制电压或相位）变换成机械位移，也就是把接收到的电信号变为电动机的一定转速或角位移。其容量一般在 0.1～100 W，常用的是 30 W 以下。伺服电动机有直流和交流之分。

交流伺服电动机定子的构造基本上与电容分相式单相异步电动机相似，如图 4－3 所示。其定子上装有两个位置互差 90°的绕组，一个是励磁绕组 f，它始终接在交流电压 U_f 上；另一个是控制绕组 k，连接控制信号电压 U_k。所以交流伺服电动机又称两个伺服电动机。交流伺服电动机的转子通常做成鼠笼式，但为了使伺服电动机具有较宽的调速范围、线性的机械特性、无“自转”现象和快速响应的性能，它与普通电动机相比，具有转子电阻大和转动惯量小这两个特点。目前应用较多的转子结构有两种形式：一种是采用高电阻率的导电材料做成的高电阻率导条的鼠笼转子，为了减小转子的转动惯量，转子做得细长；另一种是采用铝合金制成的空心杯形转子，杯壁很薄，仅 0.2～0.3 mm，为了减小磁路的磁阻，要在空心杯形转子内放置固定的内定子，如图 4－4 所示。空心杯形转子的转动惯量很小，反应迅速，而且运转平稳，因此被广泛采用。

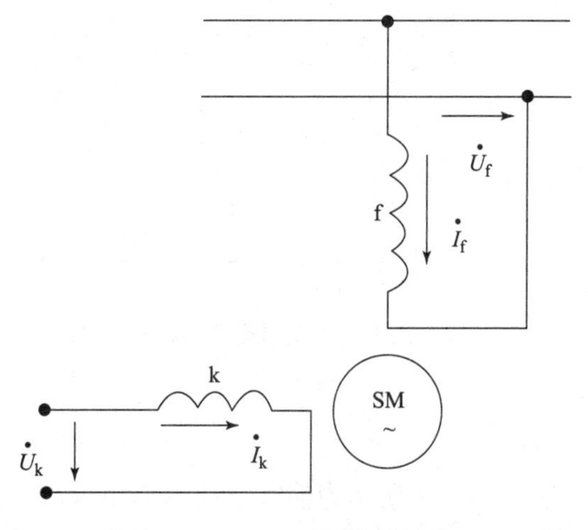

图 4－3　交流伺服电动机原理图

交流伺服电动机在没有控制电压时，定子内只有励磁绕组产生的脉动磁场，转子静止不动。当有控制电压时，定子内便产生一个旋转磁场，转子沿旋转磁场的方向旋转，在负载恒定的情况下，电动机的转速随控制电压的大小而变化，当控制电压的相位相反时，伺服电动机将反转。

交流伺服电动机的工作原理与分相式单相异步电动机虽然相似，但前者的转子电阻比后者大得多，所以伺服电动机与单机异步电动机相比，有三个显著特点：

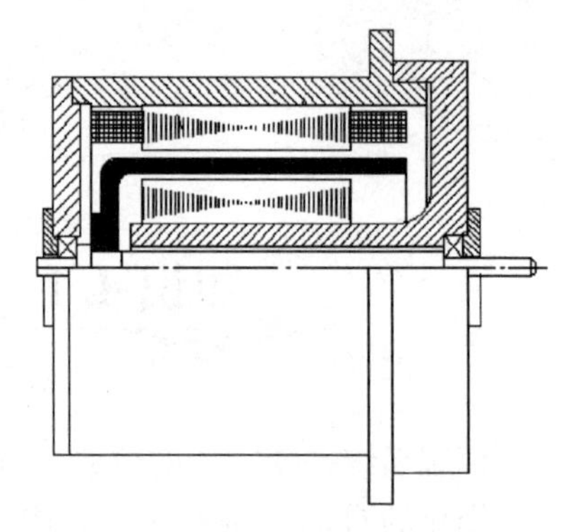

图4-4　空心杯形转子伺服电动机结构

1. 启动转矩大

由于转子电阻大，其转矩特性曲线如图4-5中曲线1所示，与普通异步电动机的转矩特性曲线2相比，有明显的区别。它可使临界转差率$S_0>1$，这样不仅使转矩特性（机械特性）更接近于线性，而且具有较大的启动转矩。因此，当定子一有控制电压，转子立即转动，即具有启动快、灵敏度高的特点。

2. 运行范围较宽

如图4-5所示，较差率S在0~1的范围内伺服电动机都能稳定运转。

3. 无自转现象

正常运转的伺服电动机，只要失去控制电压，电动机立即停止运转。当伺服电动机失去控制电压后，它处于单相运行状态，由于转子电阻大，定子中两个相反方向旋转的旋转磁场与转子作用所产生的两个转矩特性（T_1-S_1、T_2-S_2曲线）以及合成转矩特性（$T-S$曲线）如图4-6所示，与普通的单相异步电动机的转矩特性（图中$T'-S$曲线）不同。这时的合成转矩T是制动转矩，从而使电动机迅速停止运转。

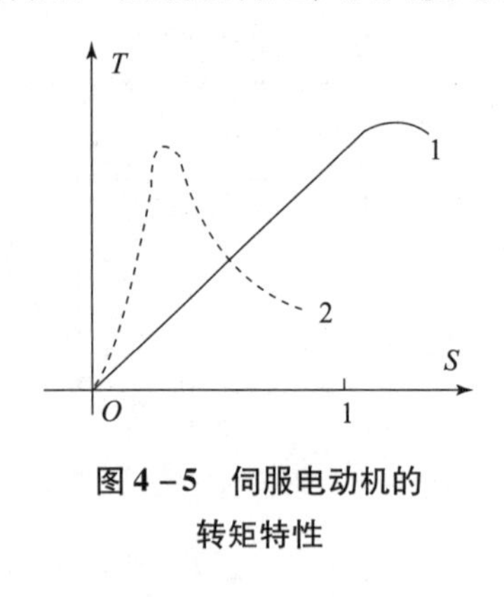

图4-5　伺服电动机的转矩特性

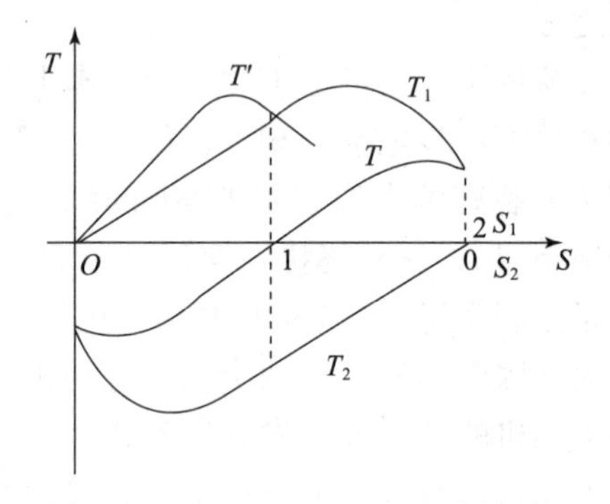

图4-6　伺服电动机单相运行时的转矩特性

图4-7所示为伺服电动机单相运行时的机械特性曲线。负载一定时，控制电压U_c越高，转速也越高，在控制电压一定时，负载增加，转速下降。

交流伺服电动机有以下三种转速控制方式：

（1）幅值控制。控制电流与励磁电流的相位差保持90°不变，改变控制电压的大小。

（2）相位控制。控制电压与励磁电压的大小保持额定值不变，改变控制电压的相位。

（3）幅值-相位控制。同时改变控制电压幅值和相位。交流伺服电动机转轴的转向随控制电压相位的反相而改变。

交流伺服电动机的输出功率一般是0.1~100 W。当电源频率为50 Hz时，电压有36 V、

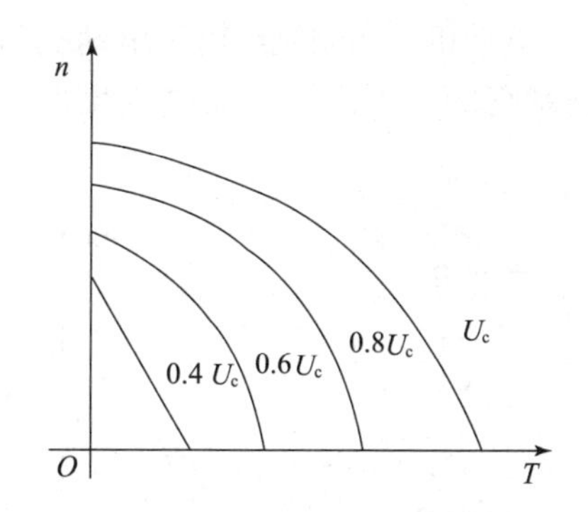

图 4－7　伺服电动机单相运行时的机械特性

110 V、220 V、380 V；当电源频率为 400 Hz 时，电压有 20 V、26 V、36 V、115 V 等多种。

交流伺服电动机运行平稳、噪声小，但控制特性是非线性，并且由于转子电阻大，损耗大，效率低，因此与同容量直流伺服电动机相比，体积大、质量重，所以只适用于 0.5～100 W 的小功率控制系统。

二、直流伺服电动机

直流伺服电动机的基本结构与普通他励直流电动机一样，所不同的是直流伺服电动机的电枢电流很小，换向并不困难，因此都不用装换向磁极，并且转子做得细长，气隙较小，磁路不饱和，电枢电阻较大。按励磁方式不同，可分为电磁式和永磁式两种，电磁式直流伺服电动机的磁场由励磁绕组产生，一般用他励式；永磁式直流伺服电动机的磁场由永久磁铁产生，无须励磁绕组和励磁电流，可减小体积和损耗。为了适应各种不同系统的需要，从结构上做了许多改进，又发展了低惯量的无槽电枢、空心杯形电枢、印制绕组电枢和无刷直流伺服电动机等品种。

电磁式直流伺服电动机的工作原理和他励式直流电动机相同，因此电磁式直流伺服电动机有两种控制转速方式：电枢控制和磁场控制。对永磁式直流伺服电动机来说，当然只有电枢控制调速一种方式。由于磁场控制调速方式的性能不如电枢控制调速方式，故直流伺服电动机一般都采用电枢控制调速。直流伺服电动机转轴的转向随控制电压的极性改变而改变。

直流伺服电动机的结构和一般直流电动机一样，只是为了减小转动惯量而做得细长一些。它的励磁绕组和电枢分别由两个独立电源供电。也有永磁式的，即磁极是永久磁铁。通常采用电枢控制，就是励磁电压一定，建立的磁通量 Φ 也是定值，而将控制电压 U_c 加在电枢上，其接线图如图 4－8 所示。

图 4－9 所示为直流伺服电动机在不同控制电压下（U_c 为额定控制电压）的机械特性曲线。由图 4－9 可见：在一定负载转矩下，当磁通不变时，如果升高电枢电压，电动机的转速就升高；反之，降低电枢电压，转速就下降；当 $U_c=0$ 时，电动机立即停转。要电动机反转，可改变电枢电压的极性。

直流伺服电动机和交流伺服电动机相比，它具有机械特性较硬、输出功率较大、不自转，启动转矩大等优点。直流伺服电动机适用于功率稍大（1～600 W）的自动控制系统中。与交流伺服电动机相比，它的调速线性好，体积小，质量轻，启动转矩大，输出功率大。但它的结构复杂，特别是低速稳定性差，有火花会引起无线电干扰。近年来，发展了低惯量的无槽电枢电动机、空心杯形电枢电动机、印制绕组电枢电动机和无刷直流伺服电动机来提高快速响应能力，适应自动控制系统的发展需要，如电视摄像机、录音机、$X-Y$函数记录仪等。

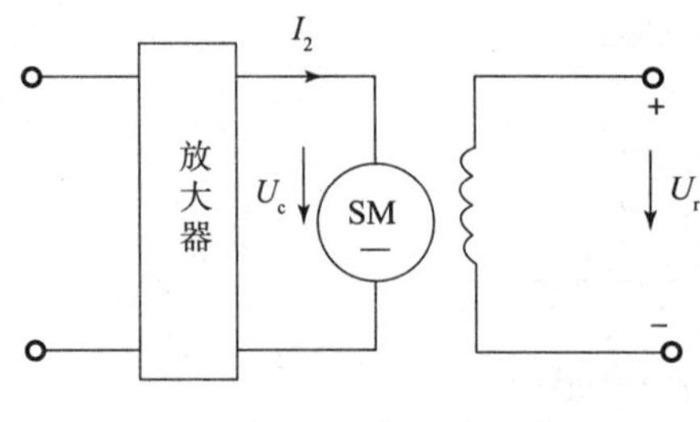

图4－8　直流伺服电动机接线图

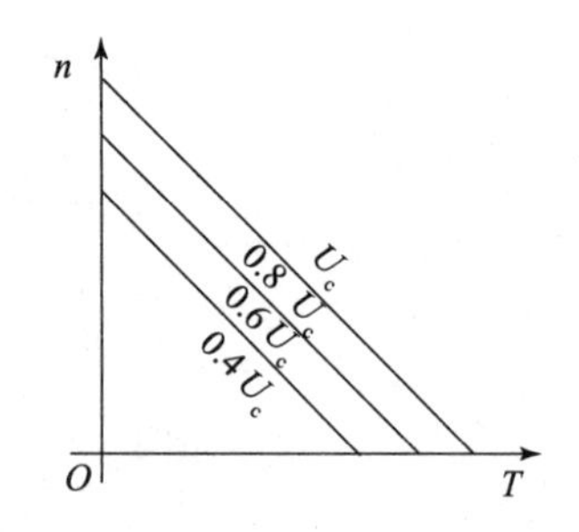

图4－9　直流伺服电动机在不同控制电压下的机械特性曲线

三、伺服驱动器

伺服驱动器是用于控制伺服电动机的一种驱动装置，其作用类似于用变频器去控制三相异步交流电动机。基本的功能是实现电流控制、速度控制和位置控制。目前主流的伺服驱动器均采用数字信号处理器（DSP）作为控制核心，可以实现比较复杂的控制算法，实现数字化、网络化和智能化。功率器件普遍采用以智能功率模块（IPM）为核心设计的驱动电路，IPM内部集成了驱动电路，同时具有过电压、过电流、过热、欠压等故障检测保护电路，在主回路中还加入软启动电路，以减小启动过程对驱动器的冲击。功率驱动单元首先通过三相全桥整流电路对输入的三相电或者市电进行整流，得到相应的直流电。经过整流好的三相电或市电，再通过三相正弦PWM电压型逆变器变频来驱动三相永磁式同步交流伺服电动机。功率驱动单元的整个过程简单的说就是AC－DC－AC的过程。整流单元（AC－DC）主要的拓扑电路是三相全桥不控整流电路。

1. 伺服进给系统

伺服进给系统是以运动部件的位置和速度作为控制量的自动控制系统，它是一个很典型的机电一体化系统，主要由位置控制单元、速度控制单元、驱动元件（电动机）、检测与反馈单元和机械执行部件几个部分组成。伺服进给系统的一般要求如下：

（1）调速范围宽。

（2）定位精度高。

（3）有足够的传动刚性和高的速度稳定性。

（4）快速响应，无超调。

为了保证生产率和加工质量，除了要求有较高的定位精度外，还要求有良好的快速响应特性，即要求跟踪指令信号的响应要快，因为数控系统在启动、制动时，要求加、减加速度足够大，缩短进给系统的过渡过程时间，减小轮廓过渡误差。

（5）低速大转矩，过载能力强。

一般来说，伺服驱动器具有数分钟甚至半小时内1.5倍以上的过载能力，在短时间内可以过载4～6倍而不损坏。

（6）可靠性高。

要求数控机床的进给驱动系统可靠性高、工作稳定性好，具有较强的温度、湿度、振动等环境适应能力和很强的抗干扰能力。

2. 控制方式

根据不同控制系统的需求，伺服驱动器一般可以采用位置、速度和力矩三种控制方式，主要应用于高精度的定位系统，目前是传动技术的高端。

（1）位置控制模式一般是通过外部输入的脉冲的频率来确定转动速度的大小，通过脉冲的个数来确定转动的角度，也有些伺服可以通过通信方式直接对速度和位移进行赋值。由于位置控制模式可以对速度和位置都有很严格的控制，所以一般用于定位控制，应用领域如数控机床、印刷机械、机械手等。

（2）力矩控制方式是通过外部模拟量的输入或直接的地址赋值来设定电动机轴对外的输出转矩的大小，具体的表现为：例如10 V对应5 N·m的话，当外部模拟量设定为5 V时电动机轴输出为2.5 N·m，如果电动机的负载低于2.5 N·m时电动机正转，外部负载等于2.5 N·m时电动机不转，大于2.5N·m时电动机反转（通常有重力负载情况下产生）。可以通过及时的改变模拟量的设定来改变设定的力矩大小，也可以通过通信方式改变对应的数值来实现。应用主要在对材质的受力有严格要求的缠绕和放卷的位置中，例如缠绕装置或拉光纤设备，转矩的设定要根据缠绕半径的变化随时改变以确保材质的受力不会随缠绕半径的变化而改变。

（3）速度控制方式是通过模拟量的输入或脉冲的频率都可以进行转动速度的控制，在有上位控制装置的外环控制时速度模式也可以进行定位，但必须把电动机的位置信号或直接负载的位置信号给上位反馈以做运算用。位置模式也支持直接负载外环检测位置信号，此时的电动机轴端的编码器只检测电动机转速，位置信号就由直接的最终负载端的监测装置来提供了，这样的优点在于可以减少中间传动过程中的误差，增强了整个系统的定位精度。

3. 对电动机的要求

（1）从最低速到最高速电动机都能平稳运转，转矩波动要小，尤其在低速如0.1 r/min或更低速时，仍有平稳的速度而无爬行现象。

（2）电动机应具有大的较长时间的过载能力，以满足低速大转矩的要求。一般直流伺服电动机要求在数分钟内过载4～6倍而不损坏。

（3）为了满足快速响应的要求，电动机应有较小的转动惯量和大的堵转转矩，并具有尽可能小的时间常数和启动电压。

（4）电动机应能承受频繁启动、制动和反转。

4. 伺服驱动器结构

伺服驱动器的结构主要包括控制系统和驱动系统。

（1）控制系统一般由DSP组成，利用它完成实时性要求较高的任务，如矢量控制、电流环、速度环、位置环控制以及PWM信号发生、各种故障保护处理等。

（2）驱动系统主要由整流滤波电路、智能功率模块、电流采样电路组成。

整流滤波电路可以将220 V交流转变成310 V左右的直流电提供给智能功率模块（IPM）；智能功率模块（IPM）内部是三相两电平桥电路。每相的上下开关管中间接输出U、V、W。通过6个开关管的开闭，控制U、V、W三相每个伺服瞬间是与地连通还是与直流高电压连通。功率电路采用模块式设计，三相全桥整流部分和交－直－交电压源型逆变器通过公共直流母线连接。三相全桥整流部分由电源模块来实现，为避免上电时出现过大的瞬时电流以及电动机制动时产生很高的泵升电压，设有软启动电路和能耗泄放电路。逆变器采用智能功率模块来实现；电流采样电路，一般为霍尔电流传感器，其电路的输出将与控制系统的 AD 口相连。编码器的驱动器输入信号是开关信号，一般来自操作板或者编码器。

项目 4.1　伺服电动机与伺服驱动器设置

一、项目导入

伺服控制系统是一种能够跟踪输入的指令信号进行动作，从而获得精确的位置、速度及动力输出的自动控制系统。如防空雷达控制就是一个典型的伺服控制过程，它是以空中的目标为输入指令要求，雷达天线要一直跟踪目标，为地面炮台提供目标方位；加工中心的机械制造过程也是伺服控制过程，位移传感器不断地将刀具进给的位移传送给计算机，通过与加工位置目标比较，计算机输出继续加工或停止加工的控制信号。绝大部分机电一体化系统都具有伺服功能，机电一体化系统中的伺服控制是为执行机构按设计要求实现运动而提供控制和动力的重要环节。

机电一体化的伺服控制系统的结构、类型繁多，但从自动控制理论的角度来分析，伺服控制系统一般包括控制器、被控对象、执行元件、检测环节、比较环节等五部分。图 4－10 所示为伺服系统组成原理框图。

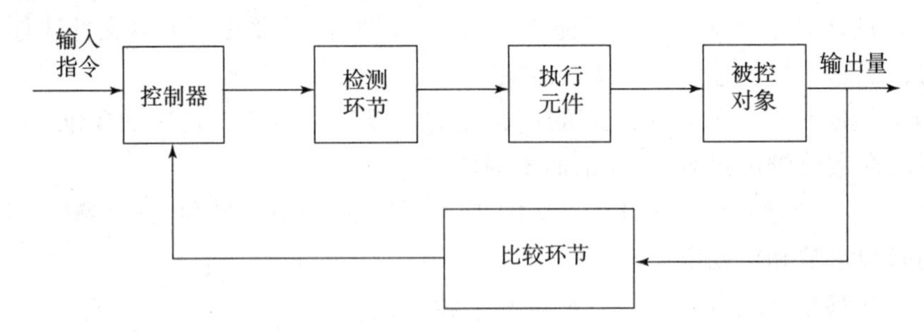

图 4－10　伺服系统组成原理框图

（1）比较环节是将输入的指令信号与系统的反馈信号进行比较，以获得输出与输入间的偏差信号的环节，通常由专门的电路或计算机来实现。

（2）控制器通常是计算机或 PID 控制电路，主要任务是对比较元件输出的偏差信号进行变换处理，以控制执行元件按要求动作。

（3）执行元件是按控制信号的要求，将输入的各种形式的能量转化成机械能，驱动被控对象工作。机电一体化系统中的执行元件一般指各种电动机或液压、气动伺服机构等。

（4）被控对象是指被控制的机构或装置，是直接完成系统目的的主体。一般包括传动系统、执行装置和负载。

（5）检测环节是指能够对输出进行测量，并转换成比较环节所需要的量纲的装置，一般包括传感器和转换电路。

在实际的伺服控制系统中，上述的每个环节在硬件特征上并不独立，可能几个环节在一个硬件中，如测速直流电动机既是执行元件又是检测元件。

二、项目分析

交流伺服驱动器具有位置控制和速度控制两种模式，因此它适用于一般机械加工设备的高精度定位和平稳速度控制。以欧姆龙三相伺服电动机 R7D－BP02HH－Z 为例，R7D－ZP 系列伺服驱动器的命名如表 4－1 所示。其工作参数如表 4－2 所示。

R7D－B　　P　　02　　HH　—Z

①　　　②　　③　　④　⑤

表 4－1　R7D－ZP 系列伺服驱动器的命名

<table>
<tr><th>编号</th><th>项目</th><th>标号</th><th>说明</th></tr>
<tr><td>①</td><td colspan="3">R7D－B 系列伺服</td></tr>
<tr><td>②</td><td>驱动器类型</td><td>P</td><td>脉冲串输入型</td></tr>
<tr><td rowspan="5">③</td><td rowspan="5">适用电动机容量</td><td>A5</td><td>50 W</td></tr>
<tr><td>01</td><td>100 W</td></tr>
<tr><td>02</td><td>200 W</td></tr>
<tr><td>04</td><td>400 W</td></tr>
<tr><td>08</td><td>750 W</td></tr>
<tr><td rowspan="3">④</td><td rowspan="3">电源电压</td><td>L</td><td>AC 100 V</td></tr>
<tr><td>H</td><td>单相/三相 AC 200 V</td></tr>
<tr><td>HH</td><td>单相 AC 200 V
（仅 AC 200 V 的可选择单相规格）</td></tr>
<tr><td>⑤</td><td>语言对应</td><td>Z</td><td>中文对应</td></tr>
</table>

表 4－2　R7D－BP02HH－Z 伺服驱动器的工作参数

项目	输入	输出
电源电压	单相 200～240 V	三相 92 V
相电流	1.9 A	连续输出 1.6 A 瞬时输出最大电流 4.9 A
频率	50～60 Hz	0～333.3 Hz
功率	350 V·A	200 W

续表

项目	输入	输出
编码器	2 500 脉冲/转	
脉宽调制频率 PWM	12 kHz	
最大响应频率	线性驱动器为 500 kHz，集电极开路为 200 kHz	

交流伺服驱动器 R7D－BP02HH－Z 输入电源为单相交流 220 V，通过整流电路将交流电变换为直流电，然后通过逆变电路将直流电转换为三相交流电输出。其主电路原理类似于变频器电路。

1. 伺服驱动器的引脚配置与连接

交流伺服驱动器 R7D－BP02HH－Z 的输入/输出端口如图 4－11 所示。

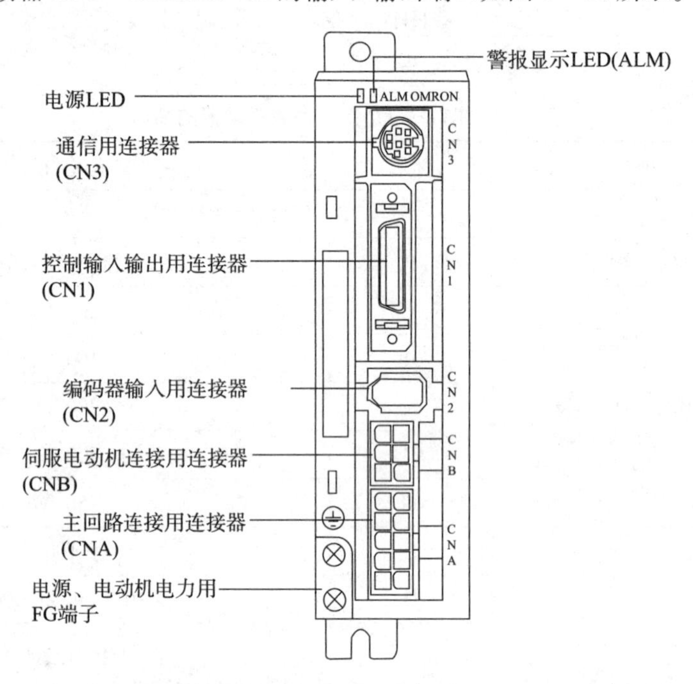

图 4－11　交流伺服驱动器 R7D－BP02HH－Z 的输入/输出端口

（1）电源显示 LED（见表 4－3）。

表 4－3　电源显示 LED

LED 显示	状态
绿色灯亮	主电源接通
橙色灯亮	警告时 1 s 闪烁（过载、过再生、分隔旋转速度异常）
红色灯亮	报警发生

（2）报警显示 LED。发生报警时闪烁，通过橙色及红色 LED 的闪烁次数来表示报警代码。

（3）主回路连接器 CAN，其引脚配置如表 4－4 所示。

表 4－4　主回路连接器 CAN 的引脚配置

符号	引脚号	名称	功能
L1	10	主回路电源输入端子	三相 220 V 时连接 L1、L2、L3； 单相 220 V 连接 L1 与 L3
L2	8		
L3	6		
P	5	外部再生电阻连接端子	再生能量很高时连接外部再生电阻
B1	3		
FG	1	机架地线	接地端子。以最小为 100 Ω（3 级）的电阻接地

（4）电动机连接器 CNB，其引脚配置如表 4－5 所示。

表 4－5　电动机连接器 CNB 的引脚配置

符号	引脚号	名　称	功　能	
U	1	电动机连接端子	红	输出到伺服电动机端子
V	4		白	
W	6		蓝	
FG	3	机架地线	绿/黄	连接伺服电动机 FG

（5）输入输出信号 CN1 如图 4－12 所示，其引脚配置如表 4－6 所示。

表 4－6　输入输出信号 CN1 引脚配置

引脚	标记	名称	功能
1	+24VIN	控制用 DC 电源输入	序列输入（引脚 No. 1）用电源 DC 12～24 V 的输入端子
2	RUN	运转指令输入	ON：伺服 ON（接通电动机电源）
3	RESET	报警复位	ON：对伺服报警的状态进行复位。 开启时间必须在 120 ms 以上
4	ECRST/ VSEL2	偏差计数器复位输入/内部设定速度选择 2	位置控制模式（Pn02）为 0 或者 2 时，转换为偏差计数器输入。 ON：禁止脉冲指令，对偏差计数器进行复位（清除）必须开启 2 ms 以上
			内部速度控制模式（Pn02）为 1 时，转换为内部设定速度选择 2。 ON：输入内部设定速度选择 2
5	GSEL/ VZERO/ TLSEL	增益切换/零速度指定/转矩限制切换	在位置控制模式（Pn02）为 1 时，如果零速度指定/转矩限制切换（Pn06）为 0 或 1 时，则转换为增益切换输入
			内部速度控制模式（Pn02）为 1 时，转换为零速度指定输入。 OFF：速度指令转换为零。 通过设定零速度指定/转矩限制切换（Pn06），也可以使输入无效。 有效（Pn06＝1）、无效（Pn06＝0）

续表

引脚	标记	名称	功能
			零速度指定/转矩限制切换（Pn06）如果为2，位置控制模式、内部速度控制模式同时切换为转矩限制切换。 OFF：转换为第1控制值（Pn70、5E、63）。 ON：转换为第1控制值（Pn71、72、73）
6	GSEL/ VSEL1	电子齿轮切换/内部设定速度选择1	位置控制模式（Pn02）为0或者2时，转换为电子齿轮切换输入。 OFF：第1电子齿轮比分子（Pn46）。 ON：第2电子齿轮比分子（Pn47）
			内部速度控制模式（Pn02）为1时，转换为内部设定速度选择1。 ON：输入内部设定速度选择1
7	NOT	输入反转侧驱动禁止	反转侧超程输入。 OFF：驱动禁止；ON：驱动允许
8	POT	输入正转侧驱动禁止	正转侧超程输入。 OFF：驱动禁止；ON：驱动允许
9	/ALM	报警输出	驱动器发出报警之后，停止输出
10	INP/ TGON	定位完成输出/电动机转速检测输出	位置控制模式（Pn02）为0或者2时，转换为定位完成输出。 ON：偏差计数器的滞留脉冲在定位完成幅度（Pn60）的设定值以内
			内部速度控制模式（Pn02）为1时，转换为电动机转速检测输出。 ON：电动机转速大于电动机检测转速（Pn62）的设定值
11	BKIR	制动器联锁输出	输出保持制动器的定时信号。 ON时，请放开保持制动器
12	WARN	警告输出	通过警告输出选择（Pn09），选择的信号被输出
13	OGND	输出共用地线	序列输出（引脚No.9、10、11、12）用共用地线
14	GND	共用地线	编码器输出、Z相输出（引脚No.21）用共用地线
15	+A	编码器A相输出	按照编码器分频比（Pn44）的设定输出编码器脉冲。 线性驱动器输出（相当于RS－422）
16	－A		
17	+B	编码器B相输出	
18	－B		
19	+Z	编码器Z相输出	
20	－Z		
21	Z	Z相输出	输出编码器的Z相（1脉冲/转）。 集电极开路输出

续表

引脚	标记	名称	功能
22	+CW/PULS/FA	反转脉冲/进给脉冲/90°相位差信号（A相）	位置指令用的脉冲串输入端子。 线性驱动器输入时：最大响应频率为500 kpps。 开路集电极输入时：最大响应频率为200 kpps。 可以从反转脉冲/正转脉冲（CW/CCW）、进给脉冲/方向信号（PULS/SIGN）、90°相位差（A/B相）信号（FA/FB）中进行选择（根据Pn42的设定）
23	-CW/PULS/FA		
24	+CCW/SIGN/FB	正转脉冲/方向信号/90°相位差信号（B相）	
25	+CCW/SIGN/FB		

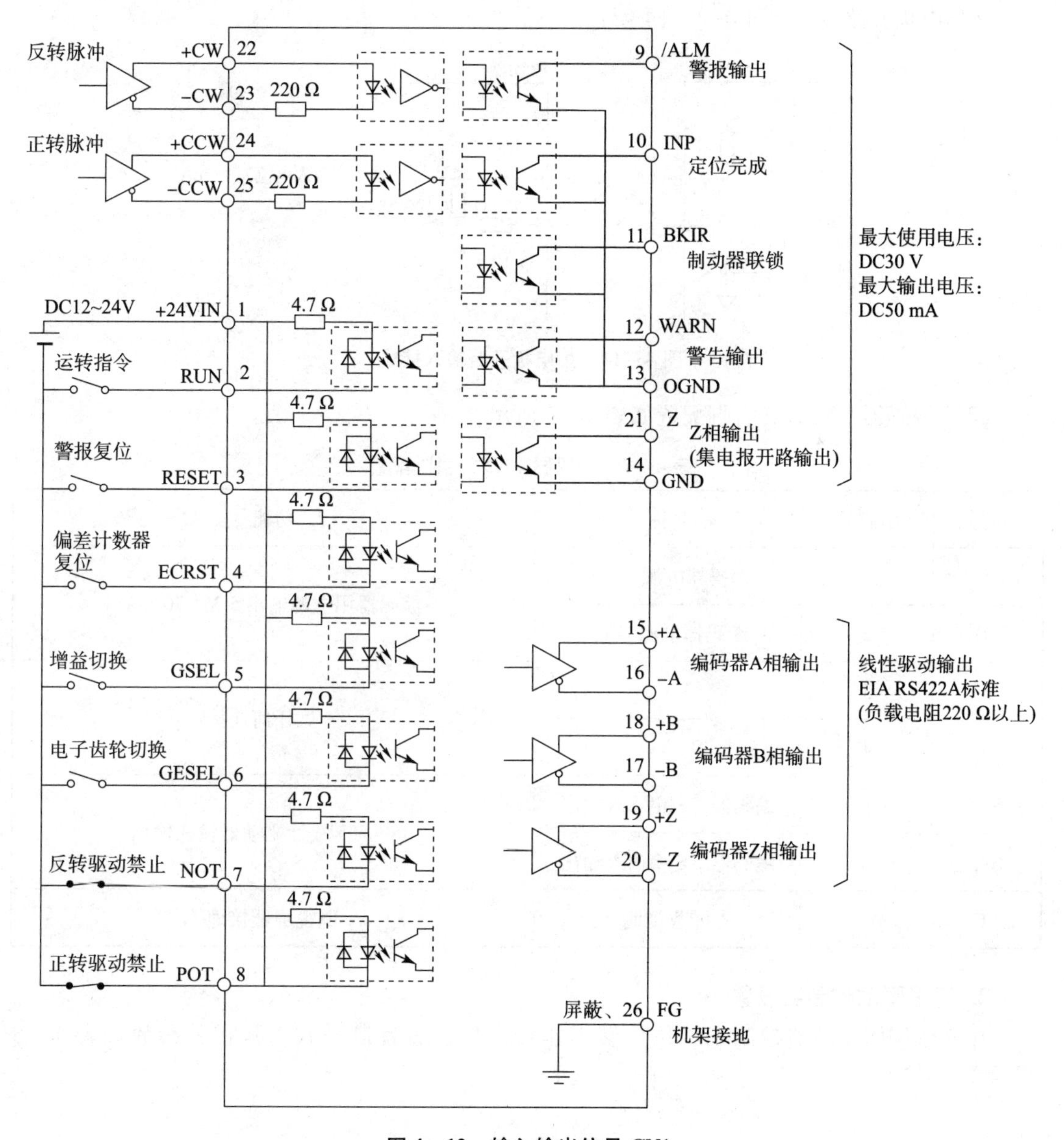

图4-12　输入输出信号CN1

（6）位置指令脉冲输入接线规则。

①线性伺服驱动器输入，如图 4－13 所示。

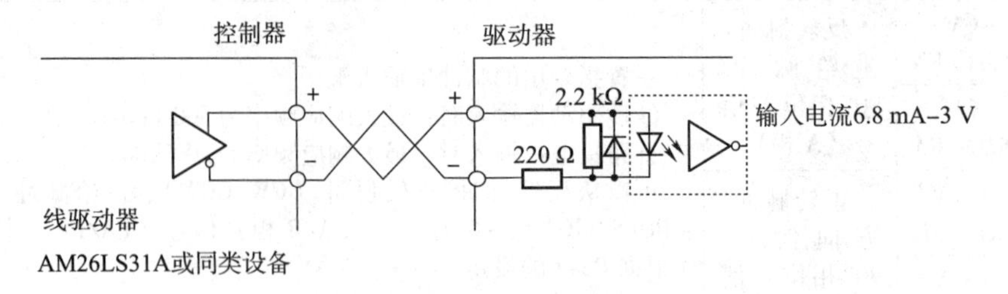

图 4－13　线性伺服驱动器输入接线

②集电极开路输入，如图 4－14 所示。

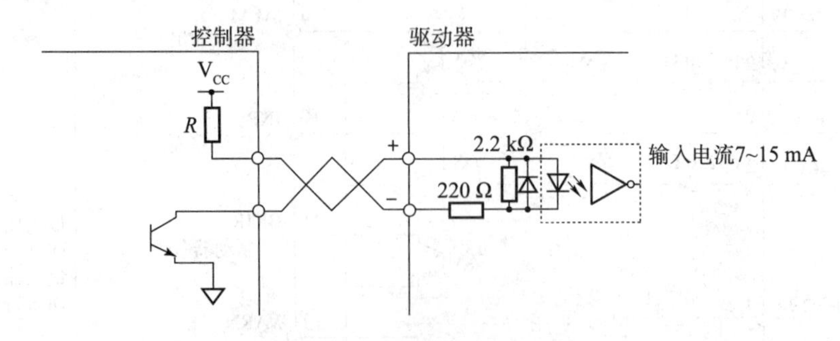

图 4－14　集电极开路输入接线

（7）编码器 CN2，其引脚配置如表 4－7 所示。

表 4－7　编码器 CN2 的引脚配置

符号	引脚号	名称	功能
E5V	1	编码器电源＋5 V	编码器用电源输出 5 V，70 mA
E0V	2	编码器电源 GND	
NC	3		不做任何连接
NC	4		
S＋	5	编码器＋S 相输入输出	RS－485 线性驱动器输入输出
S－	6	编码器－S 相输入输出	
FG	外壳	屏蔽接地	电缆屏蔽接地

2. 伺服驱动器参数设置

用交流伺服驱动器控制三工位旋转工作台采用位置控制模式，其相关参数如表 4－8 所示。

表4－8　伺服驱动器位置控制模式的相关参数

序号	参数代号	设置值	默认值	说明
1	Pn02	2	2	控制模式选择。0：高响应位置控制；1：内部速度设定控制；2：高功能位置控制
2	Pn10	10	40	位置回路响应增益，范围为0～32 767，根据机械刚度设定
3	Pn11	500	60	速度回路响应增益，范围为1～3 500，根据惯量比设定
4	Pn40	4	4	指令脉冲倍频设定。1或2：2倍频；3或4：4倍频
5	Pn41	1	0	指令脉冲转动方向。0或3：电动机按指令脉冲的方向旋转；1或2：电动机按指令脉冲的相反方向旋转
6	Pn42	3	1	指令脉冲模式。0或2：90°相位差信号输入；1：反转脉冲/正转脉冲；3：进给脉冲/方向信号
7	Pn44	2 500	2 500	编码器分频比设定，超过2 500的设定无效
8	Pn46	190	10 000	第一电子齿轮比分子数值
9	Pn47	10 000	10 000	第二电子齿轮比分子数值
10	Pn4A	0	0	电子齿轮比分子指数，范围为0～17，以2为底数
11	Pn4B	2 500	2 500	电子齿轮比分母数值

（1）Pn02为控制模式选择参数，这里Pn02选择高功能位置控制。

（2）Pn10为位置回路响应增益，Pn11为速度回路响应增益。为了最大限度地发挥机械系统的性能，需要对增益进行调整。Pn10参数根据机械刚度设定参数范围，Pn11参数根据机械惯量比设定参数范围。

（3）Pn40～Pn4B为位置控制参数，决定脉冲与角位移的关系，根据表4－8设置参数的计算结果如下列公式所示，一个脉冲信号可产生角位移27.36°/10 000。

$$\frac{Pn46}{Pn4B}\times\frac{2^{Pn4A}}{Pn40\times Pn44}=\frac{Pn46}{Pn4B}\times\frac{2^{\circ}}{Pn40\times Pn44}$$

$$\frac{190}{2\ 500}\times\frac{1}{4\times 2\ 500}=\frac{0.076}{10\ 000}$$

$$360^{\circ}\times\frac{0.076}{10\ 000}=\frac{27.36^{\circ}}{10\ 000}$$

三、项目实施

1. 软件安装

在计算机中安装欧姆龙公司伺服驱动器设置软件CX－ONEV2.12。将CX－ONEV2.12软件光盘放入光驱，计算机将会自动运行安装程序。按向导提示，一路按【下一步】。在安装过程中去掉不用的软件，保留CX－Drive，节省安装空间和安装时间，如图4－15所示。

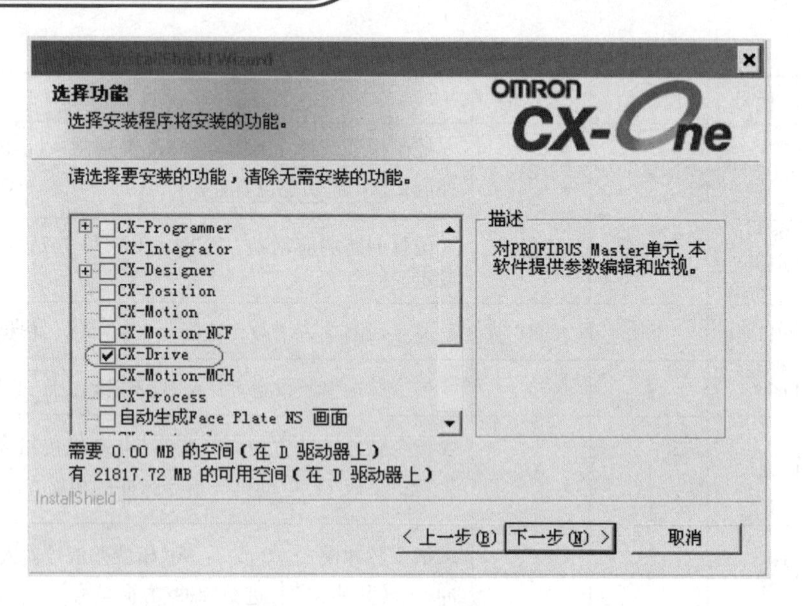

图 4-15　安装伺服设置软件

安装完成再安装软件 CX-DriveV1.61，按向导提示，一路按【下一步】，完成软件升级。

2. 软件使用

（1）用 RS-232 电缆连接交流伺服驱动器通信口 CN3 和计算机串行通信口 COM1，接通伺服驱动器电源。

（2）打开 CX-Drive 软件，新建一个工程，选择伺服驱动器型号、功率、电源类型，并设置与计算机的通信方式，如图 4-16 所示。简便的方法是单击“自动检测”图标，让软件自动搜索伺服驱动器型号等相关参数。

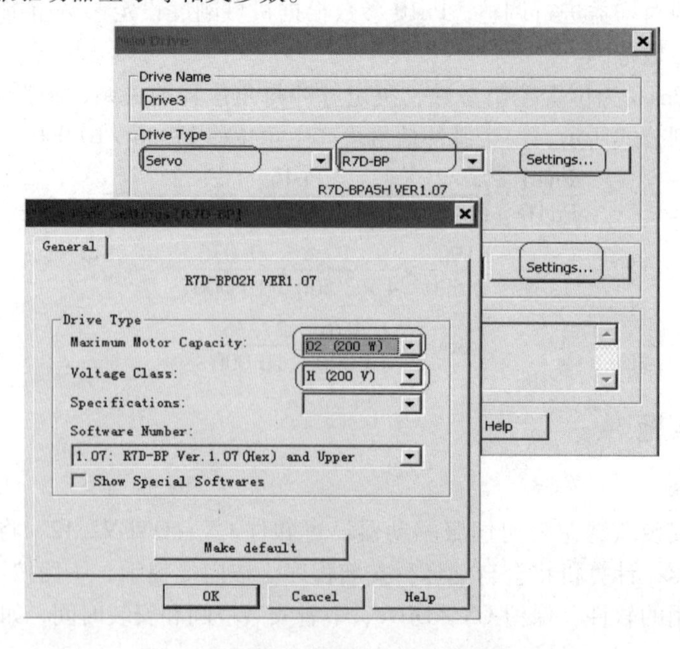

图 4-16　选择伺服驱动器型号和参数

（3）选定伺服驱动器后，其参数操作界面上有“在线”“下载”“上载”“选择下载”“选择上载”等图标。

在线：计算机与伺服驱动器通信。

下载：将设置软件上全部参数传送至伺服驱动器。

上载：将伺服驱动器上全部参数传送至设置软件。

选择下载：将设置软件上选中的参数传送至伺服驱动器。

选择上载：将伺服驱动器上选中的参数传送至设置软件。

3. 设置伺服驱动器参数

接通伺服驱动器电源，使计算机与伺服驱动器保持通信连接。参照表 4－9 分别将参数设置值修改为 Pn10＝10、Pn11＝500、Pn41＝1、Pn42＝3 和 Pn46＝190，其他参数保持默认值。当参数设置值与默认值不同时，该参数图标呈红色。设置后，进行下载或选择下载，单击图标，将修改好的参数下载到伺服驱动器中。参数下载后，关闭伺服驱动器电源，当伺服驱动器重新通电后，所设置的参数才能生效。

四、运行调试

当伺服驱动器发生异常时，电源显示 LED 由绿色转为红色或橙色。同时报警显示 LED 闪烁，通过橙色及红色 LED 的闪烁次数来表示报警代码（见表 4－9），有利于快速排出故障。例如，当过载现象（报警代码 16）发生时，伺服驱动器停止运行，并且以橙色 1 次，红色 6 次循环闪烁，如图 4－17 所示。

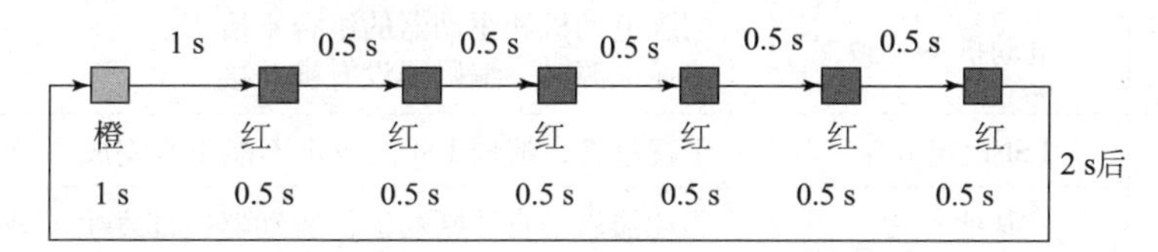

图 4－17　过载报警显示过程

例如，伺服驱动器停止运行，并且以橙色 4 次、红色 9 次循环闪烁，查表 4－9 可知，为“编码器 CS 信号异常”故障，断电后重新插接编码器插头，恢复通电后故障排除。

表 4－9　报警代码

序号	报警显示	异常内容	发生异常时的状况
1	11	电源电压不足	在运行指令（RUN）的输入中，主电路 DC 电压降到规定值以下
2	12	过电压	主电路 DC 电压异常的高
3	14	过电流	过电流流过 IGBT，电动机动力线的接地、短路
4	15	内部电阻器过热	驱动器内部的电阻器异常发热
5	16	过载	大幅度超出额定转矩运行了几秒或者几十秒
6	18	再生过载	再生能量超出了电阻器的处理能力
7	21	编码器断线检出	编码器线断线

续表

序号	报警显示	异常内容	发生异常时的状况
8	23	编码器数据异常	来自编码器的数据异常
9	24	偏差计数器溢出	计数器的剩余脉冲超出了偏差计数器的超限级别（Pn63）的设定值
10	26	超速	电动机的旋转速度超出了最大转速。 使用转矩限制功能时，超速检查级别设定（Pn70、Pn73）的设定值超出了电动机旋转速度
11	27	电子齿轮设定异常	第1、第2电子齿轮比分子（Pn46、Pn47）的设定值不合适
12	29	偏差计数器溢流	偏差计数器的剩余脉冲超过134 217 728次脉冲
13	34	超程界限异常	位置指令输入超出了由越程界限（Pn26）所设定的电动机可以运作的范围
14	36	参数异常	接通电源时，从EEPROM读取数据时，参数保存区域的数据已经被破坏
15	37	参数破坏	接通电源从EEPROM读取数据时和校验不符
16	38	禁止驱动输入异常	禁止正转侧驱动和禁止反转侧驱动都被关闭
17	48	编码器Z相异常	检测到Z相的脉冲流失
18	49	编码器CS信号异常	检测到CS信号的逻辑异常
19	95	电动机不一致	伺服电动机和驱动器的组合不恰当。 接通电源时，编码器没有被连接
20	96	LSI设定异常	干扰过大，造成LSI的设定不能正常完成
21		其他异常	驱动器启动自诊断功能，驱动器内部发生了某种异常

五、成绩评价

成绩评价如表4－10所示。

表4－10　成绩评价

序号	主要内容	考核要求	评分标准	配分	扣分	得分
1	接线	能正确使用工具和仪表，按照电路图正确接线	（1）接线不规范，每处扣5～10分； （2）接线错误，扣20分	30		
2	参数设置	能根据项目要求正确设置伺服驱动器参数	（1）参数设置不全，每处扣5分 （2）参数设置错误，每处扣5分	30		
3	操作调试	操作调试过程正确	（1）伺服驱动器操作错误，扣10分 （2）调试失败，扣20分	20		
4	安全文明生产	操作安全规范、环境整洁	违反安全文明生产规程，扣5～10分	20		

六、思考练习

（1）闭环控制系统与开环控制系统有什么区别？步进电动机和伺服电动机分别属于什么类型的控制系统？

（2）伺服电动机通过什么器件实现信号反馈？

（3）设伺服驱动器第一电子齿轮比分子数值为250，其他参数不变，则每个脉冲信号的角位移是多少？

（4）设伺服驱动器停止运行，橙色3次、红色8次循环闪烁，可能是什么故障？如何检修？

项目4.2　装配站落料程序设计

一、项目导入

利用自动生产线装配站的PLC、根据任务要求及所学PLC编程知识，完成装配站工件库内圆环体小工件自动落料的程序。

具体要求：按下启动按钮，井式供料单元顶料气缸伸出顶住倒数第二个工件；挡料气缸缩回，工件库中最底层的小工件落到待装配的大工件上，延时2 s后，挡料气缸伸出到位，顶料气缸缩回，工件落到工件库最底层。按下复位按钮，系统恢复初始状态，等待下一次启动。

二、项目分析

1. 本项目硬件组成及功能

本项目主要由PLC主机、井式供料单元、光电传感器、磁性开关、电磁阀等部件构成，主要完成工件自动落料过程。

（1）PLC主机：供电电源采用DC 24 V，控制端子与端子排相连。

（2）光电传感器：用于检测工件库、物料台是否有物料。当工件库或物料台有物料时给PLC提供输入信号。物料的检测距离可由光电传感器头的旋钮调节，调节检测范围1～9 cm。

（3）磁性传感器：用于顶料气缸的位置检测，当检测到气缸准确到位后给PLC发出一个到位信号。

（4）电磁阀：顶料气缸、挡料气缸、冲压气缸均用二位五通的带手控开关的单控电磁阀控制，三个单控电磁阀集中安装在带有消声器的汇流板上。当PLC给电磁阀一个信号，电磁阀动作，对应气缸动作。

（5）顶料气缸：由单控电磁阀控制。当气动电磁阀得电，气缸伸出，顶住倒数第二个物料。

（6）挡料气缸：由单控电磁阀控制。当气动电磁阀得电，气缸缩回，倒数第一个物料落下。

2. 主要技术指标

(1) 控制电源：直流 24 V/2 A；

(2) PLC 主机：CPU224DC/DC/DC；

(3) 光电传感器：ZD－L09N；

(4) 磁性传感器：D－C73L；

(5) 电磁阀：SY5120；

(6) 顶料气缸：CDJ2B16－30；

(7) 挡料气缸：CDJ2B16－45。

三、项目实施

1. 装配站的气路设计与连线

气动控制系统是本工作单元的执行机构，该执行机构的逻辑控制功能是由 PLC 实现的。装配站的气动控制回路如图 4－18 所示。

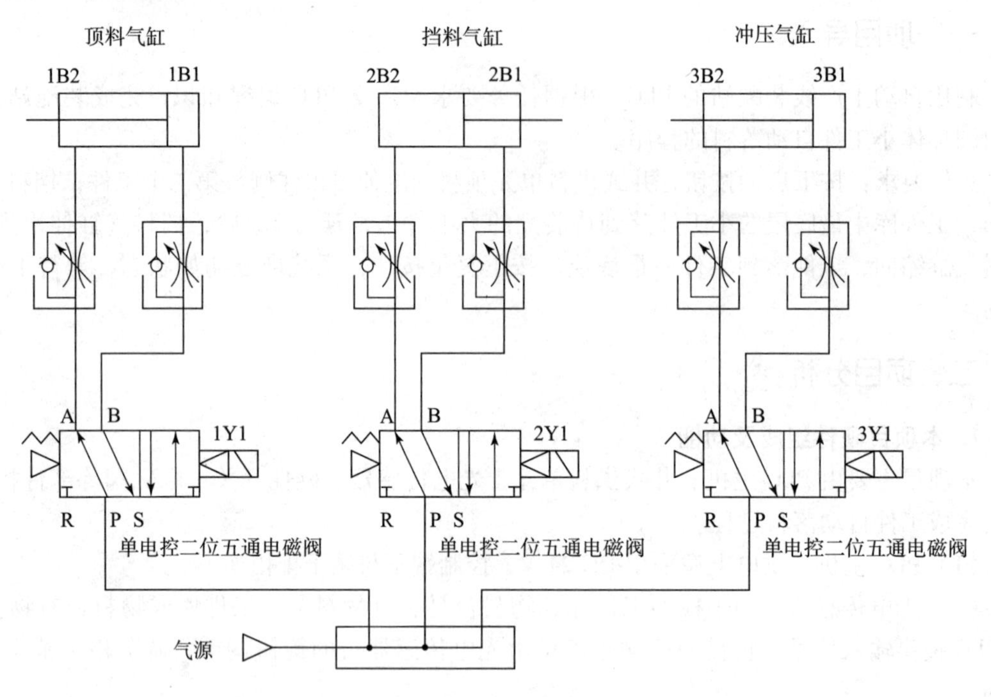

图 4－18 装配站的气动控制回路

2. 安装接线与触点分配

(1) 将 PLC 的输入输出端子与外部传感器、电磁阀及启动按钮进行连接。将 PLC 的公共端进行正确接线。

(2) 正确连接装配站的端子排电源。

(3) 触点分配。

触点分配如表 4－11 所示。

表 4－11　触点分配

输入端	作用	输出端	作用
I0. 6	顶料到位检测	Q0. 2	顶料电磁阀
I0. 7	顶料复位检测	Q0. 3	落料电磁阀
I1. 0	挡料状态检测		
I1. 1	落料状态检测		
I1. 4	启动		
I1. 5	复位		

3. PLC 编程与调试

装配站落料程序如图 4－19 所示。

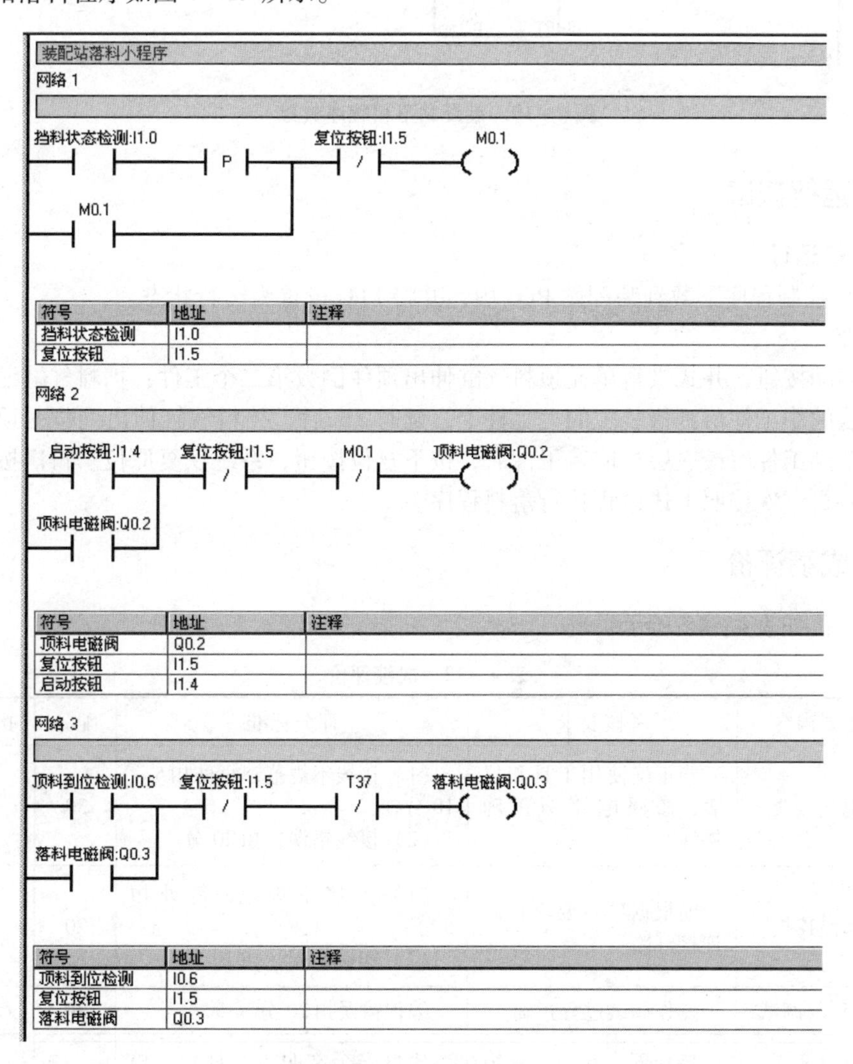

图 4－19　装配站落料程序

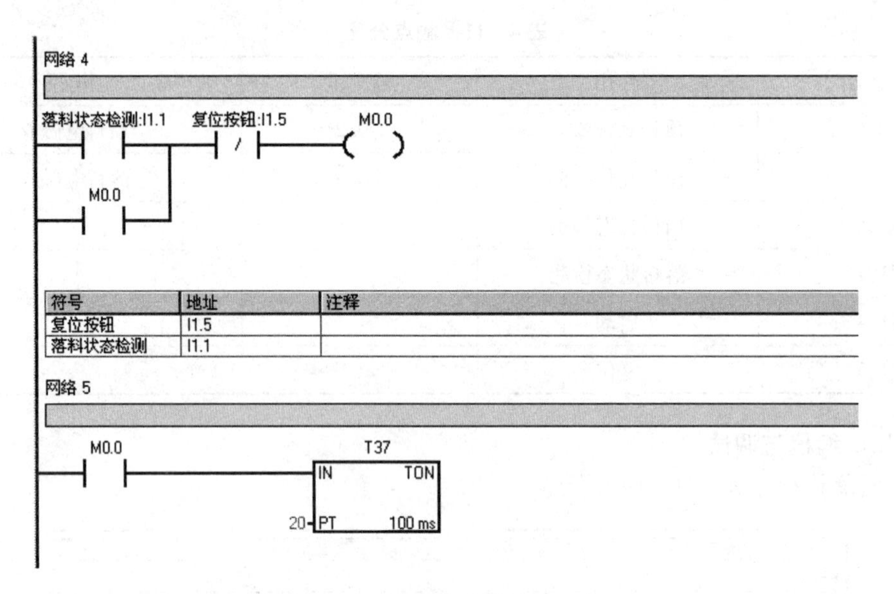

图 4-19　装配站落料程序（续）

四、运行调试

1. PLC 运行

将 PLC 控制程序下载到装配站 PLC 中，并将 PLC 设置为运行状态。

2. 操作

按下启动按钮，井式供料单元顶料气缸伸出顶住倒数第二个工件；挡料气缸缩回，工件库中最底层的小工件落到待装配的大工件上，延时 2 s 后，挡料气缸伸出到位，顶料气缸缩回，工件落到工件库最底层。取走工件后，按下复位按钮，系统恢复原位。再次按下启动按钮，系统将再一次按照上述过程执行落料程序。

五、成绩评价

成绩评价如表 4-12 所示。

表 4-12　成绩评价

序号	主要内容	考核要求	评分标准	配分	扣分	得分
1	电气接线	能正确使用工具和仪表，按照电路图正确接线	（1）接线不规范，每处扣 5~10 分； （2）接线错误，扣 20 分	30		
2	气路连接	能根据项目要求正确连接气路	（1）连接不规范，每处扣 5 分； （2）连接错误，扣 10 分	20		
3	编程与调试	操作调试过程正确	编程错误扣 20 分	30		
4	安全文明生产	操作安全规范、环境整洁	违反安全文明生产规程，扣 5~10 分	20		

六、思考练习

（1）如何将挡料气缸的初始位置设置为伸出状态？

（2）如果程序中不设置复位功能，每个循环过程结束后，按下启动按钮，启动下一次落料程序，程序中应该如何实现该功能？

项目 4.3　装配站安装与调试

一、项目导入

装配站主要通过三工位旋转工作台完成将工件库内圆环体小工件嵌入到圆柱台阶大工件的紧合装配。装配站物料台的传感器检测到工件后，工作台顺时针旋转 120°，将工件旋转到井式供料单元下方，井式供料单元顶料气缸倒数第二个工件；挡料气缸缩回，工件库中最底层的小工件落到待装配的大工件上，挡料气缸伸出到位，顶料气缸缩回，工件落到工件库最底层。旋转工作台顺时针第二次旋转 120°，将工件旋转到冲压装配站下方，冲压气缸下压，完成大小工件紧合装配，冲压气缸回到原位。旋转工作台顺时针第三次旋转 120°，到待搬运位置，取出装配好的工件后，操作结束。

二、项目分析

1. 装配站组成及功能

由井式供料单元、三工位旋转工作台、平面轴承、冲压装配站、光电传感器、电感传感器、磁性开关、电磁阀、交流伺服电动机及驱动器、警示灯、支架、机械零部件构成，主要完成工件紧合装配。

（1）PLC 主机：供电电源采用 DC 24 V，控制端子与端子排相连。

（2）伺服电动机及驱动器：用于控制三工位旋转工作台。根据 PLC 发出的脉冲数量实现三工位旋转工作台精确定位。

（3）光电传感器：用于检测工件库、物料台是否有物料。当工件库或物料台有物料时给 PLC 提供输入信号。物料的检测距离可由光电传感器头的旋钮调节，调节检测范围 1 ~9 cm。

（4）电感传感器：用于检测工作台是否回到原点，检测距离（1 +20%）4 mm。

（5）磁性传感器 1：用于顶料气缸的位置检测，当检测到气缸准确到位后给 PLC 发出一个到位信号。

（6）磁性传感器 2：用于冲压气缸位置检测，当检测到冲压气缸准确到位后给 PLC 发出一个到位信号。

（7）警示灯：用于指示系统工作状态和工件库工件是否缺料。系统启动，绿灯亮；系统停止，红灯亮；系统缺料，黄灯亮。

（8）电磁阀：顶料气缸、挡料气缸、冲压气缸均用二位五通的带手控开关的单控电磁阀控制，三个单控电磁阀集中安装在带有消声器的汇流板上。当 PLC 给电磁阀一个信号时，电磁阀动作，对应气缸动作。

（9）顶料气缸：由单控电磁阀控制。当气动电磁阀得电时，气缸伸出，顶住倒数第二个物料。

（10）挡料气缸：由单控电磁阀控制。当气动电磁阀得电时，气缸缩回，倒数第一个物料落下。

（11）冲压气缸：由单控电磁阀控制。当气动电磁阀得电时，气缸伸出，实现两工件紧合装配。

2. 主要技术指标

（1）控制电源：直流 24 V/2 A；

（2）PLC 主机：CPU224DC/DC/DC；

（3）伺服电动机驱动器：MR－E－20A；

（4）伺服电动机：HC－KFE23；

（5）光电传感器：ZD－L09N；

（6）电感传感器：LE4－1K；

（7）磁性传感器 1：D－C73L；

（8）磁性传感器 2：MT－22；

（9）电磁阀：SY5120；

（10）顶料气缸：CDJ2B16－30；

（11）挡料气缸：CDJ2B16－45；

（12）冲压气缸：GD16×50MT2。

3. 伺服驱动器参数设置

将驱动器参数按照表 4－8 进行设置。

4. 设计包络

（1）旋转工作台正常运行时包络：根据伺服驱动器参数设置，一个脉冲信号可产生角位移 27.36/10 000，旋转工作台正常生产时每工位旋转 120°，相应脉冲数为 120°/（27.36/10 000）＝43 860，启动/停止脉冲周期为 400 μs，频率为 2.5 kHz；运行时脉冲周期为 100 μs，频率为 10 kHz。

（2）旋转工作台复位时包络：旋转工作台复位时可能要旋转 360°，所以要设置的脉冲数为 150＋150 000＋50＝150 200。

三、项目实施

1. 装配站的机械设备连接

（1）伺服电动机机轴与旋转工作台连接。检查安装是否牢固，回转工作台应轻松转动无卡阻现象。

（2）在原点位置处安装电感传感器，电感传感器能识别出有无金属物体接近，进而控制开关通断。电感传感器端面与金属凸出点的检测距离为 4×（1±20%）mm。

2. 装配站的气路设计与连线

装配站的气动控制回路如图 4－18 所示。

3. 装配站的电路设计与连线

接线端口采用双层接线端子排，用于集中连接本工作单元直流 24 V 电源、PLC 输入/输出端口、传感器和电磁阀。其中下排 1～4 和上排 1～4 号端子短接经过带保险的端子与

+24 V 相连，上排 5 ~ 26 号端子短接与 0 V 相连，下排 5 ~ 26 号端子为信号相连。如图 4 – 20 和图 4 – 21 所示，分别是装配站 PLC 控制电路图和端子接线图。

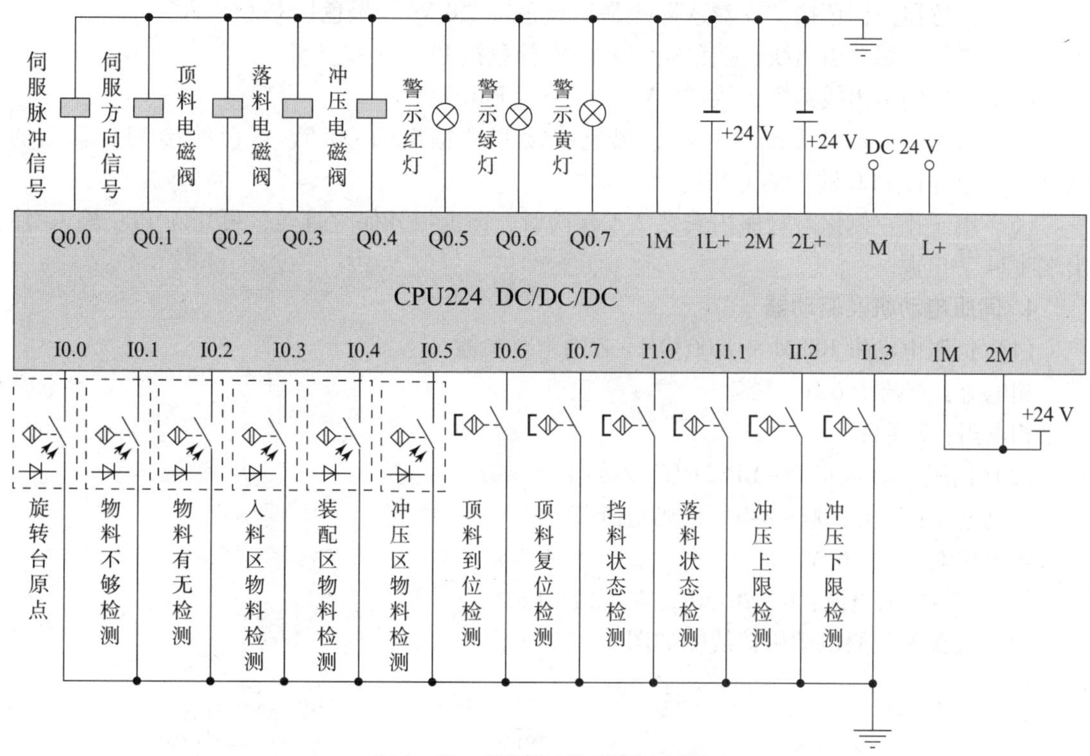

图 4 – 20　装配站 PLC 控制电路图

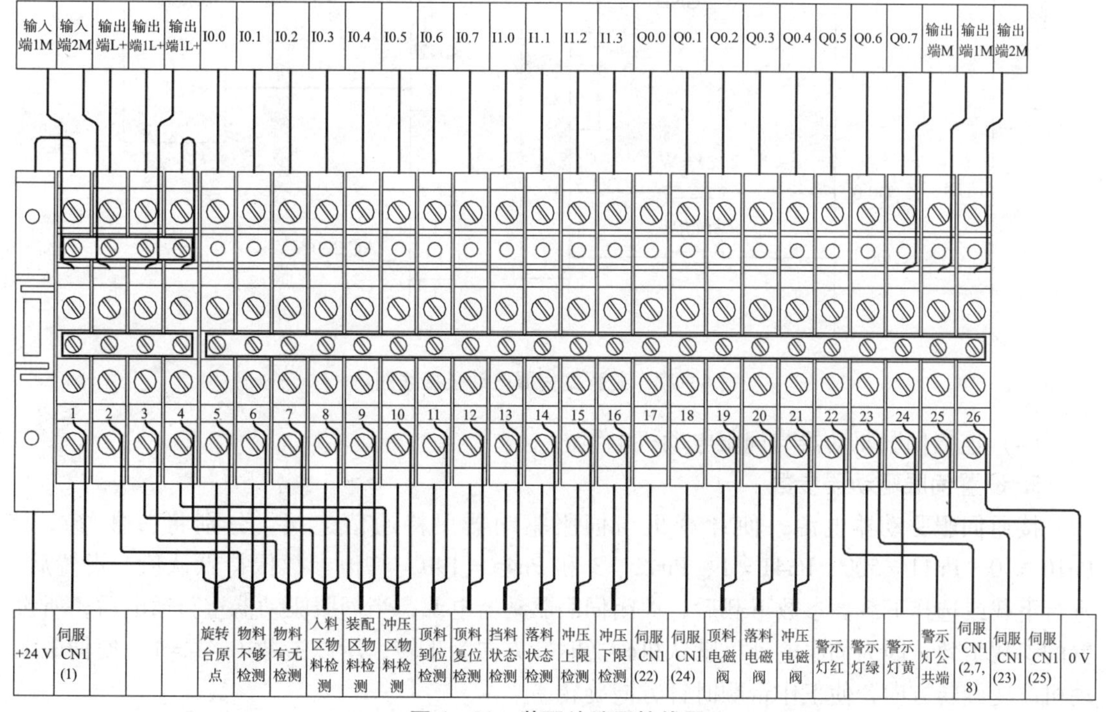

图 4 – 21　装配站端子接线图

接线说明：

（1）光电传感器引出线：棕色接“+24 V”电源，蓝色接“0 V”，黑色接 PLC 输入。

（2）传感器：棕色接“+24 V”电源，蓝色接“0 V”，黑色接 PLC 输入。

（3）磁性传感器引出线：蓝色接“0 V”，棕色接 PLC 输入。

（4）电磁阀引出线：黑色接“0 V”，红色接 PLC 输出。

（5）警示灯：黄绿线接“0 V”，黑色线接 PLC 输出的 Q0.5，蓝色线接 PLC 输出的 Q0.6，棕色线接 PLC 输出的 Q0.7。

（6）端子排左侧保险管座内安装 2 A 保险管，向上扳开保险管盖，可切断 PLC 输入/输出端 +24 V 电源。

4. 伺服电动机及驱动器

（1）伺服电动机 R88M－G20030H－Z 的主要参数。

相电流：交流 1.6 A。

相电阻：7.3 Ω。

（2）伺服驱动器 R7D－BP02HH－Z 的主要参数。

供电电压：交流 200～240 V，典型值 220 V。

输出相电流：1.6 A。

控制信号输入电流：6～20 mA，典型值 10 mA。

（3）装配站伺服电动机接线图如图 4－22 所示。

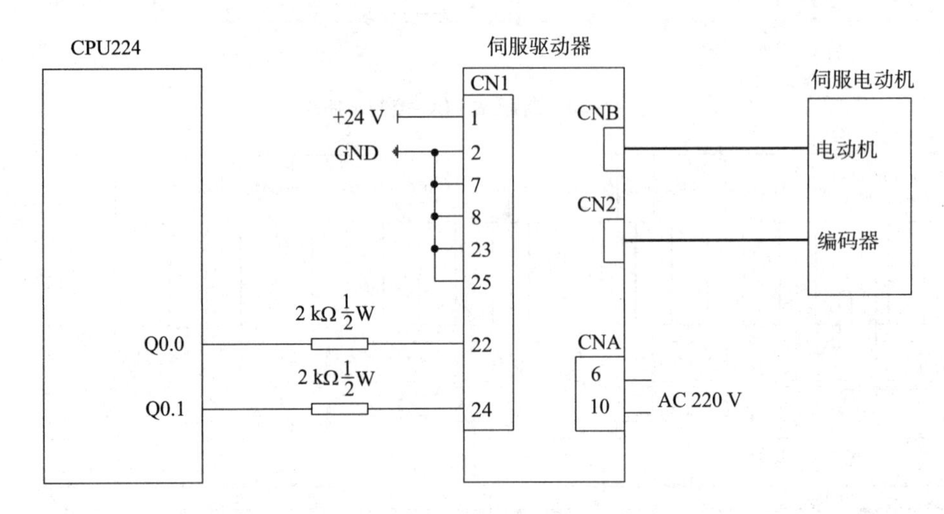

图 4－22　装配站伺服电动机接线图

（4）连接伺服驱动器与伺服电动机电缆。

5. 设置伺服驱动器参数

接通伺服驱动器电源，使计算机与伺服驱动器保持通信连接。分别将参数修改为 Pn10＝10、Pn11＝500、Pn41＝1、Pn42＝3 和 Pn46＝190，其他参数保持默认值。设置后，进行下载或选择下载。参数下载后，关闭伺服驱动器电源，当伺服驱动器重新通电后，所设置的参数生效。因为伺服电动机默认机轴逆时针方向为正转，所以参数 Pn41＝1，使伺服电动机改变旋转方向，使工作台顺时针方向旋转。

6. PLC 程序

装配站 PLC 程序由主程序、旋转工作台旋转子程序 0、停止子程序 1 三部分构成。

(1) 主程序（见图 4－23)。

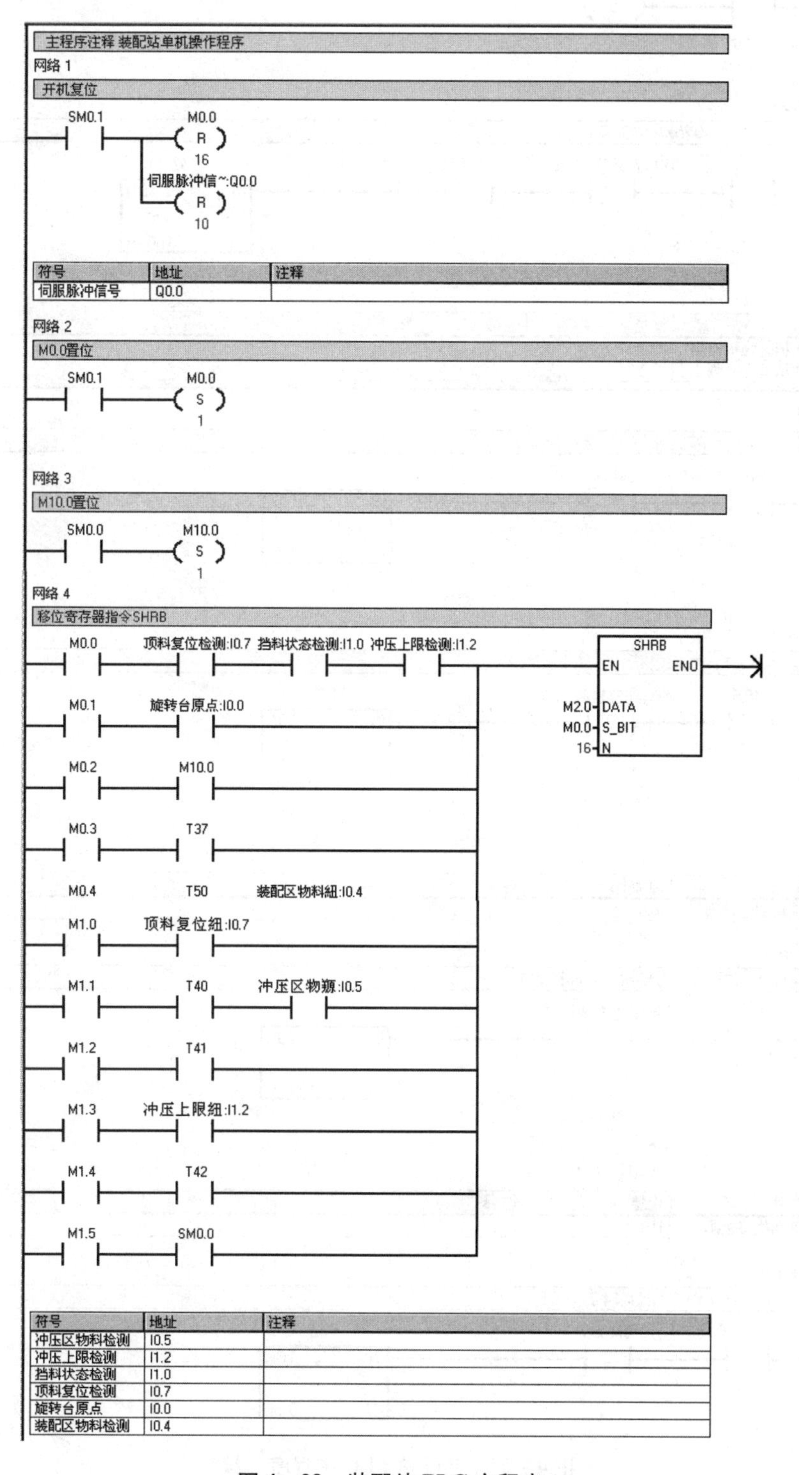

图 4－23　装配站 PLC 主程序

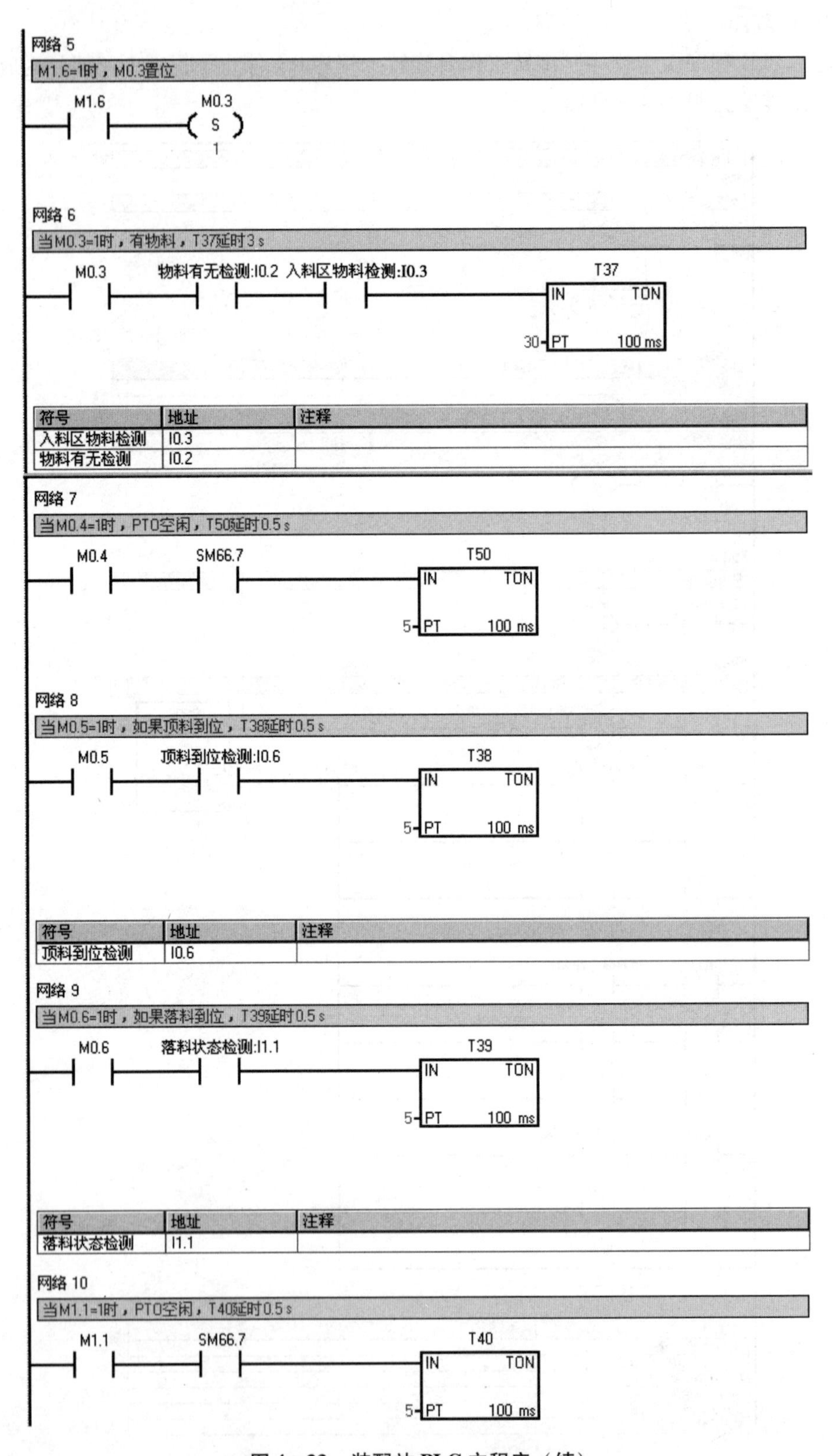

图 4-23　装配站 PLC 主程序（续）

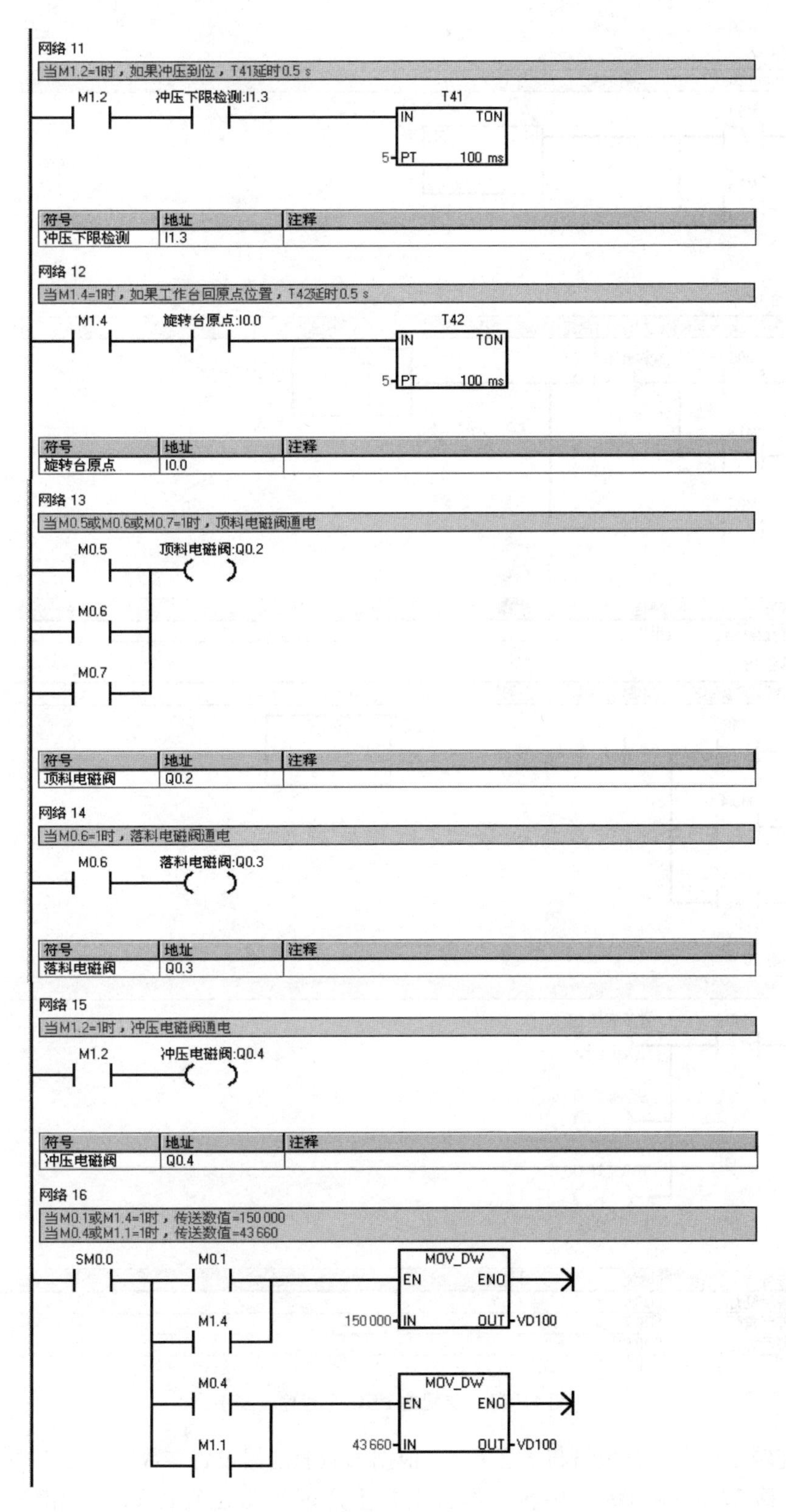

图 4－23　装配站 PLC 主程序（续）

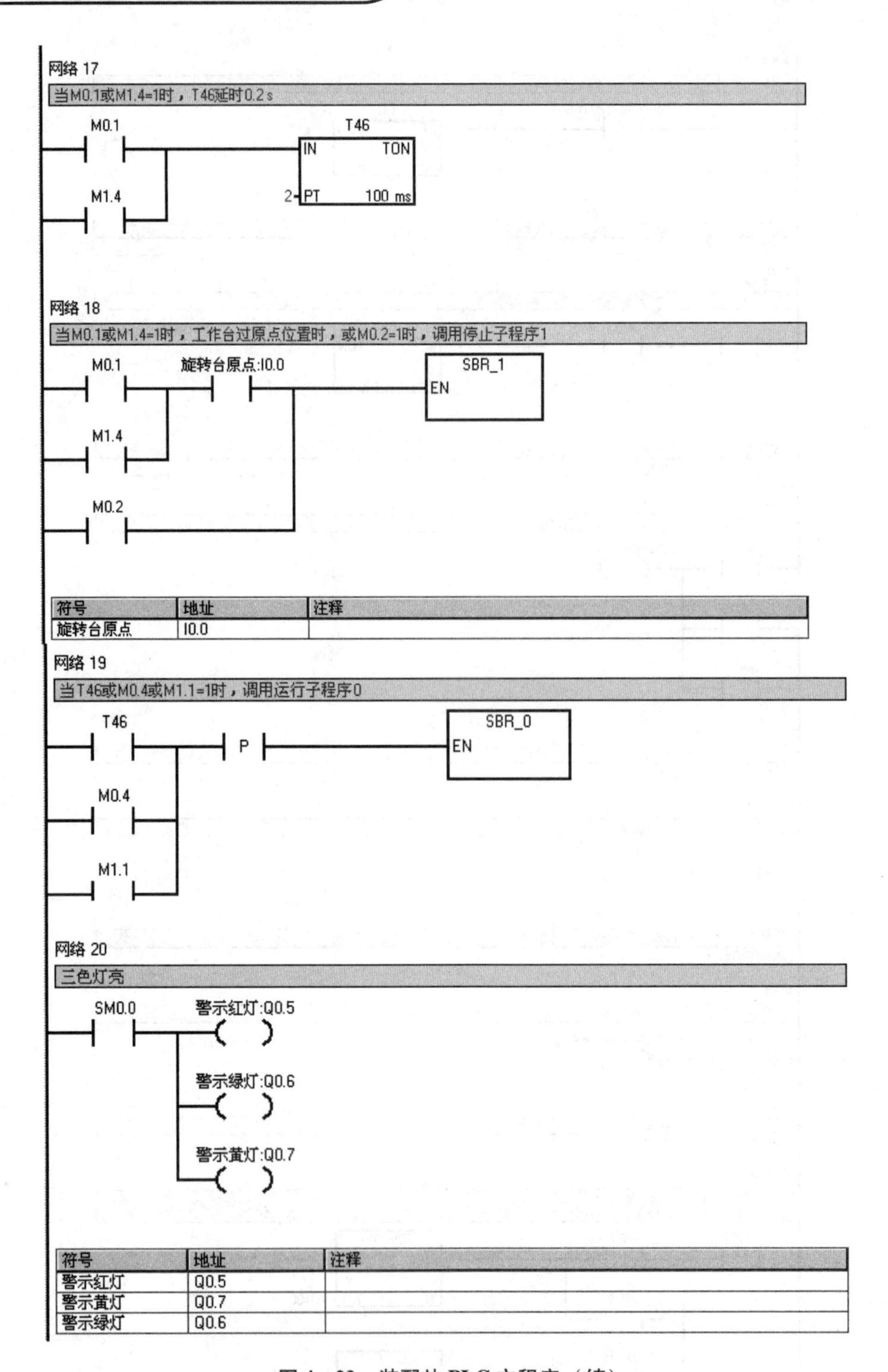

图 4-23　装配站 PLC 主程序（续）

（2）旋转工作台运行包络与子程序 0。根据伺服驱动器设置参数的计算，一个脉冲信号可产生角位移 27.36/10 000，旋转工作台正常生产时每工位旋转 120°，相应脉冲数应为 120/(27.36/10 000)=43 860。其中加速段脉冲数 150，匀速段脉冲数 VD100 =43 660，减速段脉冲数 50。复位时工作台可能要旋转 360°才能返回原点位置，所以复位时匀速段脉冲数 VD100 = 150 000。旋转工作台运行包络如图 4 - 24 所示。

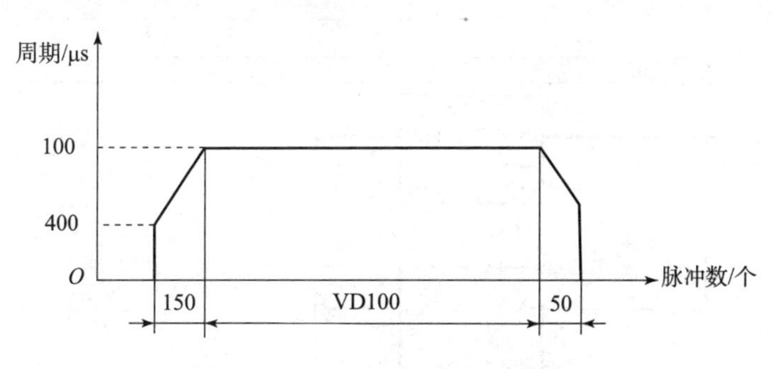

图 4 - 24　旋转工作台运行包络

与旋转工作台运行包络相应的子程序 0 如图 4 - 25 所示。包络表分为 3 段，包络参数存储在从 VB500 开始的变量存储器中。加速段的初始周期是 400 μs，周期增量 - 2 μs，经过 150 个脉冲后，周期下降到 100 μs；匀速段的周期是 100 μs，脉冲数存储于 VD100；减速段的初始周期是 100 μs，周期增量 + 6 μs，经过 50 个脉冲后，周期上升到 400 μs。

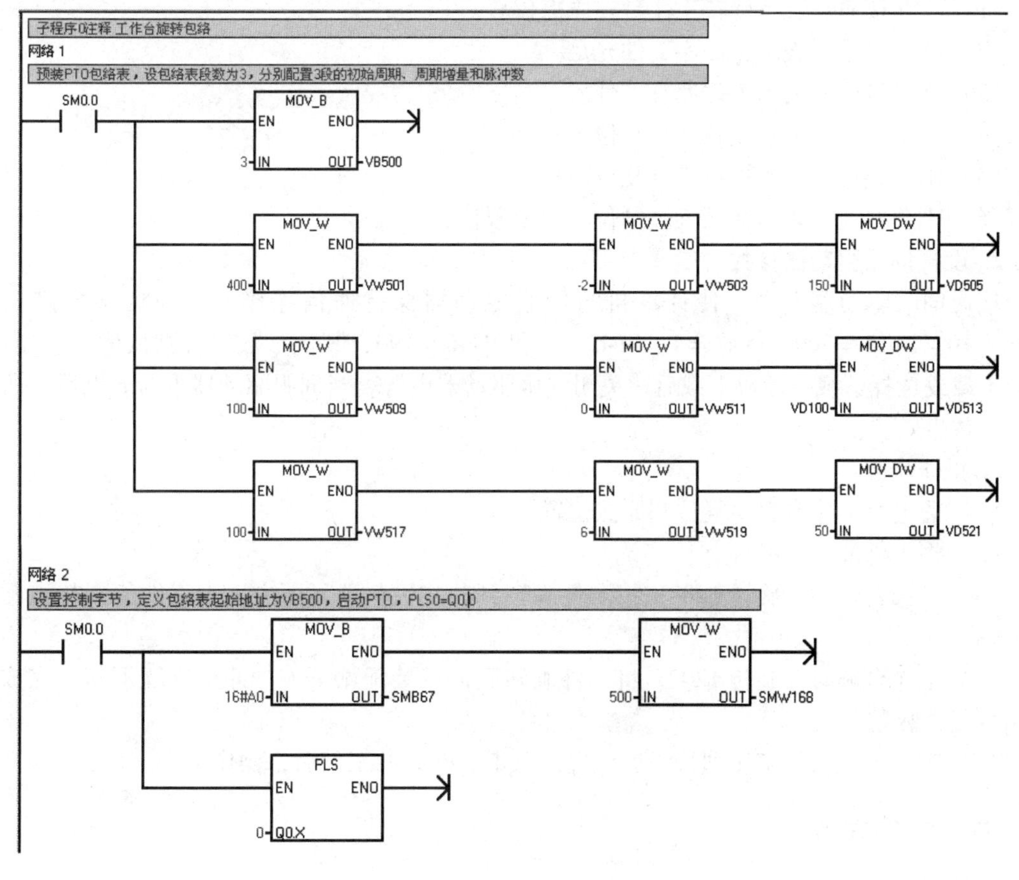

图 4 - 25　装配站 PLC 子程序 0

(3) 停止子程序1如图4-26所示。

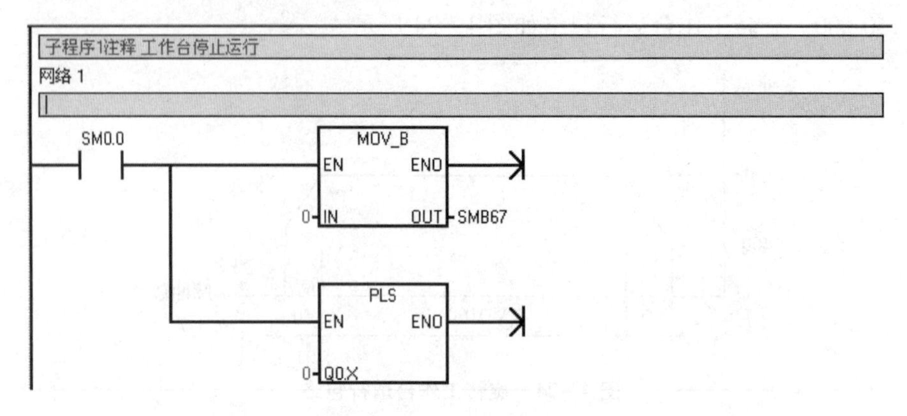

图4-26　停止子程序1

四、运行调试

1. PLC正常开机状态

(1) I0.0接通，表示旋转工作台在原点位置。

(2) I0.1接通，表示工件库工件充足。

(3) I0.2接通，表示工件库有工件。

(4) I0.7接通，表示顶料气缸复位。

(5) I1.0接通，表示挡料气缸复位。

(6) I1.2接通，表示冲压气缸复位，在上限位置。

2. 设置伺服驱动器参数

接通伺服驱动器电源，使计算机与伺服驱动器保持通信连接。分别将参数修改为Pn10=10、Pn11=500、Pn41=1、Pn42=3和Pn46=190，其他参数保持默认值。设置后，进行下载或选择下载。参数下载后，关闭伺服驱动器电源，当伺服驱动器重新通电后，所设置的参数生效。

3. 操作步骤

(1) 通电后工作台自动复位到原点位置。

(2) 将工件放入物料台上。

(3) 工作台顺时针旋转120°，将工件旋转到井式供料单元下方，小工件落到待装配工件上。

(4) 工作台顺时针旋转120°，将工件旋转到冲压装配站下方，冲压气缸下压，完成大小工件紧合装配。

(5) 工作台顺时针旋转到待搬运位置，取走装配好的工件后，操作结束。

五、成绩评价

成绩评价如表4-13所示。

表 4－13　成绩评价

序号	主要内容	考核要求	评分标准	配分	扣分	得分
1	接线	能正确使用工具和仪表，按照电路图正确接线	（1）接线不规范，每处扣5～10分； （2）接线错误，扣20分	30		
2	参数设置	能根据项目要求正确设置伺服驱动器参数；	（1）参数设置不全，每处扣5分； （2）参数设置错误，每处扣5分	30		
3	程序编制与调试	操作调试过程正确	编程错误扣20分	20		
4	安全文明生产	操作安全规范、环境整洁	违反安全文明生产规程，扣5～10分	20		

六、思考练习

（1）装配站共有几个子程序；它们的功能分别是什么？

（2）伺服控制与步进控制的相同点和不同点分别是什么？

（3）伺服驱动器如何实现精确定位？

（4）如何调整伺服电动机的旋转方向？

单元五 分拣站安装与调试

分拣站主要完成已装配工件的分拣，使不同颜色的工件分流到不同的物料槽。入料口反射光电传感器检测到工件后变频器启动，驱动传送带把工件送入分拣区。如果工件为白色，光纤传感器1发出信号，工件被推到1号物料槽中，停止变频器；如果工件为黑色，光纤传感器1未检出，光纤传感器2发出信号，旋转气缸旋转68°，工件被导入2号物料槽中，当物料槽对射光电传感器检测到有工件通过时，停止变频器。图5－1所示为分拣站实物图。

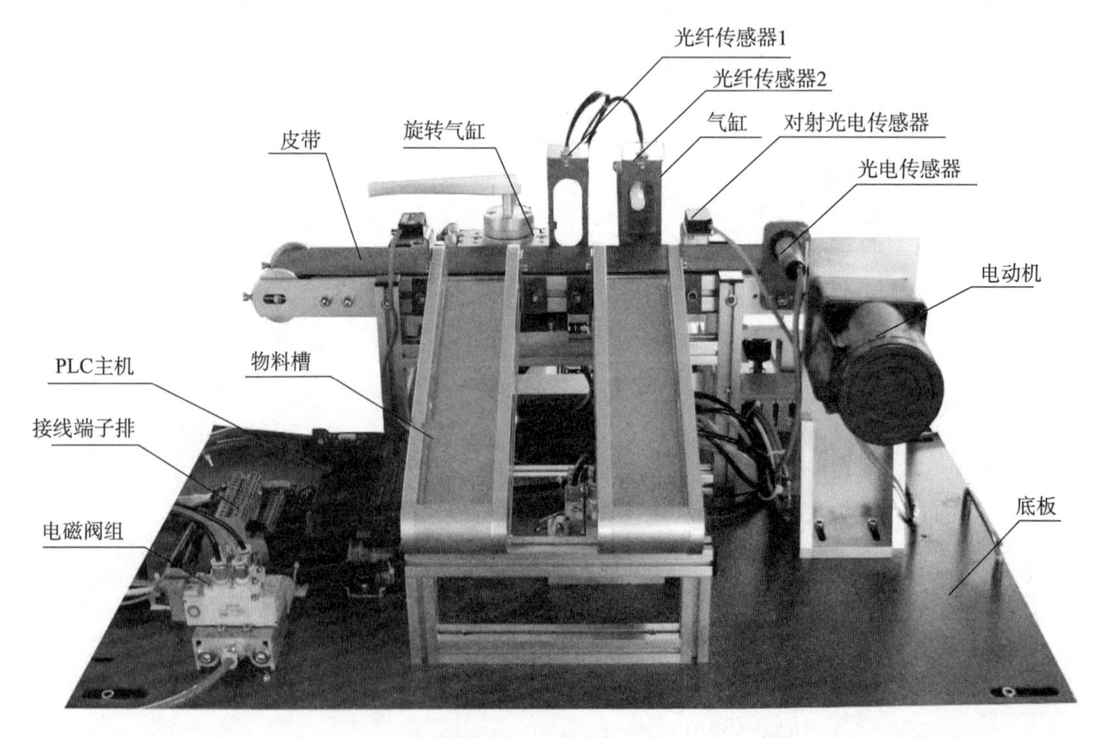

图5－1　分拣站实物图

【基础知识】

知识 5.1　西门子变频器

变频器 MM420 系列是德国西门子公司广泛应用于工业场合的多功能标准变频器。它采用高性能的矢量控制技术，提供低速高转矩输出和良好的动态特性，同时具备超强的过载能力，以满足广泛的应用场合。西门子 MM420 是用于控制三相交流电动机速度的变频器系列。该系列有多种型号，从单相电源电压、额定功率 120 W 到三相电源电压、额定功率 11 kW 可供用户选用。在 THJDAL－3 型自动生产线的分拣站中就使用了西门子 MM420 变频器，用来控制三相交流异步电动机，带动传送带输送工件。

一、西门子变频器 MM420 的结构及端子功能

1. 变频器额定参数

分拣站选用的 MM420 变频器额定参数如下：

（1）电源电压：380～480 V，三相交流；

（2）额定输出功率：0.75 kW；

（3）额定输入电流：2.4 A；

（4）额定输出电流：2.1 A；

（5）操作面板：基本操作板（BOP）。

2. 变频器的结构组成

MM420 变频器由主电路和控制电路构成，其电路方框图如图 5－2 所示。变频器的主电路包括整流电路、储能电路和逆变电路。

（1）整流电路：由二极管构成三相桥式整流电路，将交流电全波整流为直流电。

（2）储能电路：具有储能和平稳直流电压作用。

（3）逆变电路：将直流电逆变成频率可调的三相交流电，驱动电动机工作。

变频器的控制电路主要以单片机微处理器 CPU 为核心构成，控制电路具有设定和显示运行参数、信号检测、系统保护、计算与控制、驱动逆变管等功能。

进行主电路接线时，变频器模块面板上的 L1、L2 插孔接单相电源，接地插孔接保护地线；三个电动机插孔 U、V、W 连接到三相电动机（千万不能接错电源，否则会损坏变频器）。

MM420 变频器模块面板上引出了 MM420 的数字输入点（表 5－1）：DIN1（端子 5）；DIN2（端子 6）；DIN3（端子 7）；内部电源 +24 V（端子 8）；内部电源 0 V（端子 9）。数字输入量端子可连接到 PLC 的输出点（端子 8 接一个输出公共端，例如 2L）。当变频器命令参数 P0700＝2（外部端子控制）时，可由 PLC 控制变频器的启动/停止以及变速运行等。

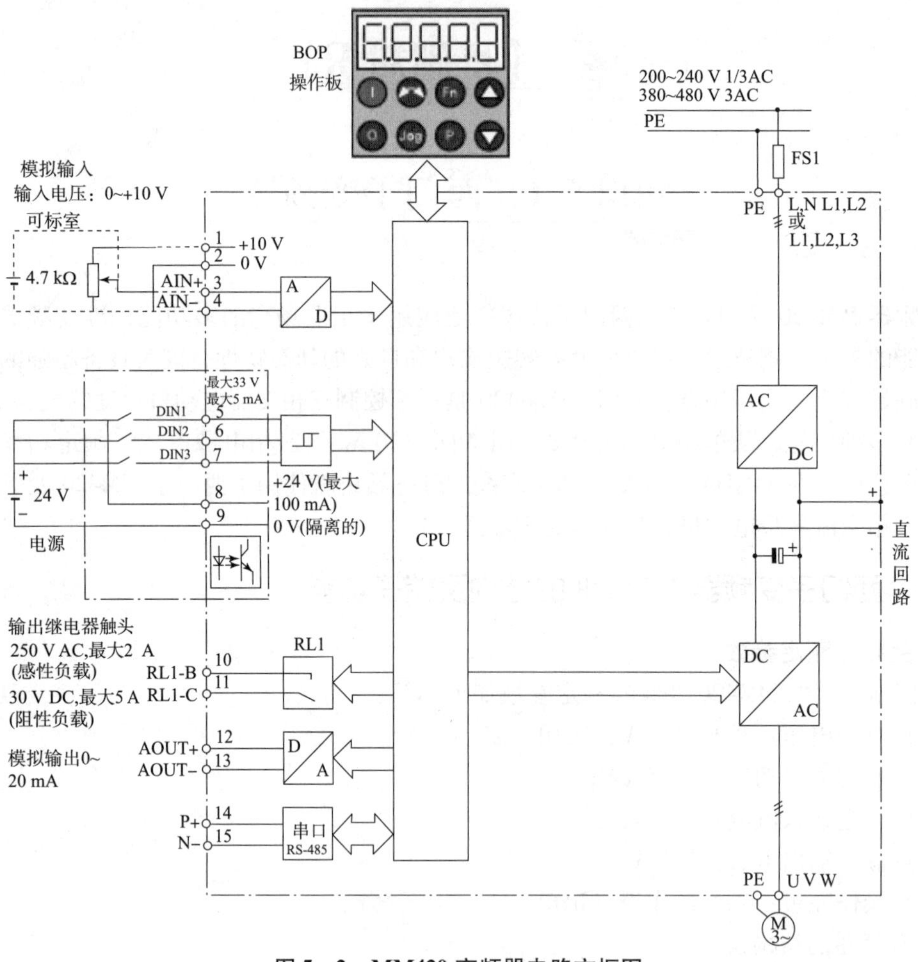

图 5－2　MM420 变频器电路方框图

表 5－1　MM420 变频器端子功能

端子号	标识	功能
1		输出 +10 V
2	–	输出 0 V
3	ADC +	模拟输入（+）
4	ADC –	模拟输入（–）
5	DIN1	数字输入 1
6	DIN2	数字输入 2
7	DIN3	数字输入 3
8		带电位隔离的输出 +24 V/最大，100 mA
9		带电位隔离的输出 0 V/最大，100 mA
10	RL1 – B	数字输出/NO（常开）触头
11	RL1 – C	数字输出/切换触头
12	DAC +	模拟输出（+）
13	DAC –	模拟输出（–）
14	P +	RS485 串行接口
15	N –	RS485 串行接口

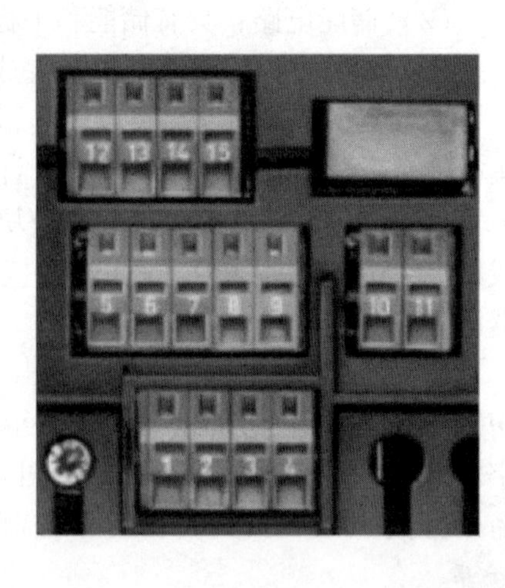

二、西门子变频器 MM420 的 BOP 操作面板

图 5－3 所示为操作面板，其操作面板说明如表 5－2 所示。利用 BOP 可以改变变频器的各个参数。

BOP 具有 7 段显示的五位数字，可以显示参数的序号和数值、报警和故障信息以及设定值和实际值。参数的信息不能用 BOP 存储。

图 5－3　操作面板

表 5－2　西门子变频器 MM420 操作面板说明

显示/按钮	功能	功能的说明
r0000	状态显示	LCD 显示变频器当前的设定值
I	启动变频器	按此键启动变频器，缺省值运行时此键是被封锁的。为了使此键的操作有效，应设定 P0700＝1
0	停止变频器	OFF1：按此键，变频器将按选定的斜坡下降速率减速停车，缺省值运行时此键被封锁；为了允许此键操作，应设定 P0700＝1。 OFF2：按此键两次（或一次，但时间较长），电动机将在惯性作用下自由停车，此功能总是“使能”的
	改变电动机的转动方向	按此键可以改变电动机的转动方向，电动机反向时，用负号表示或用闪烁的小数点表示。缺省值运行时此键是被封锁的，为了使此键的操作有效应设定 P0700＝1
jog	电动机点动	在变频器无输出的情况下按此键，将使电动机启动，并按预设定的点动频率运行。释放此键时，变频器停车。如果变频器/电动机正在运行，按此键将不起作用
Fn	功能	此键用于浏览辅助信息。 变频器运行过程中，在显示任何一个参数时按下此键并保持 2 s 不动，将显示以下参数值（在变频器运行中从任何一个参数开始）： 1. 直流回路电压（用 d 表示，单位：V）； 2. 输出电流 A； 3. 输出频率（Hz）； 4. 输出电压（用 o 表示，单位 V）； 5. 由 P0005 选定的数值［如果 P0005 选择显示上述参数中的任何一个（3，4 或 5），这里将不再显示］

续表

显示/按钮	功能	功能的说明
		连续多次按下此键将轮流显示以上参数。 跳转功能: 在显示任何一个参数（r××××或P××××）时短时间按下此键，将立即跳转到r0000，如果需要的话，可以接着修改其他的参数。跳转到r0000后，按此键将返回原来的显示点
P	访问参数	按此键即可访问参数
▲	增加数值	按此键即可增加面板上显示的参数数值
▼	减少数值	按此键即可减少面板上显示的参数数值

三、西门子变频器 MM420 的参数设置

1. 参数号和参数名称

参数号是指该参数的编号，参数号用0000～9999的4位数字表示。在参数号的前面冠以一个小写字母“r”时，表示该参数是“只读”的参数。其他所有参数号的前面都冠以一个大写字母“P”。这些参数的设定值可以直接在标题栏的“最小值”和“最大值”范围内进行修改。[下标] 表示该参数是一个带下标的参数，并且指定了下标的有效序号。

2. 更改参数的例子

用BOP可以修改和设定系统参数，使变频器具有期望的特性，例如，斜坡时间、最小和最大频率等。选择的参数号和设定的参数值在五位数字的LCD上显示。

更改参数的数值的步骤可大致归纳为：①查找所选定的参数号；②进入参数值访问级，修改参数值；③确认并存储修改好的参数值。

图5-4所示为改变参数P0004数值的步骤。按照图中说明的类似方法，可以用“BOP”设定常用的参数。

参数P0004（参数过滤器）的作用是根据所选定的一组功能，对参数进行过滤（或筛选），并集中对过滤出的一组参数进行访问，从而可以更方便地进行调试。参数P0004的设定值如表5-3所示，缺省的设定值=0。

表5-3　参数P0004的设定值

设定值	所指定参数组意义	设定值	所指定参数组意义
0	全部参数	12	驱动装置的特征
2	变频器参数	13	电动机的控制
3	电动机参数	20	通信
7	命令，二进制I/O	21	报警/警告/监控
8	模-数转换和数-模转换	22	工艺参量控制器（例如PID）
10	设定值通道/RFG（斜坡函数发生器）		

假设参数 P0004 设定值为 0，需要把设定值改变为 7。改变设定数值的步骤如下：

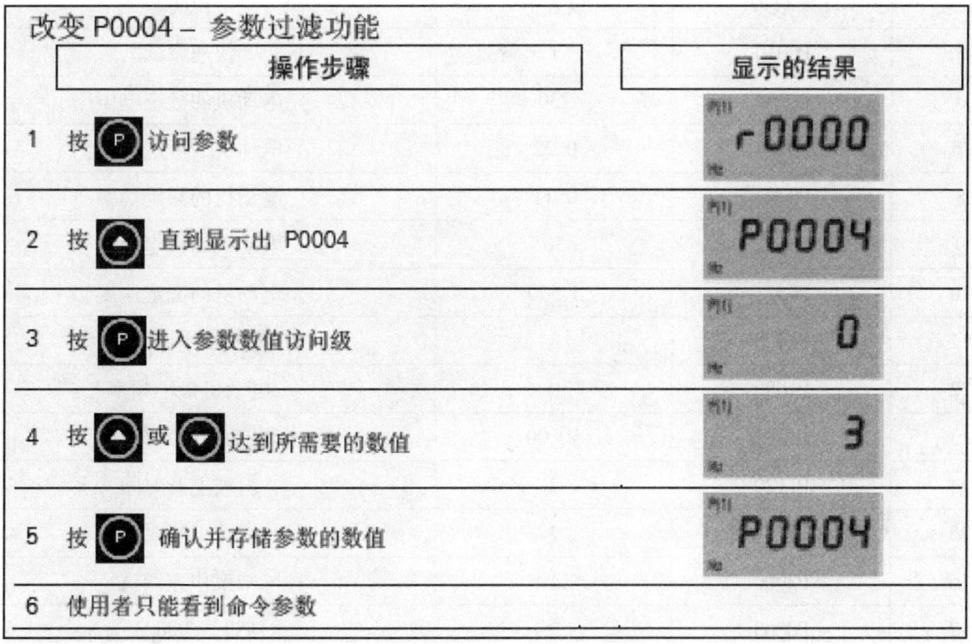

改变 P0004 – 参数过滤功能

操作步骤	显示的结果
1 按 P 访问参数	r0000
2 按 ▲ 直到显示出 P0004	P0004
3 按 P 进入参数数值访问级	0
4 按 ▲ 或 ▼ 达到所需要的数值	3
5 按 P 确认并存储参数的数值	P0004
6 使用者只能看到命令参数	

图 5－4　改变参数 P0004 数值的步骤

在修改参数时经常会遇到改变参数数值的一个数字的情况，为了快速修改参数的数值，可以单独修改显示出的每个数字，在确信已处于某一参数数值的访问级的前提下，操作步骤如下：

（1）按 Fn（功能键），最右边的一个数字闪烁。

（2）按 ▲/▼，修改这位数字的数值。

（3）再按 Fn（功能键），相邻的下一位数字闪烁。

（4）执行 2 至 4 步，直到显示出所要求的数值。

（5）按 P，退出参数数值的访问级。

3. 常用参数的设置

表 5－4 所示为常用的变频器参数设置值，如果设置更多的参数，请参考 MM420 用户手册。

表 5－4　常用的变频器参数设置值

序号	参数号	设置值	说明
1	P0010	30	
2	P0970	1	恢复出厂值
3	P0003	3	
4	P0004	7	

续表

序号	参数号	设置值	说明
5	P0010	1	快速调试
6	P0304	230	电动机的额定电压
7	P0305	0.22	电动机的额定电流
8	P0307	0.11	电动机的额定功率
9	P0310	50	电动机的额定频率
10	P0311	1 500	电动机的额定速度
11	P1000	3	选择频率设定值
12	P1080	0	电动机最小频率
13	P1082	50.00	电动机最大频率
14	P1120	2	斜坡上升时间
15	P1121	2	斜坡下降时间
16	P3900	1	结束快速调试
17	P0003	3	重新设置 P0003 为 3

4. 常用参数设置说明

(1) 参数 P0003 用于定义用户访问参数组的等级，设置范围为 0 ~ 4，其中：

标准级：可以访问最经常使用的参数。

扩展级：允许扩展访问参数的范围，例如变频器的 I/O 功能。

专家级：只供专家使用。

维修级：只供授权的维修人员使用，具有密码保护。

该参数缺省设置为等级 1（标准级），分拣站中预设置为等级 3（专家级），目的是允许用户可访问 1、2 级的参数及参数范围和定义用户参数，并对复杂的功能进行编程。用户可以修改设置值，但建议不要设置为等级 4（维修级）。

(2) 参数 P0010 是调试参数过滤器，对与调试相关的参数进行过滤，只筛选出那些与特定功能组有关的参数。P0010 的可能设定值为：0（准备）、1（快速调试）、2（变频器）、29（下载）、30（工厂的缺省设定值）；缺省设定值为 0。

当选择 P0010 = 1 时，进行快速调试；若选择 P0010 = 30，则进行把所有参数复位为工厂的缺省设定值的操作。应注意的是，在变频器投入运行之前应将本参数复位为 0。

(3) 将变频器复位为工厂的缺省设定值的步骤：

为了把变频器的全部参数复位为工厂的缺省设定值，应按照下面的数值设定参数：①设定 P0010 = 30；②设定 P0970 = 1，这时便开始参数的复位。变频器将自动地把它的所有参数都复位为它们各自的缺省设置值。

如果在参数调试过程中遇到问题，并且希望重新开始调试，实践证明这种复位操作方法是非常有用的。复位为工厂缺省设置值的时间大约要 60 s。

【技能实训】

项目 5.1　变频器的面板操作与运行

一、项目导入

对于变频器的应用，必须首先熟练对变频器的面板操作，以及根据实际应用对变频器的各种功能参数进行设置。利用变频器的操作面板和相关参数设置，即可实现对变频器的某些基本操作，如正反转、点动等运行。

二、项目分析

MM420 在缺省设置时，用 BOP 控制电动机的功能是被禁止的。如果要用 BOP 进行控制，参数 P0700 应设置为 1，参数 P1000 也应设置为 1。用基本操作面板（BOP）可以修改任何一个参数。修改参数的数值时，BOP 有时会显示“busy”，表明变频器正忙于处理优先级更高的项目。下面就以设置 P1000 = 1 的过程为例，来介绍通过基本操作面板（BOP）修改设置参数的流程，如表 5 - 5 所示。

表 5 - 5　基本操作面板（BOP）修改设置参数流程

操作步骤		BOP 显示结果
1	按 P 键，访问参数	r0000
2	按 ▲ 键，直到显示 P1000	P1000
3	按 P 键，直到显示 in000，即 P1000 的第 0 组值	in000
4	按 P 键，显示当前值 2	2
5	按 ▼ 键，达到所要求的值 1	1
6	按 P 键，存储当前设置	P1000
7	按 Fn 键，显示 r0000	r0000
8	按 P 键，显示频率	50.00

三、项目实施

1. 按要求接线

如图 5 - 5 所示，检查电路正确无误后，合上主电源开关 QS。

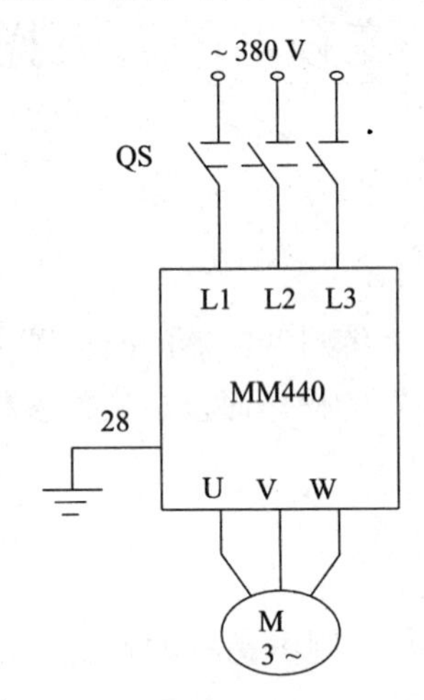

图 5 - 5 变频调速系统电气图

2. 参数设置

（1）设定 P0010 = 30 和 P0970 = 1，按下 P 键，开始复位，完成复位过程至少要 3 min，这样就可保证变频器的参数恢复到工厂默认值。

（2）设置电动机参数，为了使电动机与变频器相匹配，需要设置电动机参数。电动机参数设置如表 5 - 6 所示。电动机参数设定完成后，设 P0010 = 0，变频器当前处于准备状态，可正常运行。

表 5 - 6 电动机参数设置

参数号	出厂值	设置值	说明
P0003	1	1	设定用户访问级为标准级
P0010	0	1	快速调试
P0100	0	0	功率以 kW 表示，频率为 50 Hz
P0304	230	380	电动机额定电压（V）
P0305	3. 25	1. 05	电动机额定电流（A）
P0307	0. 75	0. 37	电动机额定功率（kW）
P0310	50	50	电动机额定频率（Hz）
P0311	0	1 400	电动机额定转速（r/min）

（3）面板基本操作控制参数如表 5 - 7 所示。

表 5－7　面板基本操作控制参数

参数号	出厂值	设置值	说明
P0003	1	1	设用户访问级为标准级
P0010	0	0	正确地进行运行命令的初始化
P0004	0	7	命令和数字 I/O
P0700	2	1	由键盘输入设定值（选择命令源）
P0003	1	1	设用户访问级为标准级
P0004	0	10	设定值通道和斜坡函数发生器
P1000	2	1	由键盘（电动电位计）输入设定值
P1080	0	0	电动机运行的最低频率（Hz）
P1082	50	50	电动机运行的最高频率（Hz）
P0003	1	2	设用户访问级为扩展级
P0004	0	10	设定值通道和斜坡函数发生器
P1040	5	20	设定键盘控制的频率值（Hz）
P1058	5	10	正向点动频率（Hz）
P1059	5	10	反向点动频率（Hz）
P1060	10	5	点动斜坡上升时间（s）
P1061	10	5	点动斜坡下降时间（s）

四、运行调试

（1）变频器启动：在变频器的前操作面板上按运行键 I，变频器将驱动电动机升速，并运行在由 P1040 所设定的 20 Hz 频率对应的 560 r/min 的转速上。

（2）正反转及加减速运行：电动机的转速（运行频率）及旋转方向可直接通过按前操作面板上的键/减少键（▲/▼）来改变。

（3）点动运行：按下变频器前操作面板上的点动键 jog，则变频器驱动电动机升速，并运行在由 P1058 所设置的正向点动 10 Hz 频率值上。当松开变频器前操作面板上的点动键时，变频器将驱动电动机降速至零。这时，如果按下变频器前操作面板上的换向键，再重复上述的点动运行操作，电动机可在变频器的驱动下反向点动运行。

（4）电动机停车：在变频器的前操作面板上按停止键 O，则变频器将驱动电动机降速至零。

五、成绩评价

成绩评价如表 5－8 所示。

表 5-8　成绩评价

序号	主要内容	考核要求	评分标准	配分	扣分	得分
1	接线	能正确使用工具和仪表，按照电路图正确接线	（1）接线不规范，每处扣 5~10分；（2）接线错误，扣 20 分	30		
2	参数设置	能根据项目要求正确设置变频器参数	（1）参数设置不全，每处扣 5 分；（2）参数设置错误，每处扣 5 分	30		
3	操作调试	操作调试过程正确	（1）变频器操作错误，扣 10 分；（2）调试失败，扣 20 分	20		
4	安全文明生产	操作安全规范、环境整洁	违反安全文明生产规程，扣 5~10 分	20		

六、思考练习

（1）怎样利用变频器操作面板对电动机进行预定时间的启动和停止？

（2）怎样设置变频器的最大和最小运行频率？

项目 5.2　变频器的外部运行操作

一、项目导入

变频器在实际使用中，电动机经常要根据各类机械的某种状态而进行正转、反转、点动等运行，变频器的给定频率信号、电动机的启动信号等都是通过变频器控制端子给出，即变频器的外部运行操作，大大提高了生产过程的自动化程度。下面就来学习变频器的外部运行操作相关知识。本项目要求用自锁按钮 SB1 和 SB2，外部线路控制 MM420 变频器的运行，实现电动机正转和反转控制。其中端口“5”（DIN1）设为正转控制，端口“6”（DIN2）设为反转控制，对应的功能分别由 P0701 和 P0702 的参数值设置。

二、项目分析

1. MM420 变频器的数字输入端口

MM420 变频器有 3 个数字输入端口，具体如图 5-6 所示。

2. 数字输入端口功能

MM420 变频器的 3 个数字输入端口（DIN1~DIN3），即端口“5”“6”“7”，每一个数字输入端口功能很多，用户可根据需要进行设置。参数号 P0701~P0703 为与端口数字输入 1 功能至数字输入 3 功能，每一个数字输入功能设置参数值范围均为 0~99，出厂默认值均为 1。以下列出其中几个常用的参数值，各数值的具体含义如表 5-9 所示。

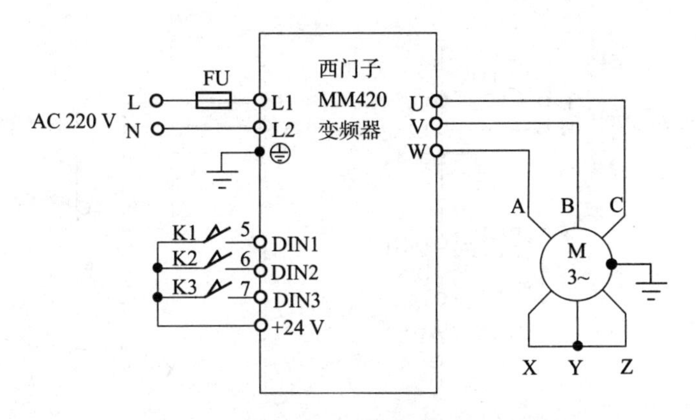

图 5－6　MM420 变频器的数字输入端口

表 5－9　MM420 数字输入端口功能设置表

参数值	功能说明
0	禁止数字输入
1	ON/OFF1（接通正转、停车命令 1）
2	ON/OFF1（接通反转、停车命令 1）
3	OFF2（停车命令 2），按惯性自由停车
4	OFF3（停车命令 3），按斜坡函数曲线快速降速
9	故障确认
10	正向点动
11	反向点动
12	反转
13	MOP（电动电位计）升速（增加频率）
14	MOP 降速（减少频率）
15	固定频率设定值（直接选择）
16	固定频率设定值（直接选择＋ON 命令）
17	固定频率设定值（二进制编码选择＋ON 命令）
25	直流注入制动

三、项目实施

1. 按要求接线

变频器外部运行操作接线图如图 5－7 所示。

2. 参数设置

接通断路器 QS，变频器在通电的情况下完成相关参数设置，具体设置如表 5－10 所示。

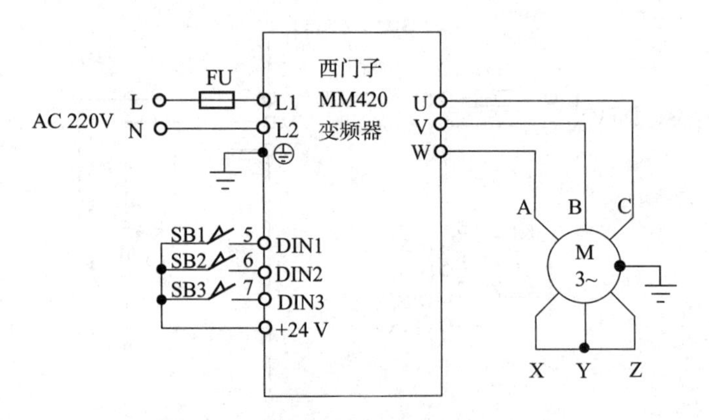

图 5-7　变频器外部运行操作接线图

表 5-10　变频器参数设置

参数号	出厂值	设置值	说明
P0003	1	1	设用户访问级为标准级
P0004	0	7	命令和数字 I/O
P0700	2	2	命令源选择“由端子排输入”
P0003	1	2	设用户访问级为扩展级
P0004	0	7	命令和数字 I/O
* P0701	1	1	ON 接通正转，OFF 停止
* P0702	1	2	ON 接通反转，OFF 停止
* P0703	9	10	正向点动
P0003	1	1	设用户访问级为标准级
P0004	0	10	设定值通道和斜坡函数发生器
P1000	2	1	由键盘（电动电位计）输入设定值
* P1080	0	0	电动机运行的最低频率（Hz）
* P1082	50	50	电动机运行的最高频率（Hz）
* P1120	10	5	斜坡上升时间（s）
* P1121	10	5	斜坡下降时间（s）
P0003	1	2	设用户访问级为扩展级
P0004	0	10	设定值通道和斜坡函数发生器
* P1040	5	20	设定键盘控制的频率值
* P1058	5	10	正向点动频率（Hz）
* P1059	5	10	反向点动频率（Hz）
* P1060	10	5	点动斜坡上升时间（s）
* P1061	10	5	点动斜坡下降时间（s）

四、运行调试

1. 正向运行

当按下带锁按钮 SB1 时，变频器数字端口“5”为 ON，电动机按 P1120 所设置的 5 s 斜坡上升时间正向启动运行，经 5 s 后稳定运行在 560 r/min 的转速上，此转速与 P1040 所设置的 20 Hz 对应。放开按钮 SB1，变频器数字端口“5”为 OFF，电动机按 P1121 所设置的 5 s 斜坡下降时间停止运行。

2. 反向运行

当按下带锁按钮 SB2 时，变频器数字端口“6”为 ON，电动机按 P1120 所设置的 5 s 斜坡上升时间正向启动运行，经 5 s 后稳定运行在 560 r/min 的转速上，此转速与 P1040 所设置的 20 Hz 对应。放开按钮 SB2，变频器数字端口“6”为 OFF，电动机按 P1121 所设置的 5 s 斜坡下降时间停止运行。

3. 电动机的点动运行

当按下带锁按钮 SB3 时，变频器数字端口“7”为 ON，电动机按 P1060 所设置的 5 s 点动斜坡上升时间正向启动运行，经 5 s 后稳定运行在 280 r/min 的转速上，此转速与 P1058 所设置的 10 Hz 对应。放开按钮 SB3，变频器数字端口“7”为 OFF，电动机按 P1061 所设置的 5 s 点动斜坡下降时间停止运行。

4. 电动机的速度调节

分别更改 P1040 和 P1058、P1059 的值，按上步操作过程就可以改变电动机正常运行速度和正、反向点动运行速度。

5. 电动机实际转速测定

电动机运行过程中，利用激光测速仪或者转速测试表，可以直接测量电动机实际运行速度，当电动机处在空载、轻载或者重载时，实际运行速度会根据负载的轻重略有变化。

五、成绩评价

成绩评价如表 5-11 所示。

表 5-11 成绩评价

序号	主要内容	考核要求	评分标准	配分	扣分	得分
1	接线	能正确使用工具和仪表，按照电路图正确接线	（1）接线不规范，每处扣 5～10 分； （2）接线错误，扣 20 分	30		
2	参数设置	能根据项目要求正确设置变频器参数	（1）参数设置不全，每处扣 5 分； （2）参数设置错误，每处扣 5 分	30		
3	操作调试	操作调试过程正确	（1）变频器操作错误，扣 10 分； （2）调试失败，扣 20 分	20		
4	安全文明生产	操作安全规范、环境整洁	违反安全文明生产规程，扣 5～10 分	20		

六、思考练习

（1）电动机正转运行控制，要求稳定运行频率为 40 Hz，DIN3 端口设为正转控制。画出变频器外部接线图，并进行参数设置、操作调试。

（2）利用变频器外部端子实现电动机正转、反转和点动的功能，电动机加减速时间为 4 s，点动频率为 10 Hz。DIN5 端口设为正转控制，DIN6 端口设为反转控制，进行参数设置、操作调试。

项目 5.3　变频器的模拟信号操作控制

一、项目导入

MM420 变频器可以通过 3 个数字输入端口对电动机进行正反转运行、正反转点动运行方向控制。可通过基本操作板，按频率调节按键可增加和减少输出频率，从而设置正反向转速的大小，也可以由模拟输入端控制电动机转速的大小。本项目要求用自锁按钮 SB1 控制实现电动机启停功能，由模拟输入端控制电动机转速的大小，其目的就是通过模拟输入端的模拟量控制电动机转速的大小。

二、项目分析

MM420 变频器的“1”“2”输出端为用户的给定单元提供了一个高精度的 +10 V 直流稳压电源。可利用转速调节电位器串联在电路中，调节电位器改变输入端口 AIN1 + 给定的模拟输入电压，变频器的输入量将紧紧跟踪给定量的变化，从而平滑无级地调节电动机转速的大小。

MM420 变频器为用户提供了模拟输入端口，即端口“3”“4”，通过设置 P0701 的参数值，使数字输入“5”端口具有正转控制功能；通过设置 P0702 的参数值，使数字输入“6”端口具有反转控制功能；模拟输入“3”“4”端口外接电位器，通过“3”端口输入大小可调的模拟电压信号，控制电动机转速的大小，即由数字输入端控制电动机转速的方向，由模拟输入端控制转速的大小。

三、项目实施

1. 按要求接线

MM420 变频器模拟信号控制接线如图 5 -8 所示。检查电路正确无误后，合上主电源开关 QS。

2. 参数设置

（1）恢复变频器工厂默认值，设定 P0010 =30 和 P0970 =1，按下 P 键，开始复位。

（2）设置电动机参数，电动机参数设置如表 5 - 12 所示。电动机参数设置完成后，设 P0010 =0，变频器当前处于准备状态，可正常运行。

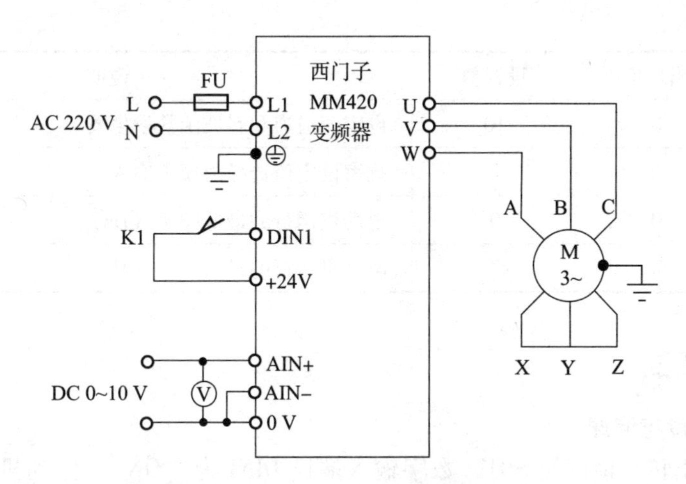

图 5－8　MM420 变频器模拟信号控制接线

表 5－12　电动机参数设置

参数号	出厂值	设置值	说明
P0003	1	1	设用户访问级为标准级
P0010	0	1	快速调试
P0100	0	0	工作地区：功率以 kW 表示，频率为 50 Hz
P0304	230	230	电动机额定电压（V）
P0305	3. 25	0. 9	电动机额定电流（A）
P0307	0. 75	0. 4	电动机额定功率（kW）
P0308	0	0. 8	电动机额定功率（cosϕ）
P0310	50	50	电动机额定频率（Hz）
P03111	0	1 400	电动机额定转速（r/min）

（3）模拟信号操作控制参数设置，如表 5－13 所示。

表 5－13　模拟信号操作控制参数设置

参数号	出厂值	设置值	说明
P0003	1	1	设用户访问级为标准级
P0004	0	7	命令和数字 I/O
P0700	2	2	命令源选择由端子排输入
P0003	1	2	设用户访问级为扩展级
P0004	0	7	命令和数字 I/O
P0701	1	1	ON 接通正转，OFF 停止
P0702	1	2	ON 接通反转，OFF 停止
P0003	1	1	设用户访问级为标准级

续表

参数号	出厂值	设置值	说明
P0004	0	10	设定值通道和斜坡函数发生器
P1000	2	2	频率设定值选择为模拟输入
P1080	0	0	电动机运行的最低频率（Hz）
P1082	50	50	电动机运行的最高频率（Hz）

四、运行调试

1. 电动机正转与调速

按下电动机正转自锁按钮 SB1，数字输入端口 DINI 为“ON”，电动机正转运行，转速由外接电位器 R_{P1} 来控制，模拟电压信号在 0 ~ 10 V 变化，对应变频器的频率在 0 ~ 50 Hz 变化，对应电动机的转速在 0 ~ 1 500 r/min 变化。当松开带锁按钮 SB1 时，电动机停止运转。

2. 电动机反转与调速

按下电动机反转自锁按钮 SB2，数字输入端口 DIN2 为“ON”，电动机反转运行，与电动机正转相同，反转转速的大小仍由外接电位器来调节。当松开带锁按钮 SB2 时，电动机停止运转。

五、成绩评价

成绩评价如表 5－14 所示。

表 5－14　成绩评价

序号	主要内容	考核要求	评分标准	配分	扣分	得分
1	接线	能正确使用工具和仪表，按照电路图正确接线	（1）接线不规范，每处扣 5 ~ 10 分；（2）接线错误，扣 20 分	30		
2	参数设置	能根据项目要求正确设置变频器参数	（1）参数设置不全，每处扣 5 分；（2）参数设置错误，每处扣 5 分	30		
3	操作调试	操作调试过程正确	（1）变频器操作错误，扣 10 分；（2）调试失败，扣 20 分	20		
4	安全文明生产	操作安全规范、环境整洁	违反安全文明生产规程，扣 5 ~ 10 分	20		

六、思考练习

通过模拟输入端口“10”“11”，利用外部接入的电位器，控制电动机转速的大小。连接线路，设置端口功能参数值。

项目 5.4　变频器的多段速运行操作

一、项目导入

由于现场工艺上的要求，很多生产机械在不同的转速下运行。为了方便这种负载，大多数变频器提供了多挡频率控制功能。用户可以通过几个开关的通断组合来选择不同的运行频率，实现不同转速下运行的目的。本项目可以实现 3 段固定频率控制、连接线路、设置功能参数、操作三段固定速度运行等功能。

二、项目分析

多段速功能也称为固定频率，就是设置参数 P1000 = 3 的条件下，用开关量端子选择固定频率的组合，实现电动机多段速度运行，可通过如下三种方法实现。

1. 直接选择（P0701 – P0703 = 15）

在这种操作方式下，一个数字输入选择一个固定频率，端子与参数设置对应如表 5 – 15 所示。

表 5 – 15　端子与参数设置对应

端子编号	对应参数	对应频率设置值	说明
5	P0701	P1001	1. 频率给定源 P1000 必须设置为 3。 2. 当多个选择同时激活时，选定的频率是它们的总和
6	P0702	P1002	
7	P0703	P1003	

2. 直接选择 + ON 命令（P0701 – P0703 = 16）

在这种操作方式下，数字量输入既可以选择固定频率（见表 5 – 15），又具备启动功能。

3. 二进制编码选择 + ON 命令（P0701 – P0703 = 17）

MM420 变频器的 3 个数字输入端口（DIN1 ~ DIN3），通过 P0701 ~ P0703 设置实现多频段控制。每一频段的频率分别由 P1001 ~ P1007 参数设置，最多可实现 7 频段控制，固定频率选择对应如表 5 – 16 所示。在多频段控制中，电动机的转速方向是由 P1001 ~ P1007 参数所设置的频率正负决定的。3 个数字输入端口，哪一个作为电动机运行、停止控制，哪些作为多段频率控制，是可以由用户任意确定的，一旦确定了某一数字输入端口的控制功能，其内部的参数设置值必须与端口的控制功能相对应。

表 5 - 16　固定频率选择对应

频率设定	DIN3	DIN2	DIN1
P1001	0	0	1
P1002	0	1	0
P1003	0	1	1
P1004	1	0	0
P1005	1	0	1
P1006	1	1	0
P1007	1	1	1

三、项目实施

1. 按要求接线

按图 5 - 9 连接电路，检查线路正确后，合上变频器电源空气开关 QS。

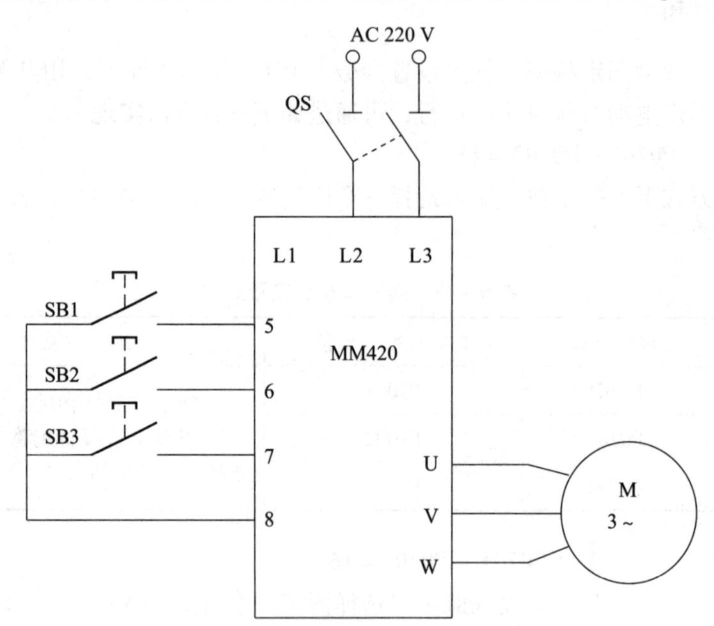

图 5 - 9　三段固定频率控制接线图

2. 参数设置

（1）恢复变频器工厂缺省值，设定 P0010 = 30，P0970 = 1。按下“P”键，变频器开始复位到工厂缺省值。

（2）电动机参数设置，如表 5 - 17 所示。电动机参数设置完成后，设 P0010 = 0，变频器当前处于准备状态，可正常运行。

表 5－17　电动机参数设置

参数号	出厂值	设置值	说明
P0003	1	1	设用户访问级为标准级
P0010	0	1	快速调试
P0100	0	0	工作地区：功率以 kW 表示，频率为 50 Hz
P0304	230	230	电动机额定电压（V）
P0305	3. 25	0. 9	电动机额定电流（A）
P0307	0. 75	0. 4	电动机额定功率（kW）
P0308	0	0. 8	电动机额定功率（$\cos\phi$）
P0310	50	50	电动机额定频率（Hz）
P03111	0	1 400	电动机额定转速（r/min）

（3）设置变频器 3 段固定频率控制参数。

变频器 3 段固定频率控制参数设置如表 5－18 所示。

表 5－18　变频器 3 段固定频率控制参数设置

参数号	出厂值	设置值	说明
P0003	1	1	设用户访问级为标准级
P0004	0	7	命令和数字 I/O
P0700	2	2	命令源选择由端子排输入
P0003	1	2	设用户访问级为拓展级
P0004	0	7	命令和数字 I/O
P0701	1	17	选择固定频率
P0702	1	17	选择固定频率
P0703	1	1	ON 接通正转，OFF 停止
P0003	1	1	设用户访问级为标准级
P0004	2	10	设定值通道和斜坡函数发生器
P1000	2	3	选择固定频率设定值
P0003	1	2	设用户访问级为拓展级
P0004	0	10	设定值通道和斜坡函数发生器
P1001	0	20	选择固定频率 1（Hz）
P1002	5	30	选择固定频率 2（Hz）
P1003	10	50	选择固定频率 3（Hz）

四、运行调试

当按下 SB1 时，数字输入端口“7”为“ON”，允许电动机运行。

（1）第1频段控制。当SB1按钮开关接通、SB2按钮开关断开时，变频器数字输入端口“5”为“ON”，端口“6”为“OFF”，变频器工作在由 P1001 参数所设定的频率为 20 Hz 的第1频段上。

（2）第2频段控制。当SB1按钮开关断开，SB2按钮开关接通时，变频器数字输入端口“5”为“OFF”，“6”为“ON”，变频器工作在由 P1002 参数所设定的频率为 30 Hz 的第2频段上。

（3）第3频段控制。当按钮 SB1、SB2 都接通时，变频器数字输入端口“5”“6”均为“ON”，变频器工作在由 P1003 参数所设定的频率为 50 Hz 的第3频段上。

（4）电动机停车。当SB1、SB2按钮开关都断开时，变频器数字输入端口“5”“6”均为“OFF”，电动机停止运行。或在电动机正常运行的任何频段，将 SB3 断开使数字输入端口“7”为“OFF”，电动机也能停止运行。

需要注意的是，3个频段的频率值可根据用户要求 P1001、P1002 和 P1003 参数来修改。当电动机需要反向运行时，只要将向对应频段的频率值设定为负就可以实现。

五、成绩评价

成绩评价如表 5－19 所示。

表 5－19　成绩评价

序号	主要内容	考核要求	评分标准	配分	扣分	得分
1	接线	能正确使用工具和仪表，按照电路图正确接线	（1）接线不规范，每处扣5～10分； （2）接线错误，扣20分	30		
2	参数设置	能根据项目要求正确设置变频器参数	（1）参数设置不全，每处扣5分； （2）参数设置错误，每处扣5分	30		
3	操作调试	操作调试过程正确	（1）变频器操作错误，扣10分； （2）调试失败，扣20分	20		
4	安全文明生产	操作安全规范、环境整洁	违反安全文明生产规程，扣5～10分	20		

六、思考练习

用自锁按钮控制变频器实现电动机12段速频率运转。12段速设置分别为：第1段输出频率为5 Hz；第2段输出频率为10 Hz；第3段输出频率为15 Hz；第4段输出频率为－15 Hz；第5段输出频率为－5 Hz；第6段输出频率为－20 Hz；第7段输出频率为25 Hz；第8段输出频率为40 Hz；第9段输出频率为50 Hz；第10段输出频率为30 Hz；第11段输

出频率为 -30 Hz；第12段输出频率为60 Hz。画出变频器外部接线图，写出参数设置。

项目5.5　分拣站安装与调试

一、项目导入

入料口检测到工件后变频器启动，驱动传动电动机把工件带入分拣区。如果工件为白色，则该工件到达1号滑槽，传送带停止，工件被推到1号槽中；如果为黑色，旋转气缸旋转，工件被导入2号滑槽中。当分拣槽对射光电传感器检测到有工件输入时，应向系统发出分拣完成信号。

二、项目分析

1. 分拣站组成及功能

分拣站由传送带、变频器、三相交流减速电动机、旋转气缸、磁性开关、电磁阀、调压过滤器、光电传感器、光纤传感器、支架、机械零部件构成，主要完成来料检测、分类、入库。

（1）PLC主机：控制端子与端子排相连，起程序控制作用。

（2）变频器：用于控制三相交流减速电动机，带动皮带转动。

（3）反射光电传感器：用于检测入料口是否有物料，当入料口有物料时给PLC提供输入信号。

（4）光纤传感器：根据不同颜色材料反射光强度的不同来区分不同的工件。当工件为白色时第一个光纤传感器检测到信号；当工件为黑色时第二个光纤传感器检测到信号。光纤传感器的检测距离可通过光纤放大器的旋钮调节。

（5）对射光电传感器：用于检测工件是否到物料槽，当检测到有物料到达物料槽时给PLC提供信号。

（6）磁性传感器1：用于推料气缸的位置检测，当检测到气缸准确到位后给PLC发出一个到位信号。

（7）磁性传感器2：用于旋转气缸的位置检测，当检测到旋转气缸准确到位后给PLC发出一个到位信号。

（8）电磁阀：推料气缸、旋转气缸均用二位五通的带手控开关的单控电磁阀控制，两个单控电磁阀集中安装在带有消声器的汇流板上。当PLC给电磁阀一个信号时，电磁阀动作，对应气缸动作。

（9）推料气缸：由单控电磁阀控制。当气动电磁阀得电时，气缸伸出，将白色工件推入第一个料槽。

（10）旋转气缸：由单控电磁阀控制。当气动电磁阀得电时，旋转气缸旋转68°，将黑色物料导入第二个物料槽。

2. 主要技术指标

（1）控制电源：直流24 V/2 A。

（2）PLC 主机：CPU222 AC/DC/RLY。

（3）变频器：MM420。

（4）三相交流减速电动机：80YS25GY38X；380 V/25 W/0.18 A/1 300 r/min；减速器：80GK10HF3981：100。

（5）反射光电传感器：SB03－1K。

（6）对射光电传感器：WS100－D1032。

（7）磁性传感器 1：D－C73L。

（8）磁性传感器 2：D－A93。

（9）电磁阀：SY5120。

（10）顶料气缸：CDJ2B16－60。

（11）旋转气缸：MSQB10A。

三、项目实施

1. 分拣站的气路设计与连线

气动控制系统是分拣站的执行机构，其气动控制回路如图 5－10 所示。1B1 为安装在推料气缸伸出极限工作位置的磁性传感器，2B1、2B2 为安装在旋转气缸的两个极限工作位置的磁性传感器。1Y1、2Y1 为控制气缸的电磁阀。调整旋转气缸节流阀下方的两个螺杆，可以调节摆臂的旋转角度。

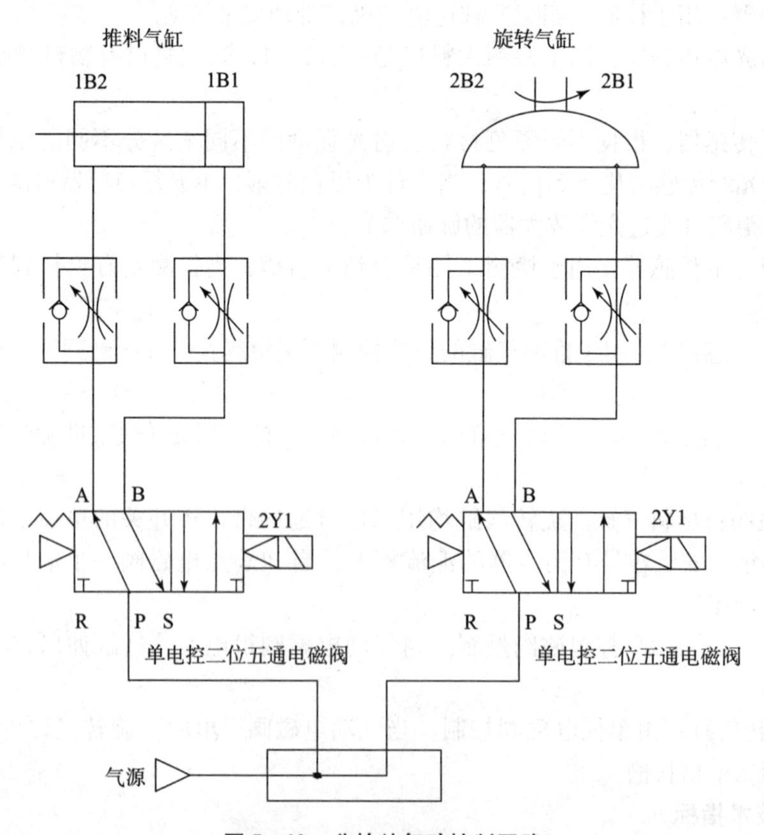

图 5－10　分拣站气动控制回路

2. 分拣站的电路设计与连线

接线端口采用双层接线端子排，用于连接 PLC 输入输出端口与各传感器和电磁阀。其中下排 1～3 和上排 1～3 号端子短接经过带保险的端子与 +24 V 相连，上排 4～16 号端子短接与 0 V 相连。如图 5－11 和图 5－12 所示，分别为分拣站 PLC 控制电路图和分拣站的端子接线图。

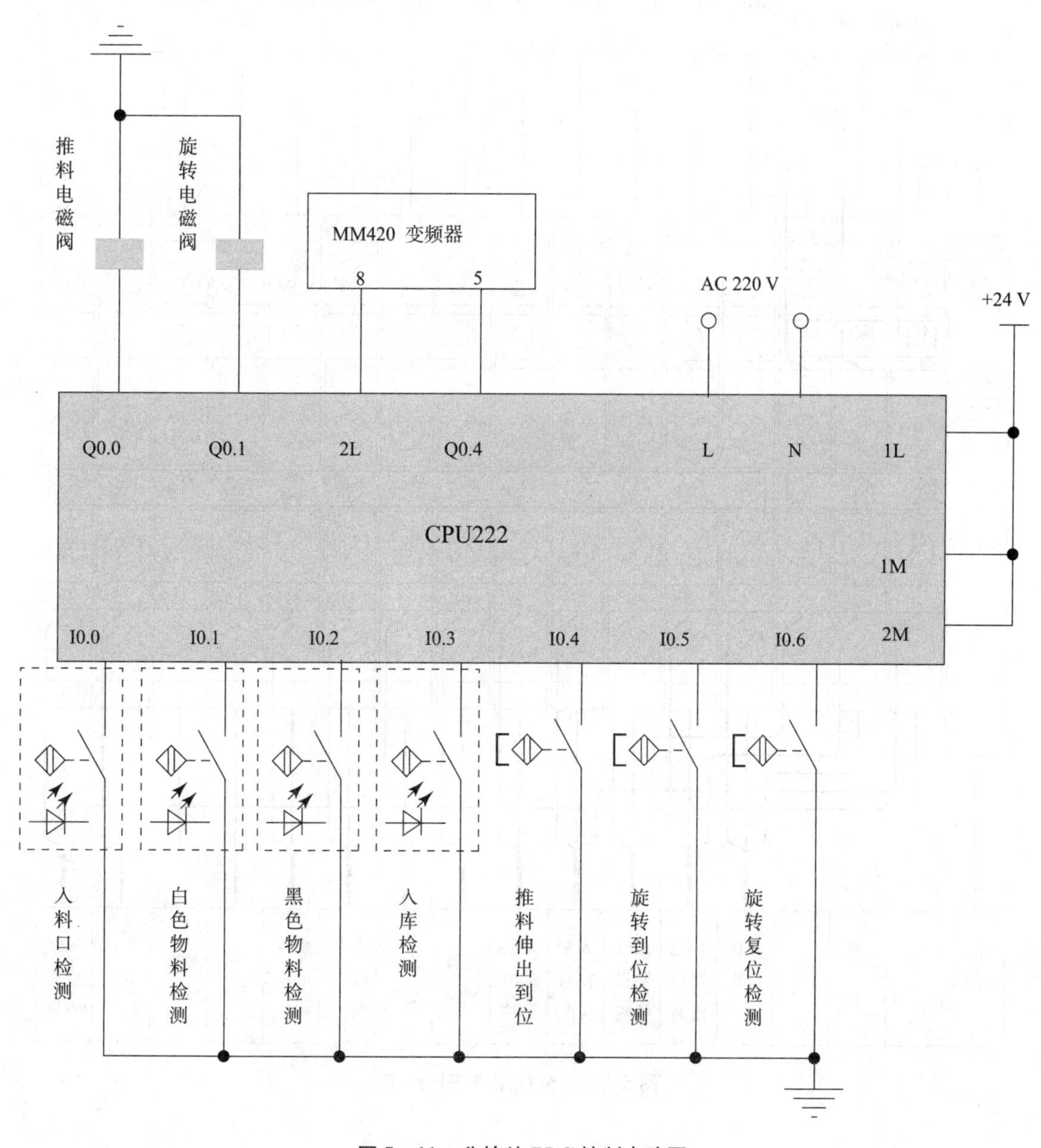

图 5－11　分拣站 PLC 控制电路图

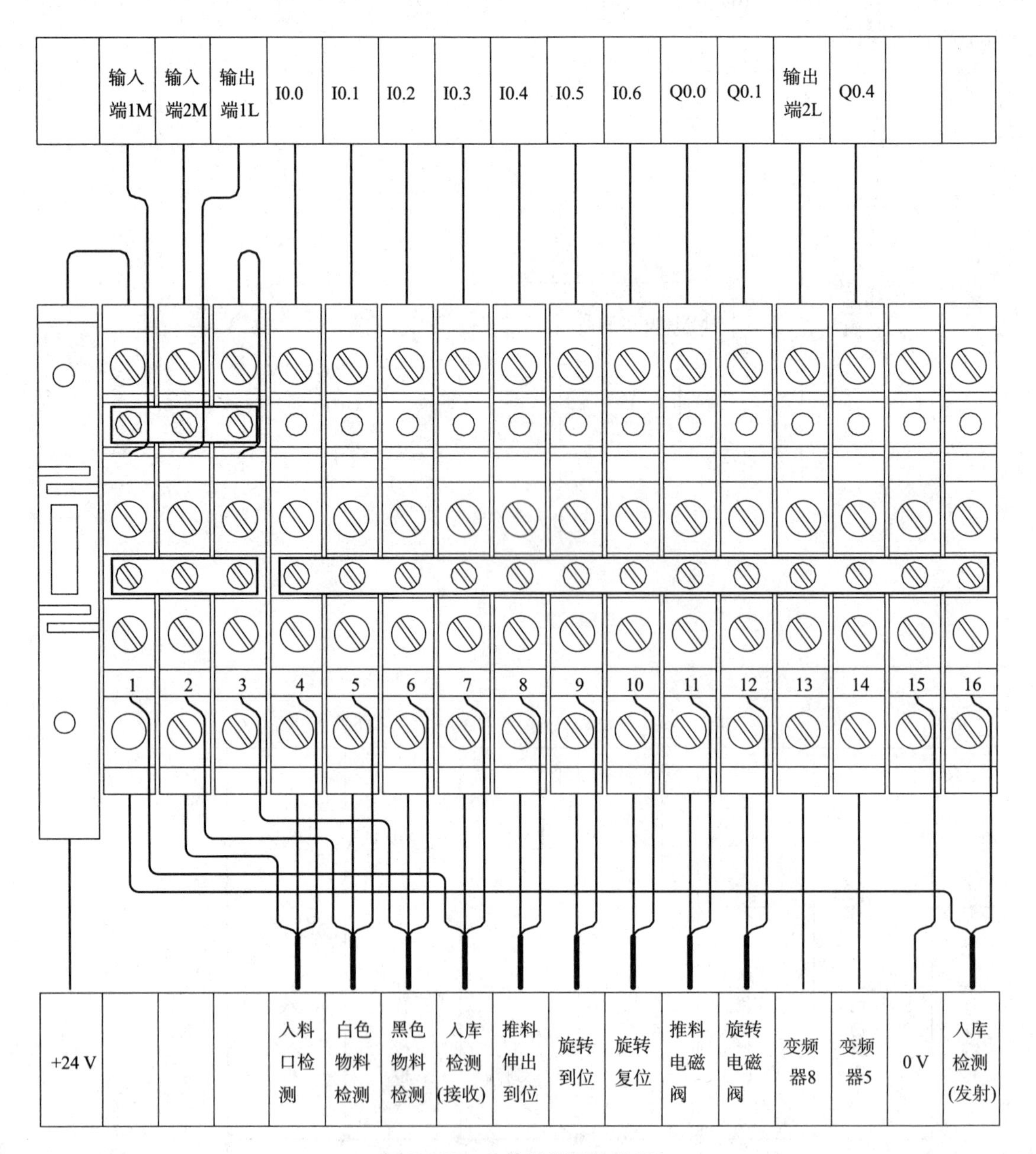

图 5－12　分拣站端子接线图

接线说明：

（1）光电传感器引出线：棕色接“+24 V”电源，蓝色接“0 V”，黑色接 PLC 输入。

（2）磁性传感器引出线：蓝色接“0 V”，棕色接 PLC 输入。

（3）电磁阀引出线：黑色接“0 V”，红色接 PLC 输出。

（4）端子排左侧保险管座内安装 2 A 保险管，向上扳开保险管盖，可切断 +24 V 电源。

3. 硬件接线

按照图 5－13 进行接线，PLC 输出公共端 2L 接变频器的 8 脚（+24 V），PLC 输出端 Q0.4 接变频器的 5 脚（DIN1），检查无误后接通电源。

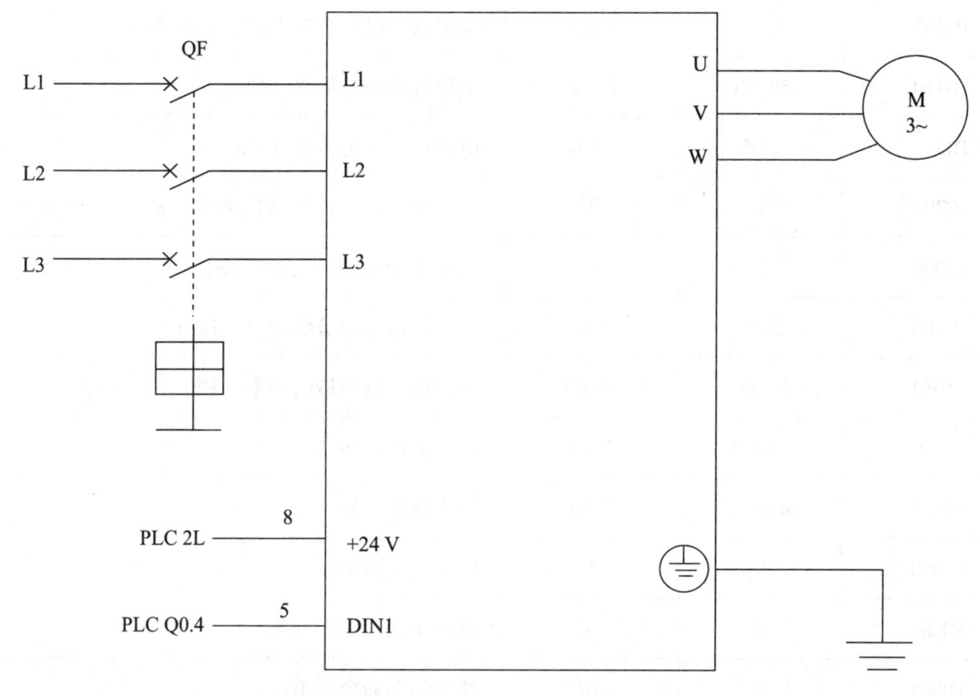

图 5－13　分拣站变频器接线图

4. 变频器参数设置（见表 5－20）

表 5－20　西门子变频器 MM420 分拣站参数设置

参数号	出厂值	设置值	说明
P0010	0	30	调出厂设置参数，准备复位
P0970	0	1	恢复出厂值（恢复时间大约 60 s）：参数复位（变频器先停车）
P0003	1	3	用户访问级为专家级
P0004	0	0	访问全部参数

续表

参数号	出厂值	设置值	说明
P0010	0	1	启动快速调试
P0100	0	0	选择工频 50 Hz
P0304	400	380	根据铭牌设定电动机额定电压（V）
P0305	1.90	0.18	根据铭牌设定电动机额定电流（A）
P0307	0.75	0.03	根据铭牌设定电动机额定功率（kW）
P0310	50.00	50.00	电动机的额定频率（Hz）
P0311	1395	1300	电动机的额定速度（r/min）
P0700	2	2	命令源选择“由外部数字端子输入”
P1000	2	1	选择 BOP 面板设定的频率值
P1080	0.00	0.00	电动机运行的最低频率（Hz）
P1082	50.00	50.00	电动机运行的最高频率（Hz）
P1120	10.00	2.00	启动加速时间（s）
P1121	10.00	2.00	停止减速时间（s）
P3900	0	1	结束快速调试
P0003	1	3	设置访问级为专家级
P0004	0	10	快速访问命令通道
P1040	5.00	30.00	BOP 的频率设定值（Hz）
P0010	0	0	如不启动，检查 P0010 是否为 0

5. PLC 程序（见图 5-14）

本项目的控制共有三个动作过程，这三个动作过程分别是：

（1）当入料口有工件（I0.0）时，启动变频器（Q0.4），传送带带动工件前进；

（2）当工件为白色（I0.1）时，推料气缸推出（Q0.0），工件被推到 1 号物料槽中，当工件被推入料槽（I0.3）时，传送带停止运行；

（3）当工件为黑色（I0.2）时，推料气缸不动作，旋转气缸旋转 68°（Q0.1），工件被导入 2 号物料槽中，当工件被推入料槽（I0.3）时，传送带停止运行。

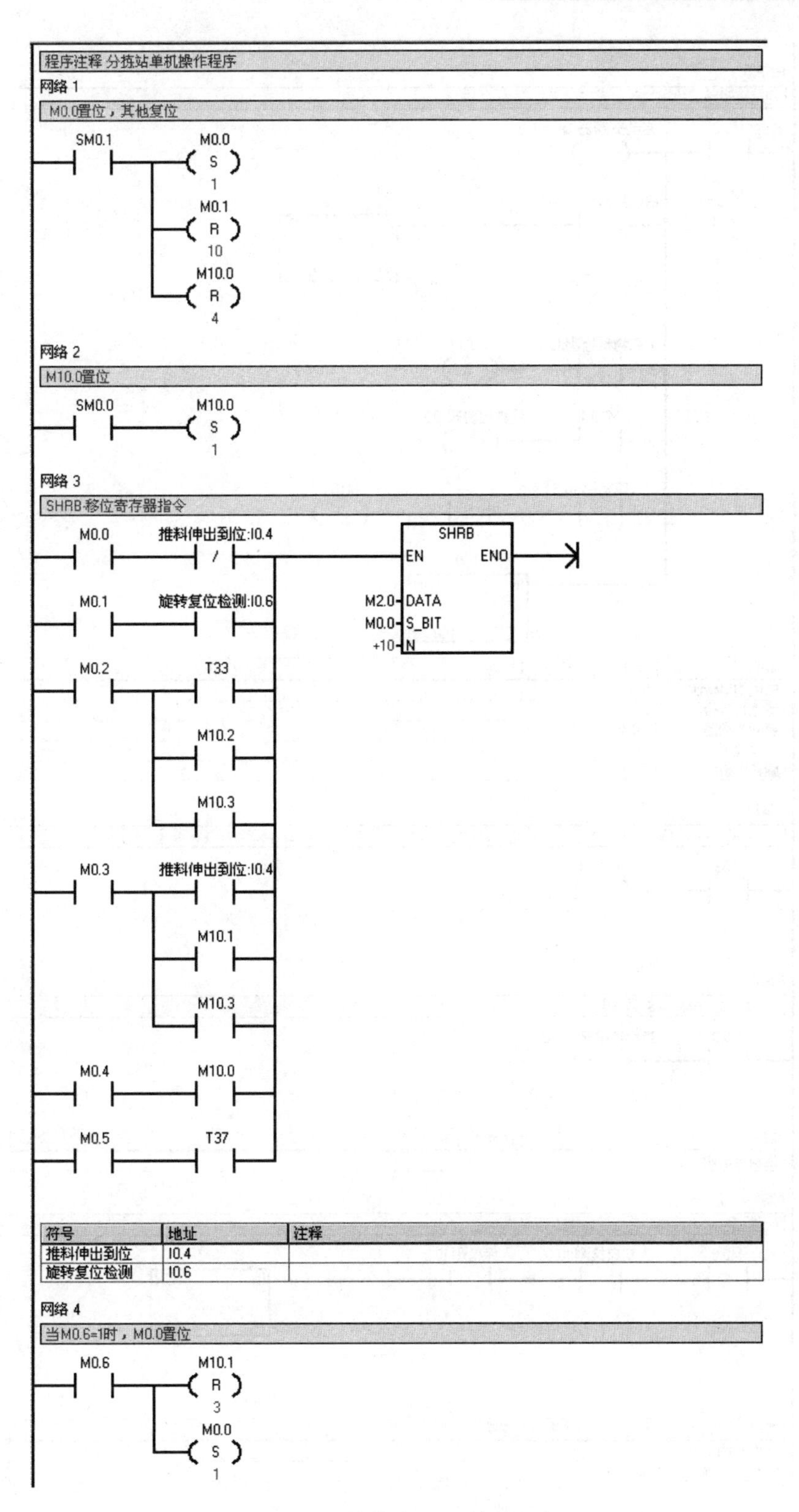

符号	地址	注释
推料伸出到位	I0.4	
旋转复位检测	I0.6	

图 5－14　分拣站 PLC 控制程序

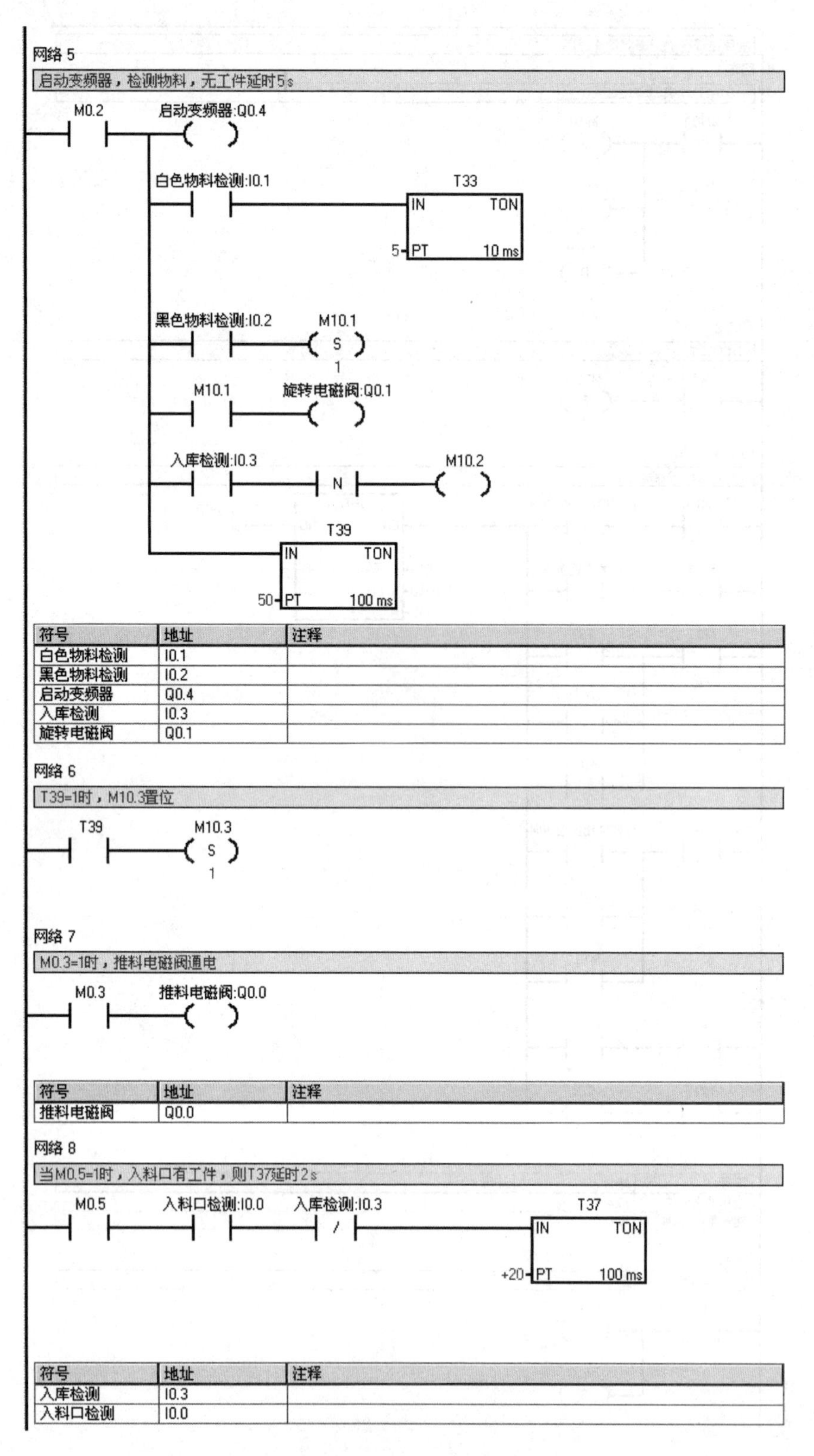

图 5-14　分拣站 PLC 控制程序（续）

四、运行调试

（1）调整光纤放大器灵敏度。

调节灵敏度旋钮进行光纤放大器灵敏度调节。调节时，会看到“入光量显示灯”发光的变化，第一个光纤放大器灵敏度要小些，只能检测出白色工件；第二个光纤放大器灵敏度要大些，能检测出黑色工件。

将工件摆放在传送带上，当白色工件出现在第一个光纤检测头下方时，“动作显示灯”亮，提示检测到工件；当黑色工件出现在第一个光纤检测头下方时，“动作显示灯”不亮，第一个光纤式光电开关调试完成。当黑色工件出现在第二个光纤检测头下方时，“动作显示灯”亮，第二个光纤式光电开关调试完成。

（2）程序编完后，将程序下载到分拣站 PLC 中，然后按照以下步骤进行操作：

①将黑、白工件分别放入传送带入料口。

②变频器启动，传送带带动工件前进。

③白色工件被推入第一个物料槽。

④旋转气缸旋转 68°，摆臂将黑色工件导入第二个物料槽。

五、成绩评价

成绩评价如表 5－21 所示。

表 5－21　成绩评价

序号	主要内容	考核要求	评分标准	配分	扣分	得分
1	接线	能正确使用工具和仪表，按照电路图正确接线	（1）接线不规范，每处扣 5～10 分； （2）接线错误，扣 20 分	30		
2	参数设置	能根据项目要求正确设置变频器参数	（1）参数设置不全，每处扣 5 分； （2）参数设置错误，每处扣 5 分	20		
3	程序编制与调试	操作调试过程正确	（1）变频器操作错误，扣 10 分； （2）编程错误扣 20 分	30		
4	安全文明生产	操作安全规范、环境整洁	违反安全文明生产规程，扣 5～10 分	20		

六、思考练习

（1）如何根据黑、白工件调整两个光纤放大器的灵敏度？

（2）通电并下载程序后传送带不动的原因及故障检修。

（3）白色工件被推料气缸打飞的原因及故障检修。

单元六 搬运站安装与调试

搬运站主要完成向各个工作站的物料台输送工件，开机时机械手自动返回原点位置。按钮启动后，供料站物料台有工件时，搬运机械手伸出，将工件搬运到加工站物料台上，等加工站加工完毕后，再将工件送到装配站完成大、小工件的紧合装配，装配完成后将成品送到分拣站分拣入库，最后机械手返回原点位置，完成一个工作周期。图 6－1 所示为搬运站实物图。

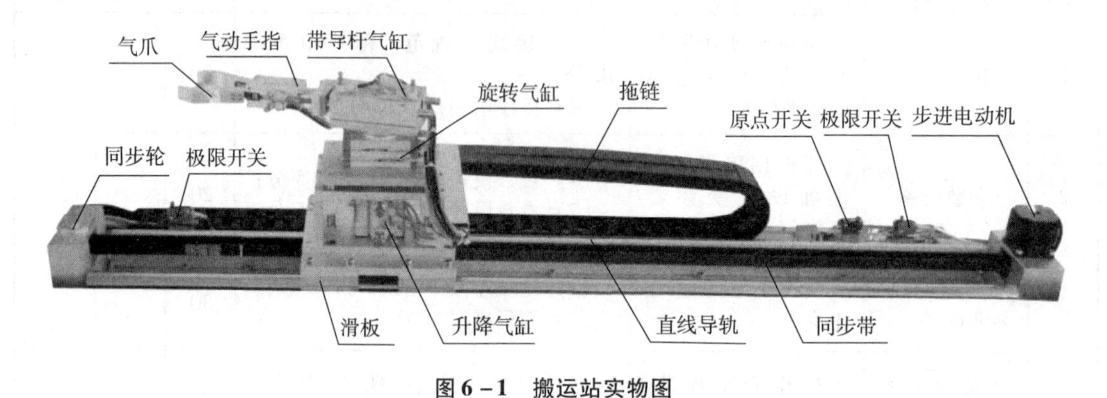

图 6－1　搬运站实物图

【基础知识】

知识 6.1　应用位置指令向导建立包络子程序

应用位置指令向导可以配置多段 PTO 包络，也可以将包络配置成单一速度连续输出。

1. 打开位置控制向导

运行编程软件 STEP7 - Micro/WIN V4.0 后，在主界面中单击菜单栏中的“工具”→“位置控制向导”选项，如图 6 - 2 所示。

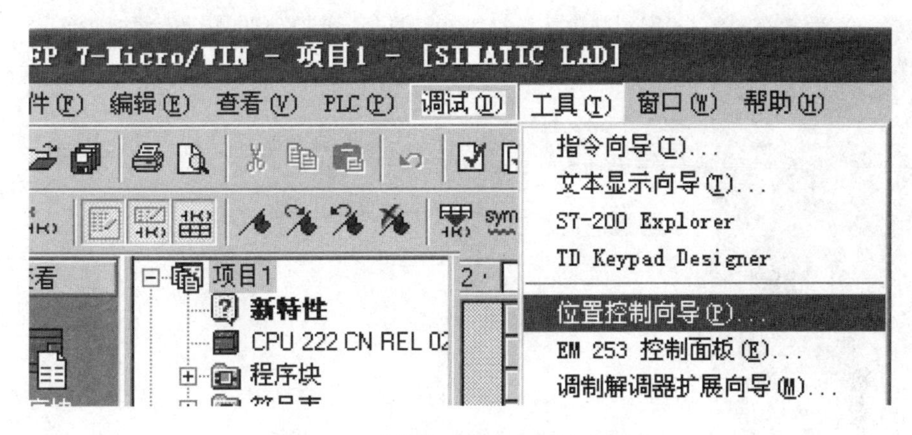

图 6 - 2　应用位置指令向导建立包络

2. 选择配置 PTO 操作

选中“配置 S7 - 200 PLC 内置 PTO/PWM 操作”复选框，如图 6 - 3 所示。

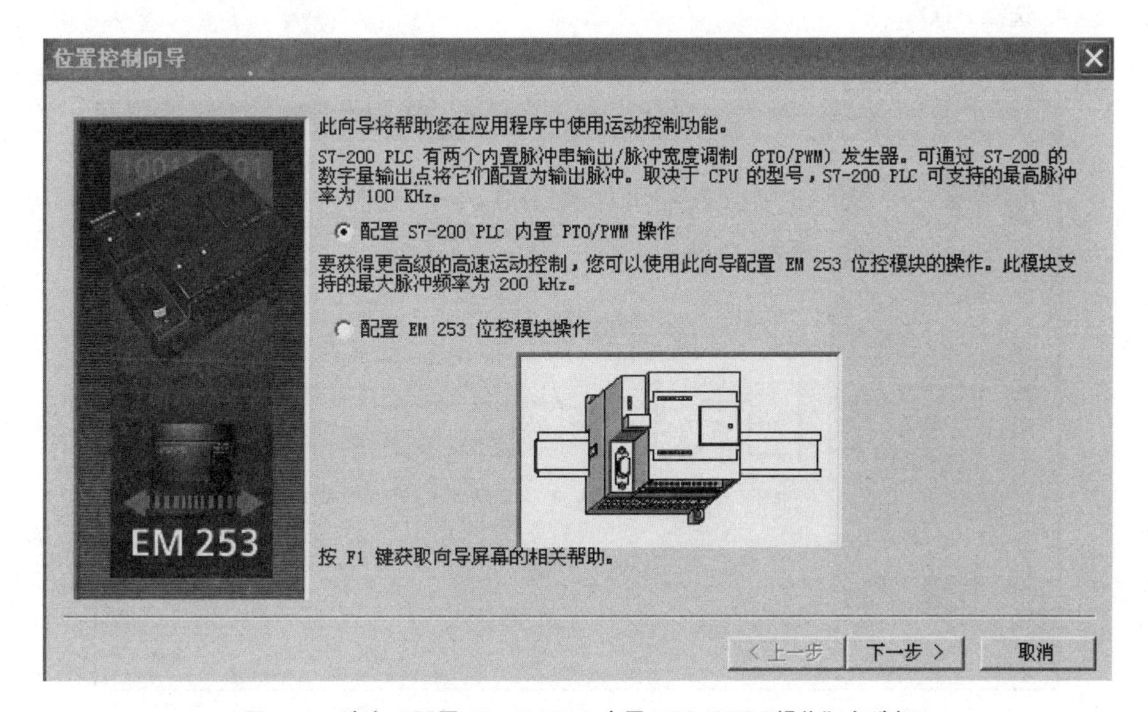

图 6 - 3　选中“配置 S7 - 200PLC 内置 PTO/PWM 操作”复选框

3. 选择脉冲输出端

选择脉冲输出端 Q0.0 选项，如图 6－4 所示。

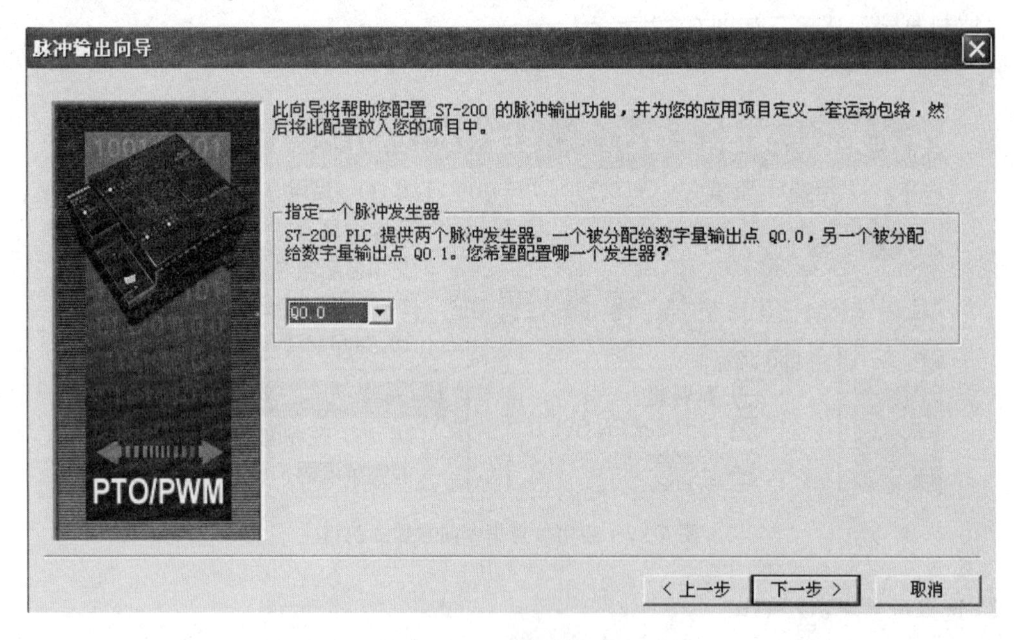

图 6－4　选择脉冲输出端 Q0.0 选项

4. 选择 PTO

选择“线性脉冲串输出（PTO）”选项，如图 6－5 所示。

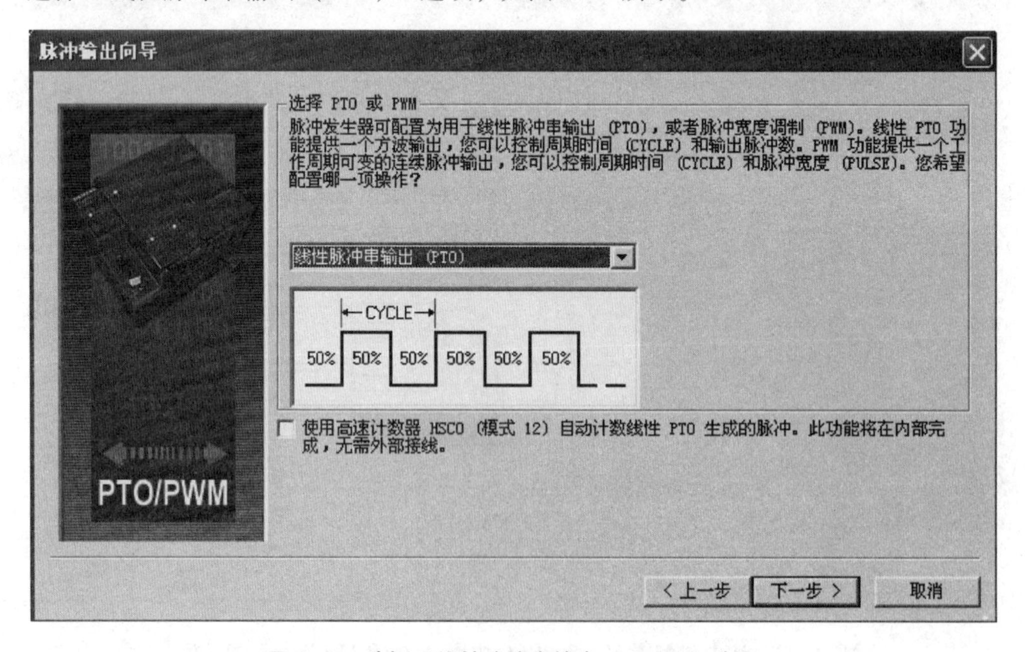

图 6－5　选择“线性脉冲串输出（PTO）”选项

5. 设定电动机最高速度和启动/停止速度

设定电动机最高速度为 90 000 脉冲/s，启动/停止速度为 600 脉冲/s，如图 6－6 所示。

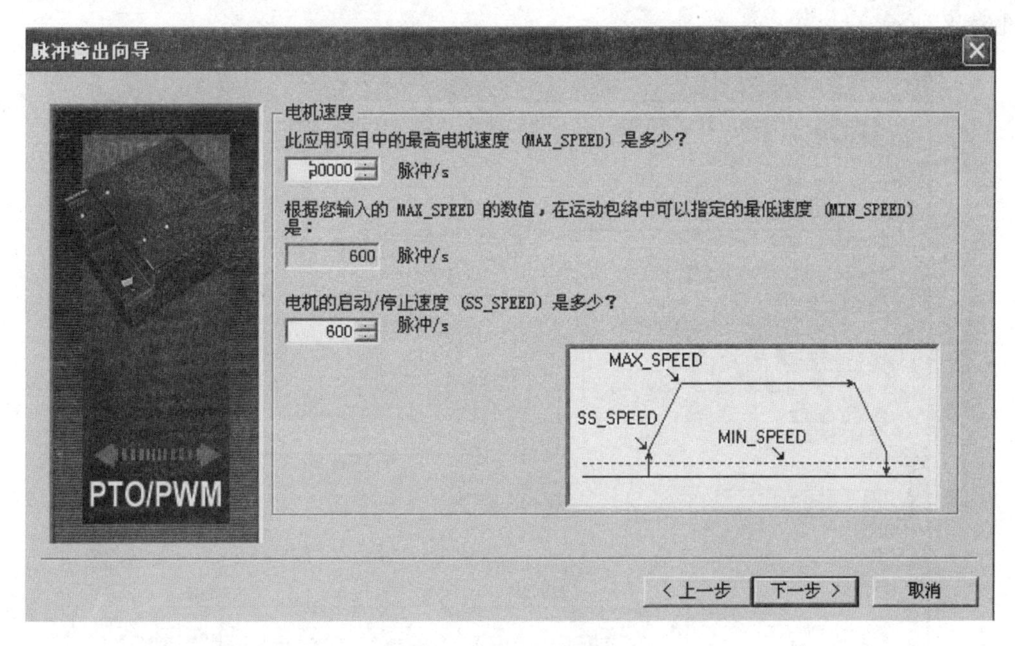

图 6－6　设定电动机速度

6. 设定电动机加速时间和减速时间

设定电动机加速时间为 1 500 ms 和减速时间为 1 500 ms，如图 6－7 所示。

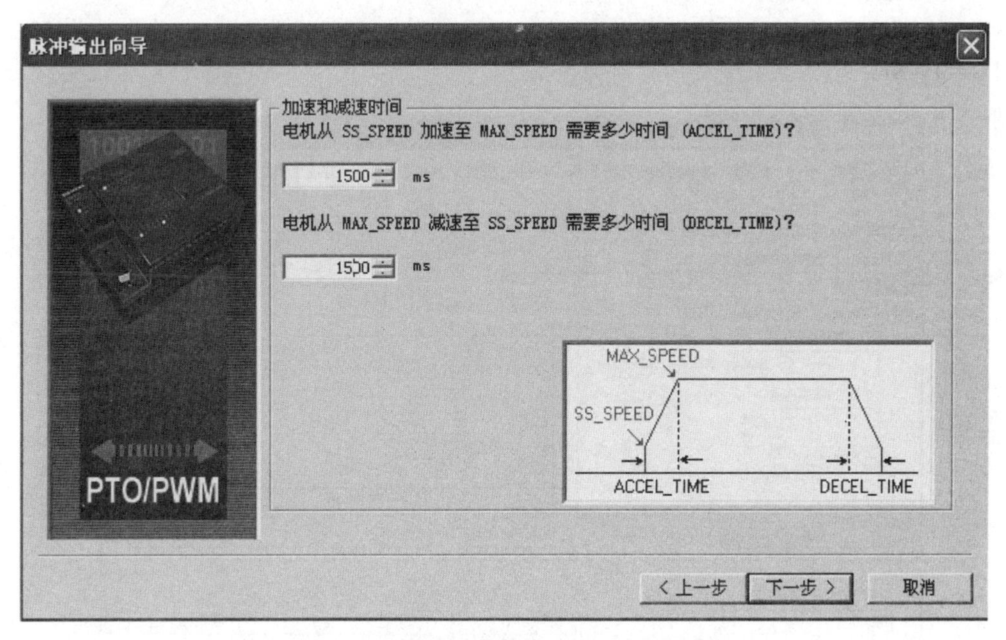

图 6－7　设定电动机加速时间和减速时间

7. 设定包络 0

设定包络 0 为“相对位置”操作模式，目标速度为 40 000 脉冲/s，总步数为 54 000，如图 6－8 所示。

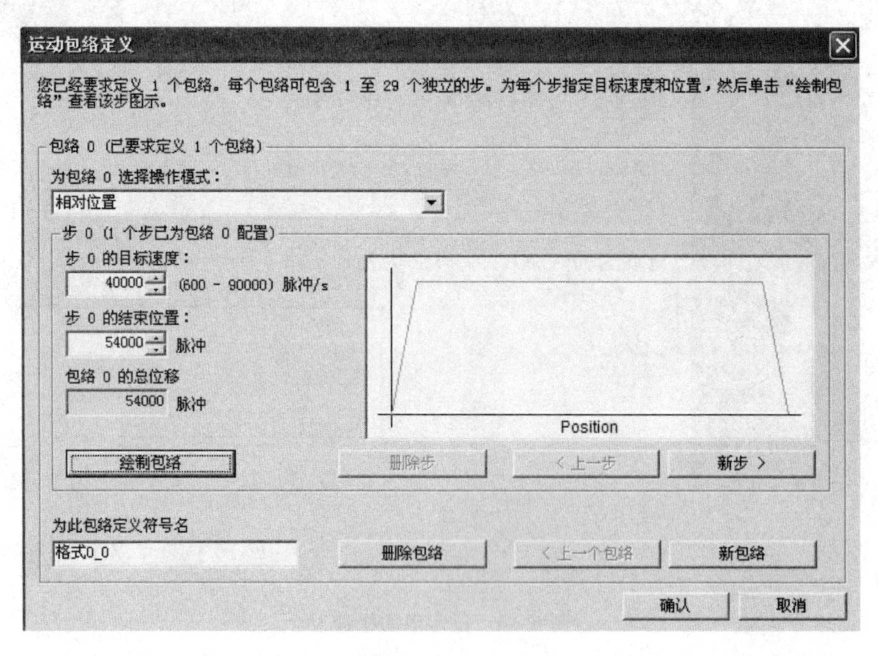

图 6－8　设定包络 0 为“相对位置”操作模式

8. 设定包络 1

设定包络 1 为“相对位置”操作模式，目标速度为 40 000 脉冲/s，总步数为 53 500，如图 6－9 所示。

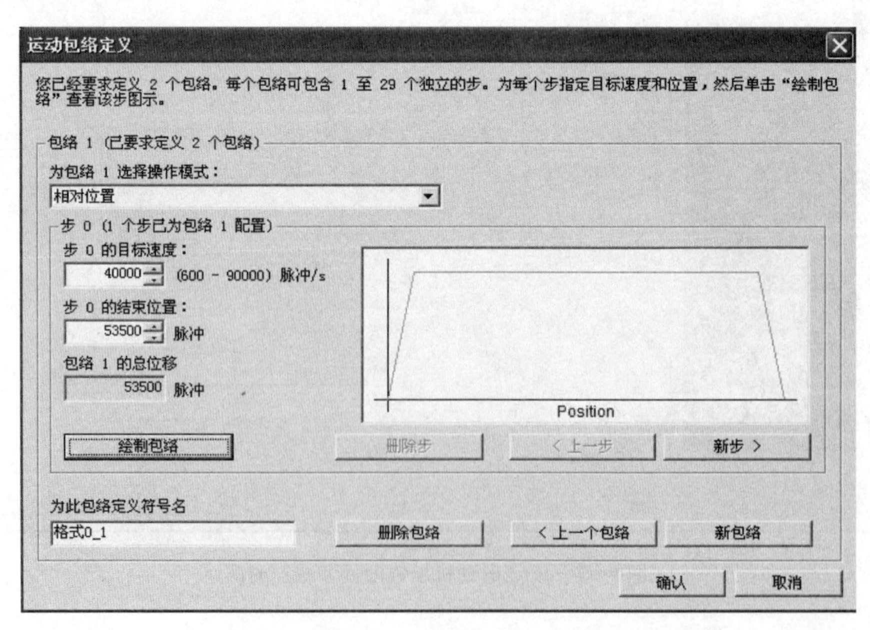

图 6－9　设定包络 1 为“相对位置”操作模式

9. 设定包络 2

设定包络 2 为“相对位置”操作模式，目标速度为 40 000 脉冲/s，总步数为 32 000，如图 6－10 所示。

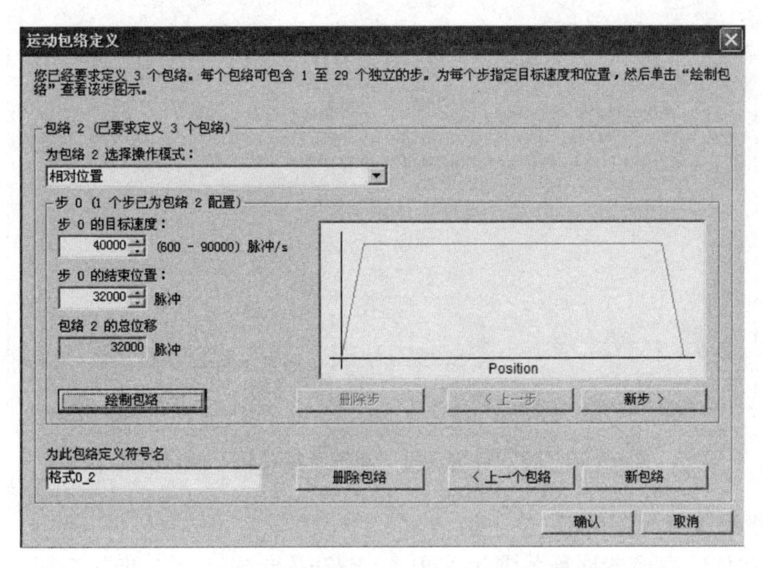

图 6－10　设定包络 2 为“相对位置”操作模式

10. 设定包络 3

设定包络 3 为“相对位置”操作模式，目标速度为 40 000 脉冲/s，总步数为 130 000，如图 6－11 所示。

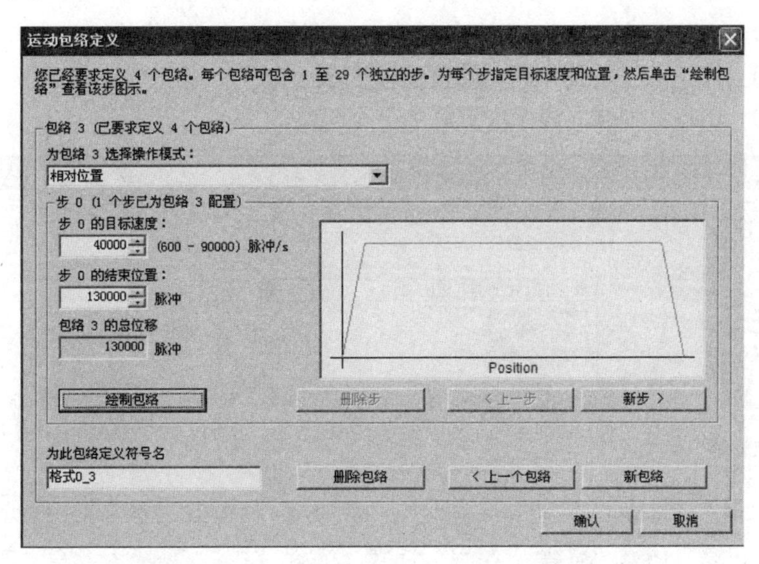

图 6－11　设定包络 3 为“相对位置”操作模式

11. 设定包络 4

设定包络 4 为“单速连续旋转”操作模式，目标速度为 18 000 脉冲/s，如图 6－12 所示。

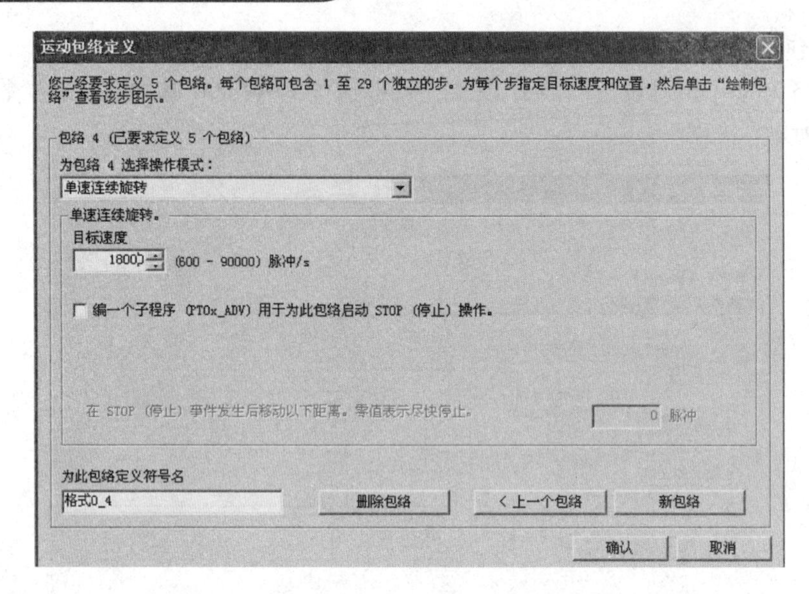

图 6－12　设定包络 4 为“单速连续旋转”操作模式

12. 为包络配置分配存储器

默认程序建议的存储器地址范围为 VB0～VB225，单击“下一步”按钮。

13. 脉冲输出向导配置结束

脉冲输出向导配置完毕，自动产生 3 个包络子程序，分别是“子程序 PTO0_ CTRL”“子程序 PTO0_ MAN”“子程序 PTO0_ RUN”。单击“完成”按钮，结束向导，如图 6－13 所示。

（1）PTO0_ CTRL：控制使能 PTO 的输出，立即停止或减速停止 PTO 的输出。

（2）PTO0_ MAN：手动控制不同速度 PTO 的输出。

（3）PTO0_ RUN：控制向导中配置好的一个包络。

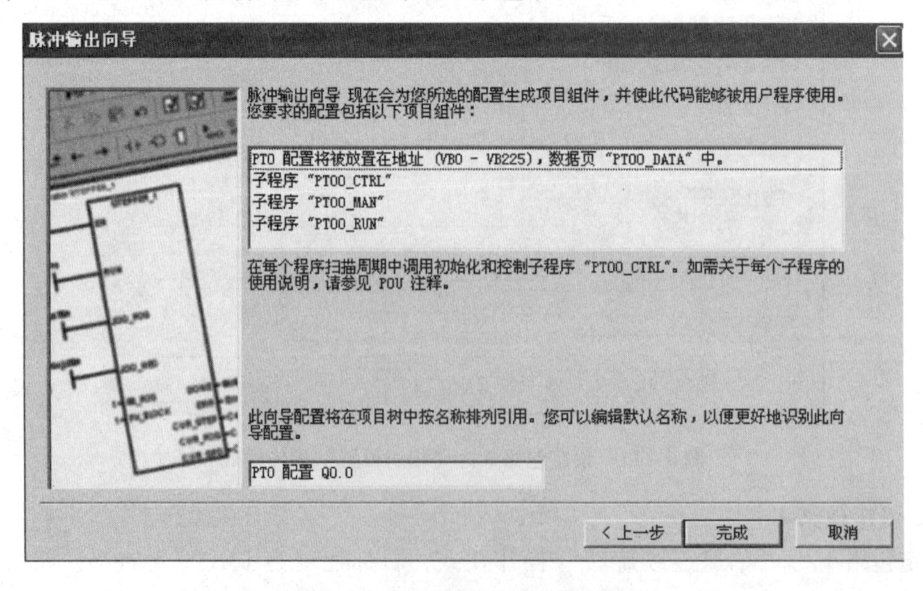

图 6－13　脉冲输出向导配置结束

【技能实训】

项目 6.1　搬运站安装与调试

一、任务导入

该站主要完成向各个工作站输送工件。系统复位先回原点，当到达原点位置后，系统启动，井式供料站物料台有工件时，搬运机械手伸出将工件搬运到切削加工站物料台上，等加工站加工完毕后，再将工件送到三工位装配站完成两种不同工件装配，最后将两种工件成品送到分拣站分拣入库。

二、任务分析

1. 搬运站组成及功能

搬运站主要由 PLC 主机、步进电动机及驱动器、同步轮、直线导轨、机械手、原点位置行程开关和限位行程开关等零部件构成。

（1）PLC 主机：起程序控制作用，控制端子全部接到挂箱面板上。

（2）步进电动机驱动器：用于控制三相步进电动机，控制端子全部接到挂箱面板上。

（3）步进电动机：步进电动机、同步轮、同步带、直线导轨构成机械手传动系统。

（4）磁性传感器 1：用于升降气缸的位置检测，当检测到气缸准确到位后给 PLC 发出到位信号。

（5）磁性传感器 2：用于旋转气缸的位置检测，当检测到气缸准确到位后给 PLC 发出到位信号。

（6）磁性传感器 3：用于导杆气缸的位置检测，当检测到气缸准确到位后给 PLC 发出到位信号。

（7）磁性传感器 4：用于气动手指的位置检测，当检测到气缸准确到位后给 PLC 发出到位信号。

（8）行程开关：其中一个给 PLC 提供原点位置信号；另外两个用于终端限位保护，当机械手运行超程触碰行程开关时，断开步进驱动器控制信号公共端，使步进电动机停止运行。

（9）电磁阀：升降气缸、旋转气缸、导杆气缸用二位五通的带手控开关的单控电磁阀控制；手指夹紧气缸用二位五通的带手控开关的双控电磁阀控制，4 个电磁阀集中安装在带有消声器的汇流板上。当 PLC 给电磁阀一个信号，电磁阀动作，对应气缸动作。

（10）升降气缸：由单控电磁阀控制，当电磁阀得电，气缸伸出，将机械手抬起。

（11）旋转气缸：由单控电磁阀控制，当电磁阀得电，将机械手旋转 90°。如果角度有偏差，可调节气缸节流阀下方的两个螺杆。

（12）导杆气缸：由单控电磁阀控制，当电磁阀得电，将机械手伸出。

（13）手指夹紧气缸：由双控电磁阀控制，当电磁阀一端得电时，手指张开或夹紧。

（14）端子排：用于连接 PLC 输入/输出端口、传感器和电磁阀，以及其他站的电源、电动机接线等。

（15）磁性传感器引出线：蓝色为负，接“0 V”；棕色为正，接 PLC 输入端。

（16）电磁阀引出线：黑色为负，接“0 V”；红色为正，接 PLC 输出端。

2. 主要技术指标

（1）控制电源：直流 24 V/2 A；

（2）PLC 主机：CPU226DC/DC/DC；

（3）步进电动机驱动器：3MD560；

（4）步进电动机：57BYG350CL；

（5）磁性传感器 1：D－A73；

（6）磁性传感器 2：D－A93；

（7）磁性传感器 3：D－Z73；

（8）磁性传感器 4：D－C73；

（9）行程开关：RV－165－1C25；

（10）电磁阀：SY5120；

（11）电磁阀：SY5220；

（12）升降气缸：CDQ2B50－20D；

（13）旋转气缸：MSQB10R；

（14）导杆气缸：MGPM16－75；

（15）手指夹紧气缸：MHC2－20D。

三、任务实施

1. 搬运站的气路设计与连线

图 6－14 所示为搬运站气动控制回路，将所有气缸连接的气管沿拖链敷设，插接到电磁阀组。升降气缸、导杆气缸和旋转气缸使用单电控换向阀，通电时气缸伸出，断电后气缸自动缩回。手指夹紧气缸使用双电控换向阀，由于双电控换向阀具有记忆作用，如果在气缸伸出的途中突然失电，手指夹紧气缸仍将保持原来的状态，可保证夹持工件不会掉下。

2. 搬运站的电路设计与连线

搬运站 PLC 控制电路如图 6－15 所示。

3. 步进电动机及驱动器

1）三相步进电动机驱动器 3ND583 的主要参数

（1）供电电压：直流 18～50 V；

（2）输出相电流：1.5～6.0 A；

（3）控制信号输入电流：AC20 mA；

（4）信号输入/输出方式：光耦合器隔离；

（5）步进脉冲响应频率：0～200 kHz；

（6）8 挡细分；

（7）静止时自动半流功能。

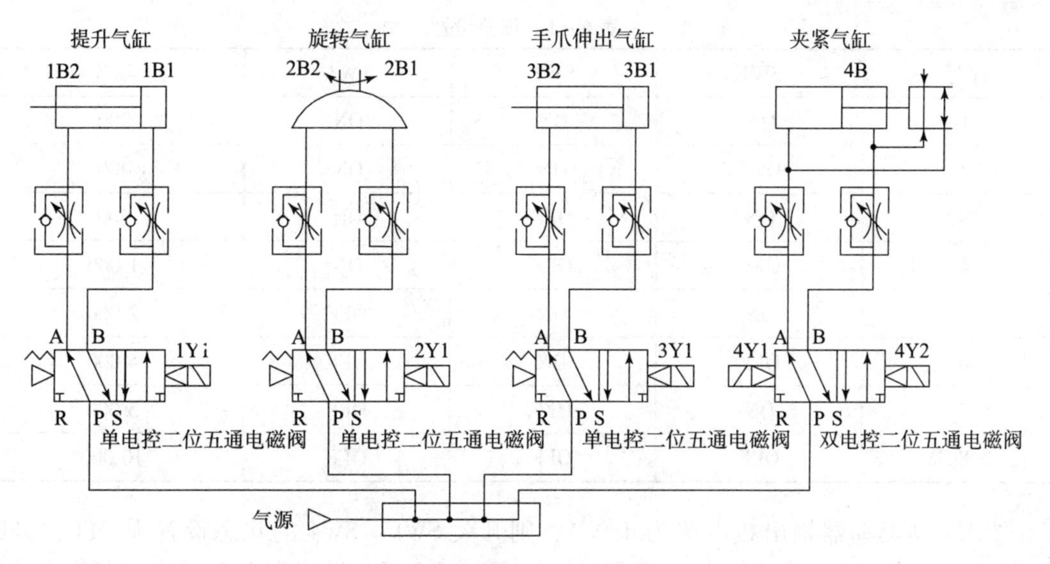

图 6－14　搬运站气动控制回路

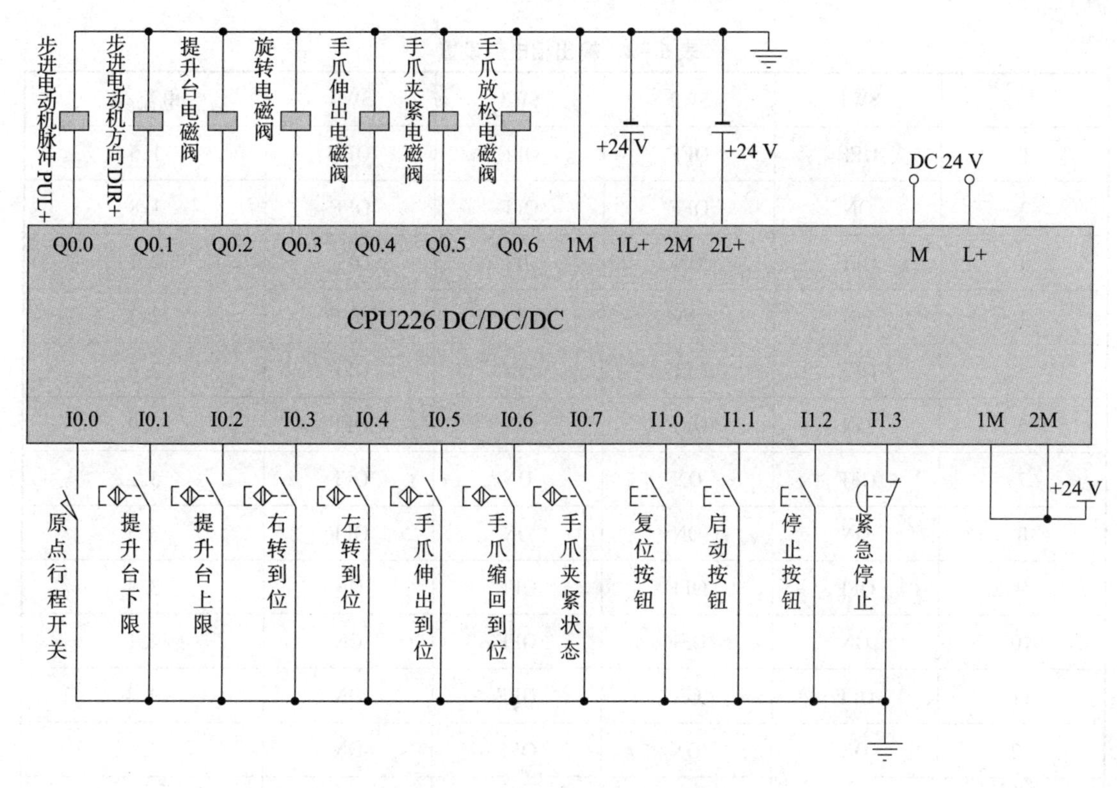

图 6－15　搬运站 PLC 控制电路

2）参数设定

在驱动器的侧面连接端子中间有蓝色的六位 SW 功能设置开关，用于设定电流和细分。要求细分步数为 10 000 步/圈，则开关 SW6 ~ SW8 的状态全部设置为 OFF。细分设置如表 6－1 所示。

表6－1　细分设置

序号	SW1	SW2	SW3	细分
1	ON	ON	ON	200
2	OFF	ON	ON	400
3	ON	OFF	ON	500
4	OFF	OFF	ON	1 000
5	ON	ON	OFF	2 000
6	OFF	ON	OFF	4 000
7	ON	OFF	OFF	5 000
8	OFF	OFF	OFF	10 000

要求步进驱动器输出相电流为4.9 A，则开关SW1～SW4的状态设置为OFF、OFF、ON、ON。输出相电流设置如表6－2所示。注意：SW5通常设置为OFF状态（静态电流半流）。

表6－2　输出相电流设置

序号	SW1	SW2	SW3	SW4	电流/A
1	OFF	OFF	OFF	OFF	1.5
2	ON	OFF	OFF	OFF	1.8
3	OFF	ON	OFF	OFF	2.1
4	ON	ON	OFF	OFF	2.3
5	OFF	OFF	ON	OFF	2.6
6	ON	OFF	ON	OFF	2.9
7	OFF	ON	ON	OFF	3.2
8	ON	ON	ON	OFF	3.5
9	OFF	OFF	OFF	ON	3.8
10	ON	OFF	OFF	ON	4.1
11	OFF	ON	OFF	ON	4.4
12	ON	ON	OFF	ON	4.6
13	OFF	OFF	ON	ON	4.9
14	ON	OFF	ON	ON	5.2
15	OFF	ON	ON	ON	5.5
16	ON	ON	ON	ON	6.0

4. 步进电动机接线图

步进电动机接线图如图 6 – 16 所示。

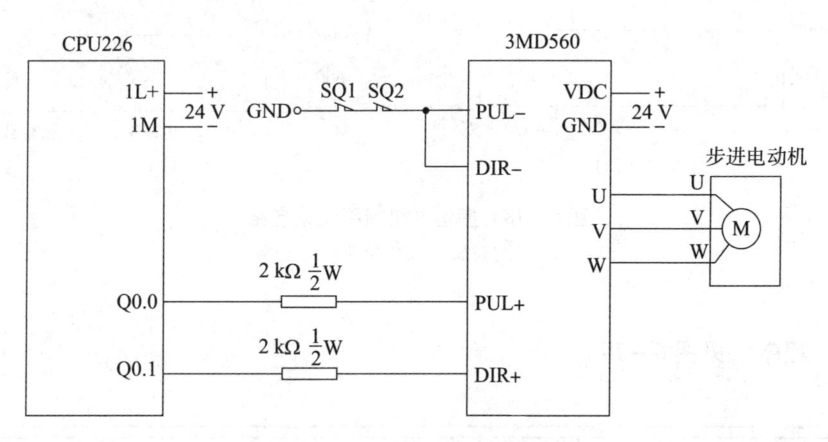

图 6 – 16　步进电动机接线图

5. 设计步进电动机的运动包络

1）脉冲个数

搬运站机械手各站间行走路程如图 6 – 17 所示，机械手前进需要 3 个包络（包络 0 ~ 包络 2），后退需要高速和低速两个包络（包络 3、包络 4）。

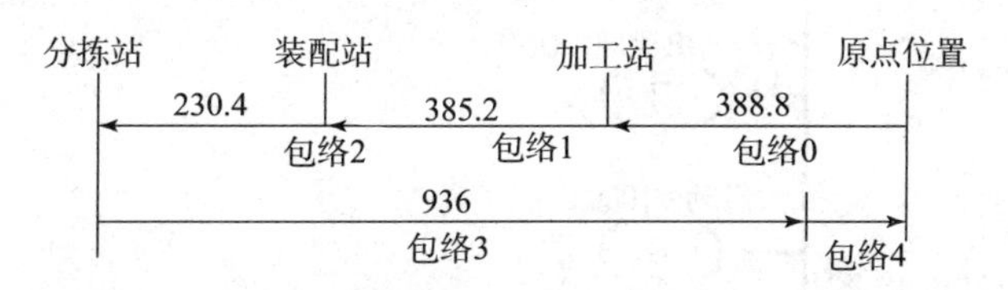

图 6 – 17　搬运站机械手各站间行走路程（单位：mm）

步进电动机同步轮齿距为 3 mm，共 24 个齿，步进电动机每转一圈，机械手移动 72 mm，驱动器细分步数设置为 10 000 步/圈，即每步机械手位移 0. 007 2 mm。

包络 0 脉冲步数：388. 8/0. 007 2 = 54 000；

包络 1 脉冲步数：385. 2/0. 007 2 = 53 500；

包络 2 脉冲步数：230. 4/0. 007 2 = 32 000；

包络 3 脉冲步数：936/0. 007 2 = 130 000；

包络 4 脉冲步数：无限制，直到机械手触碰原点位置行程开关时结束包络。

2）包络线

包络 0 ~ 包络 3 属于“相对位置”模式，启动/停止频率为 600 Hz，运行频率为 40 000 Hz，如图 6 – 18（a）所示；包络 4 属于“单速连续旋转”模式，启动/停止频率为 600 Hz，运行频率为 18 000 Hz，如图 6 – 18（b）所示。

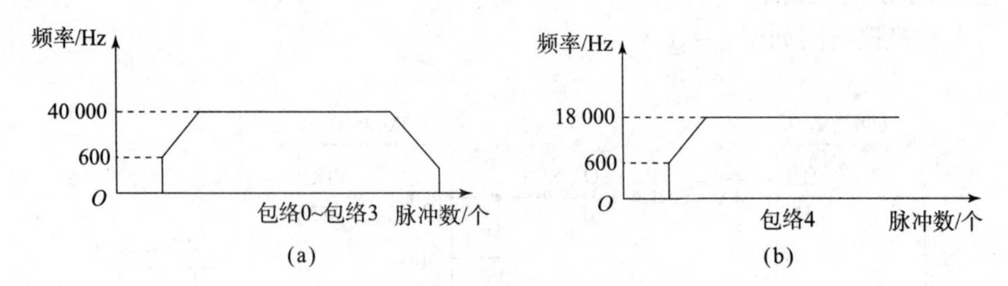

图 6－18　搬运站机械手运动包络

（a）相对位置；（b）单速连续旋转

6. PLC 程序（见图 6－19）

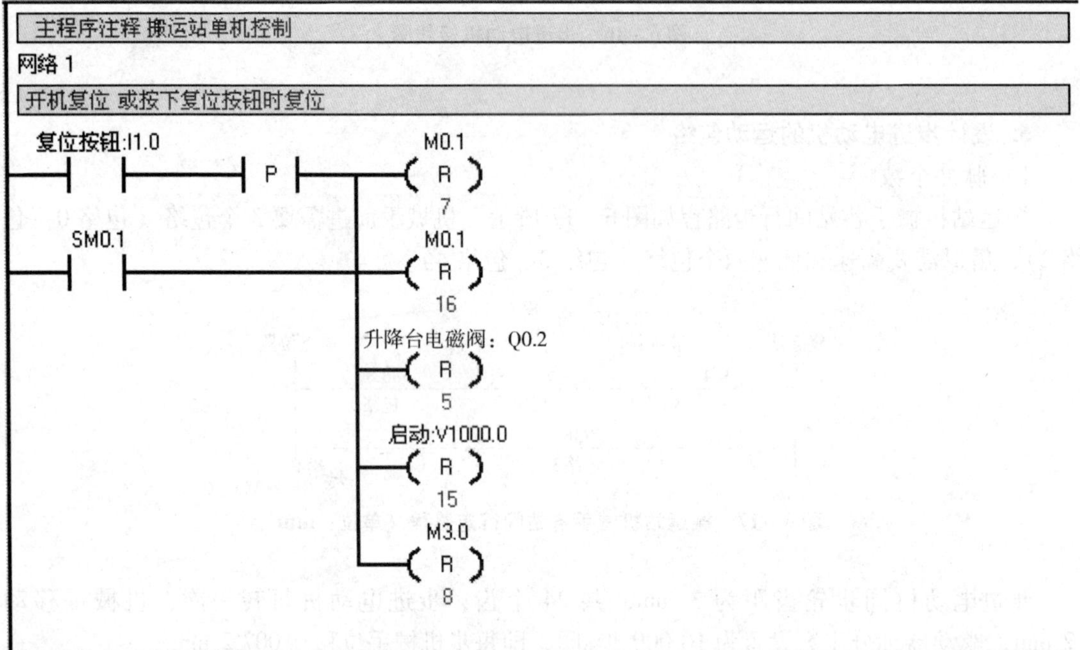

符号	地址	注释
复位按钮	I1.0	
启动	V1000.0	
升降台电磁阀	Q0.2	

图 6－19　搬运站 PLC 主程序

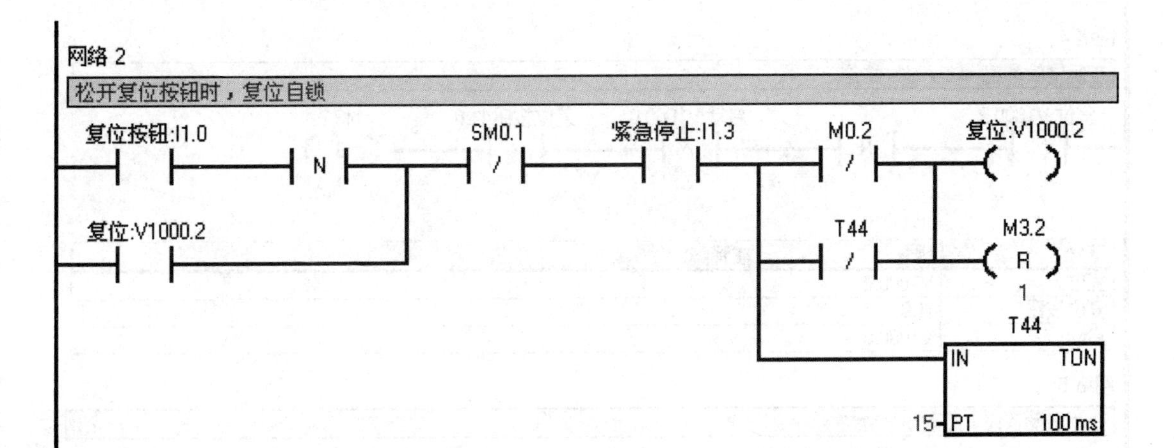

符号	地址	注释
复位	V1000.2	
复位按钮	I1.0	
紧急停止	I1.3	

网络 3

复位时，M0.0置位；M0.4通电，手指放松；条件满足时，
M0.1=1，机械手在原点时，M0.2置位，M0.0和M0.1复位

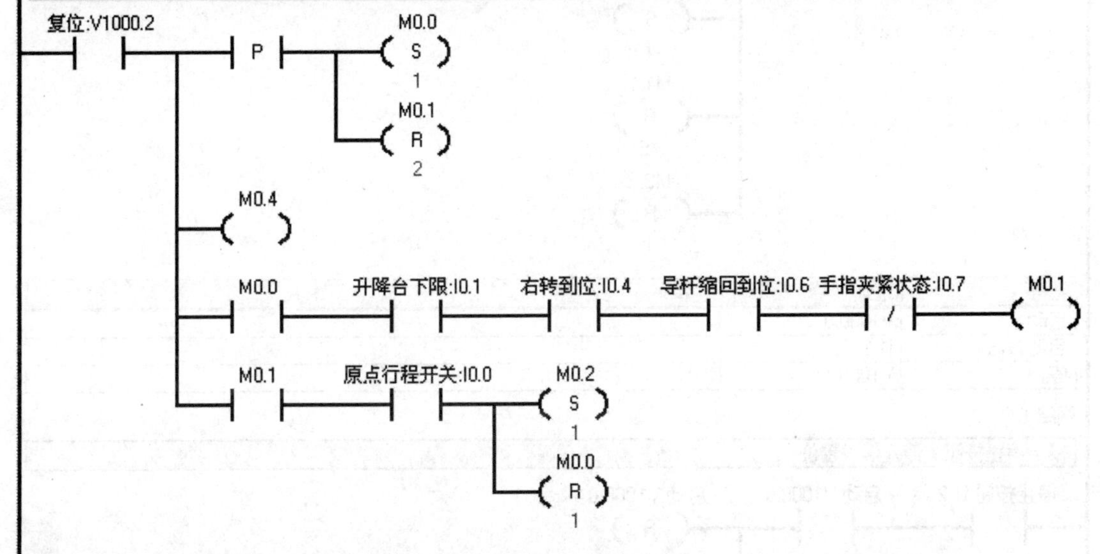

符号	地址	注释
导杆缩回到位	I0.6	
复位	V1000.2	
升降台下限	I0.1	
手指夹紧状态	I0.7	
右转到位	I0.4	
原点行程开关	I0.0	

图 6－19　搬运站 PLC 主程序（续）

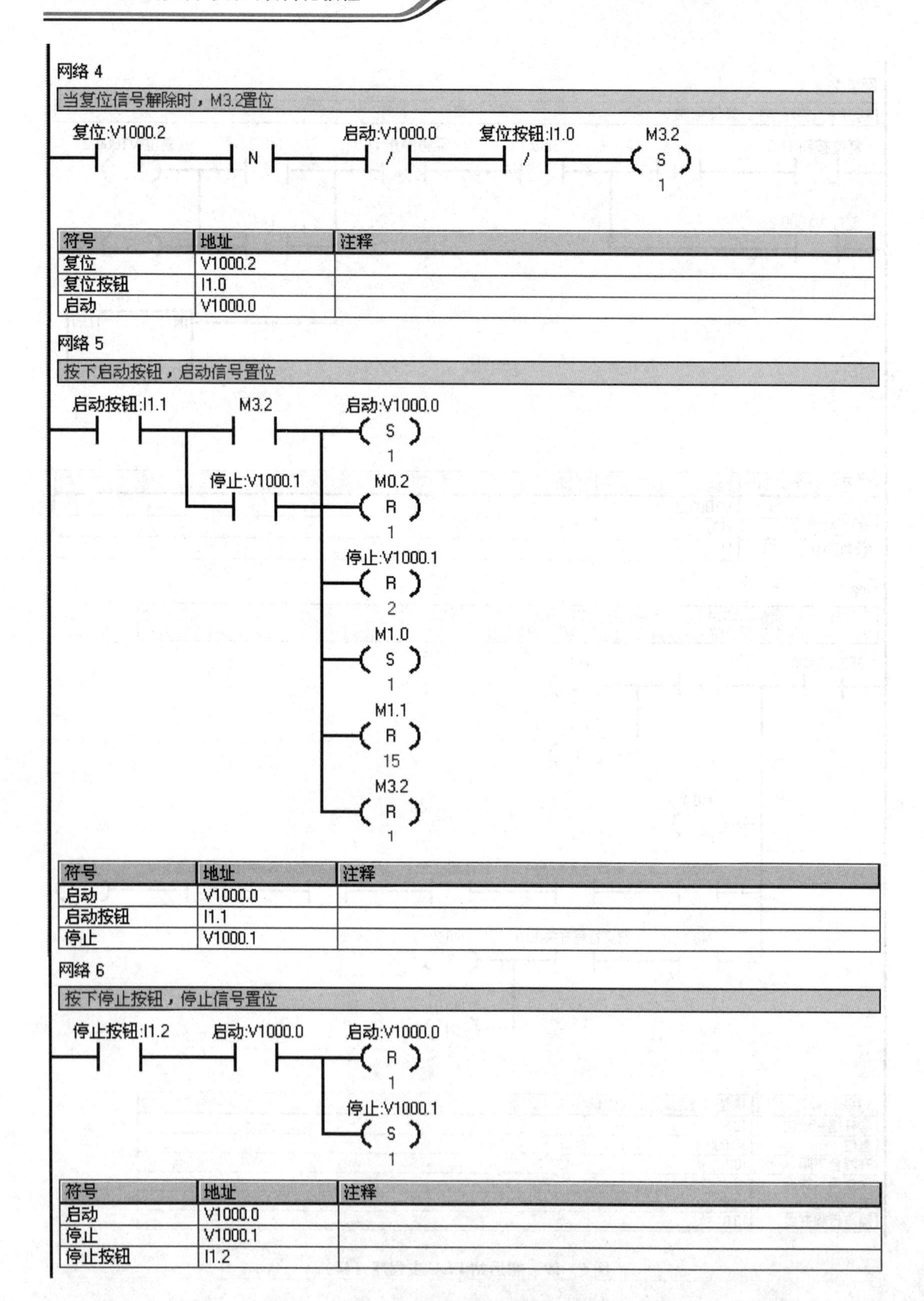

图 6-19 搬运站 PLC 主程序（续）

网络 7

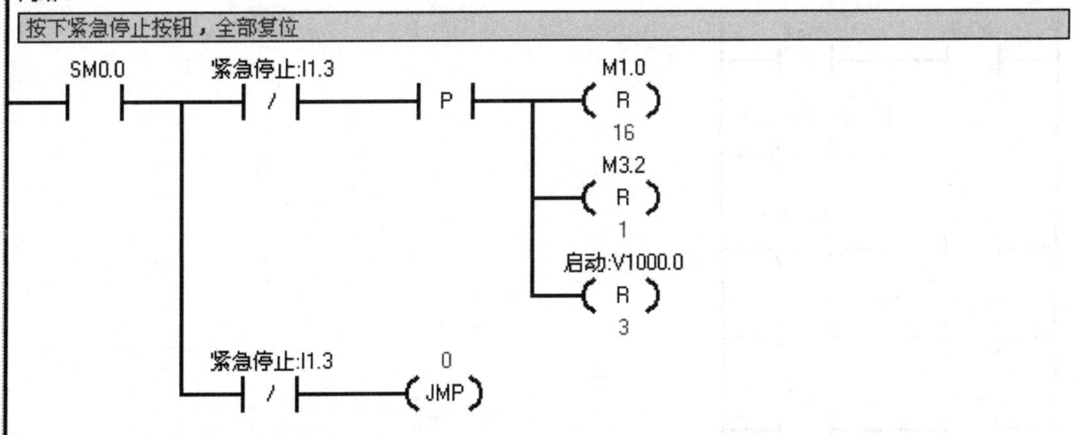

符号	地址	注释
紧急停止	I1.3	
启动	V1000.0	

网络 8

C0计数器

M2.3
C0
CU CTU
M1.0
R
5 PV

网络 9

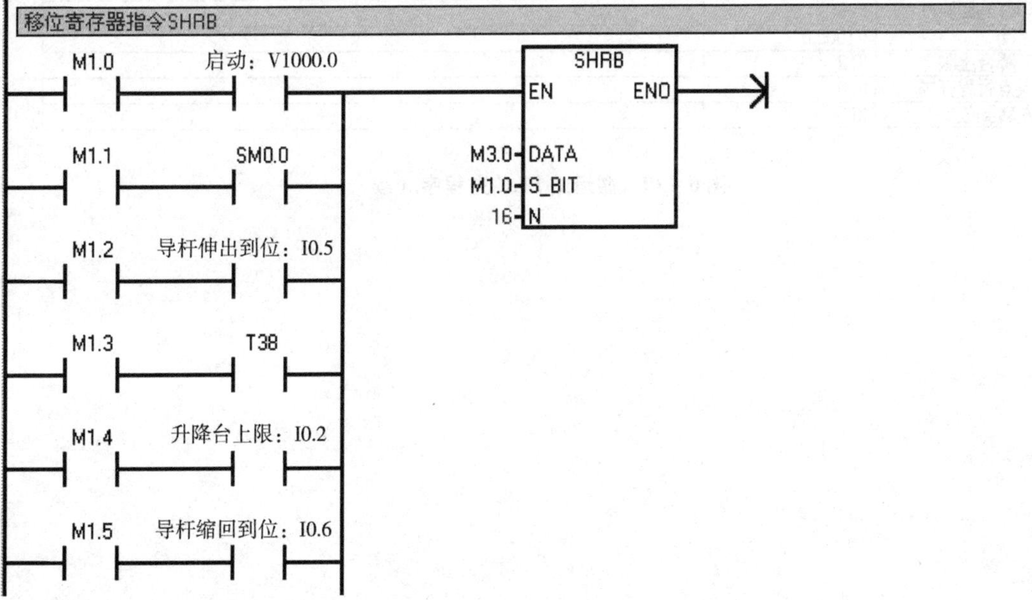

图 6－19　搬运站 PLC 主程序（续）

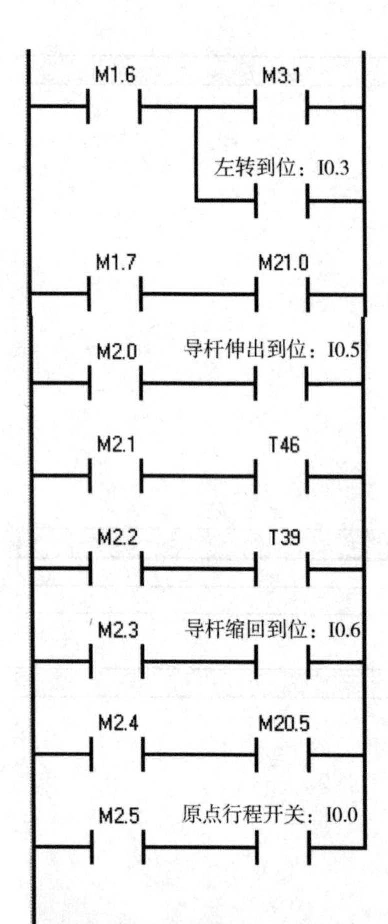

符号	地址	注释
导杆伸出到位	I0.5	
导杆缩回到位	I0.6	
启动	V1000.0	
升降台上限	I0.2	
原点行程开关	I0.0	
左转到位	I0.3	

图 6－19　搬运站 PLC 主程序（续）

网络 10

M2.6=1时，M1.0置位

M2.6　M1.0 (S) 1

网络 11

计数器比较指令

复位:V1000.2　C0 ==I 0　C0 ==I 1　M1.6　M3.1
C0 ==I 0　C0 ==I 1　C0 ==I 2　M2.4　M1.1 (S) 1　M1.2 (R) 16

符号	地址	注释
复位	V1000.2	

网络 12

当M1.3=1时，手指夹紧，T38延时0.5 s

M1.3　手指夹紧状态:I0.7　T38 IN TON　5-PT 100 ms

符号	地址	注释
手指夹紧状态	I0.7	

网络 13

当M2.2=1时，T39延时0.5 s

M2.2　T39 IN TON　5-PT 100 ms

图 6-19　搬运站 PLC 主程序（续）

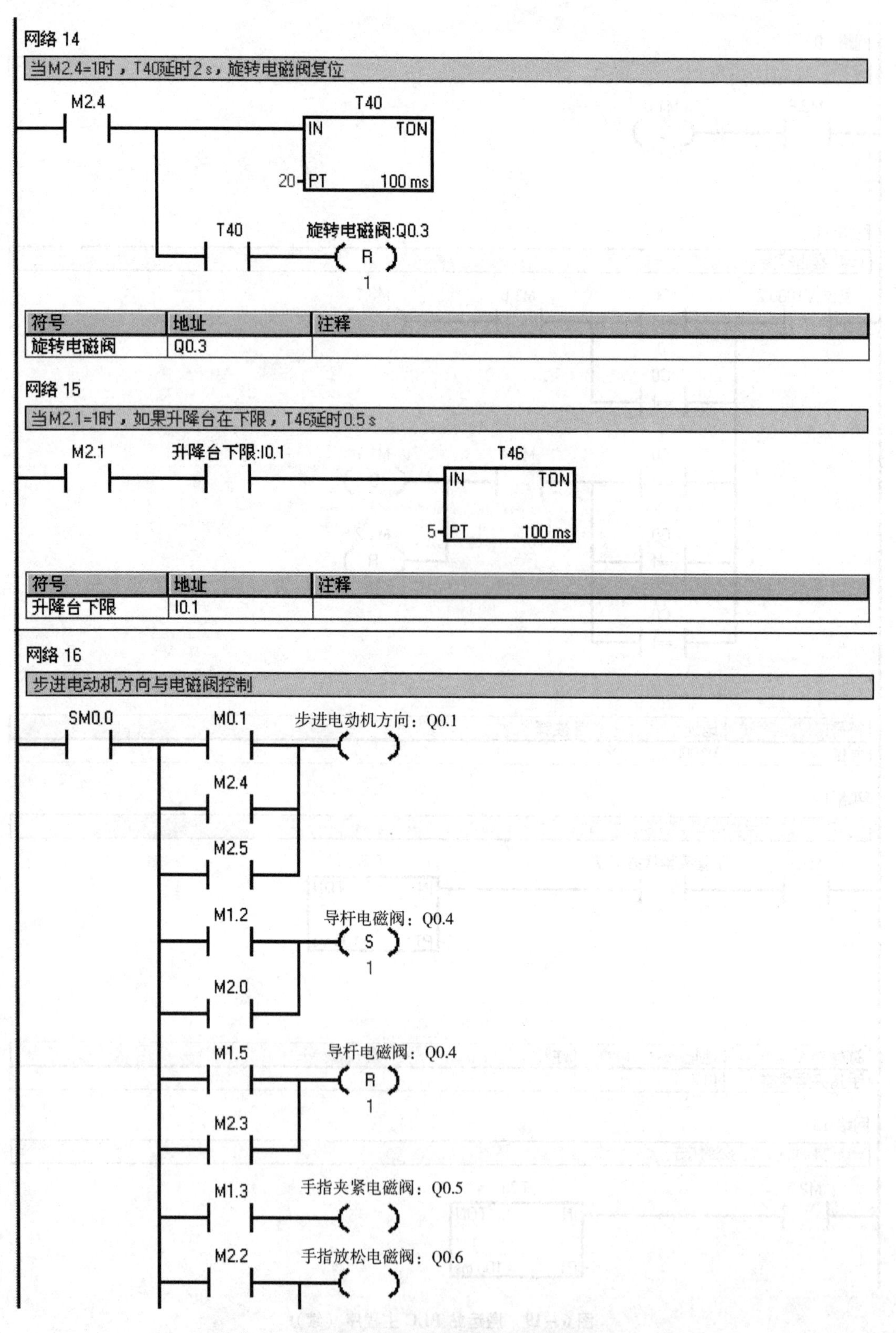

图 6－19　搬运站 PLC 主程序（续）

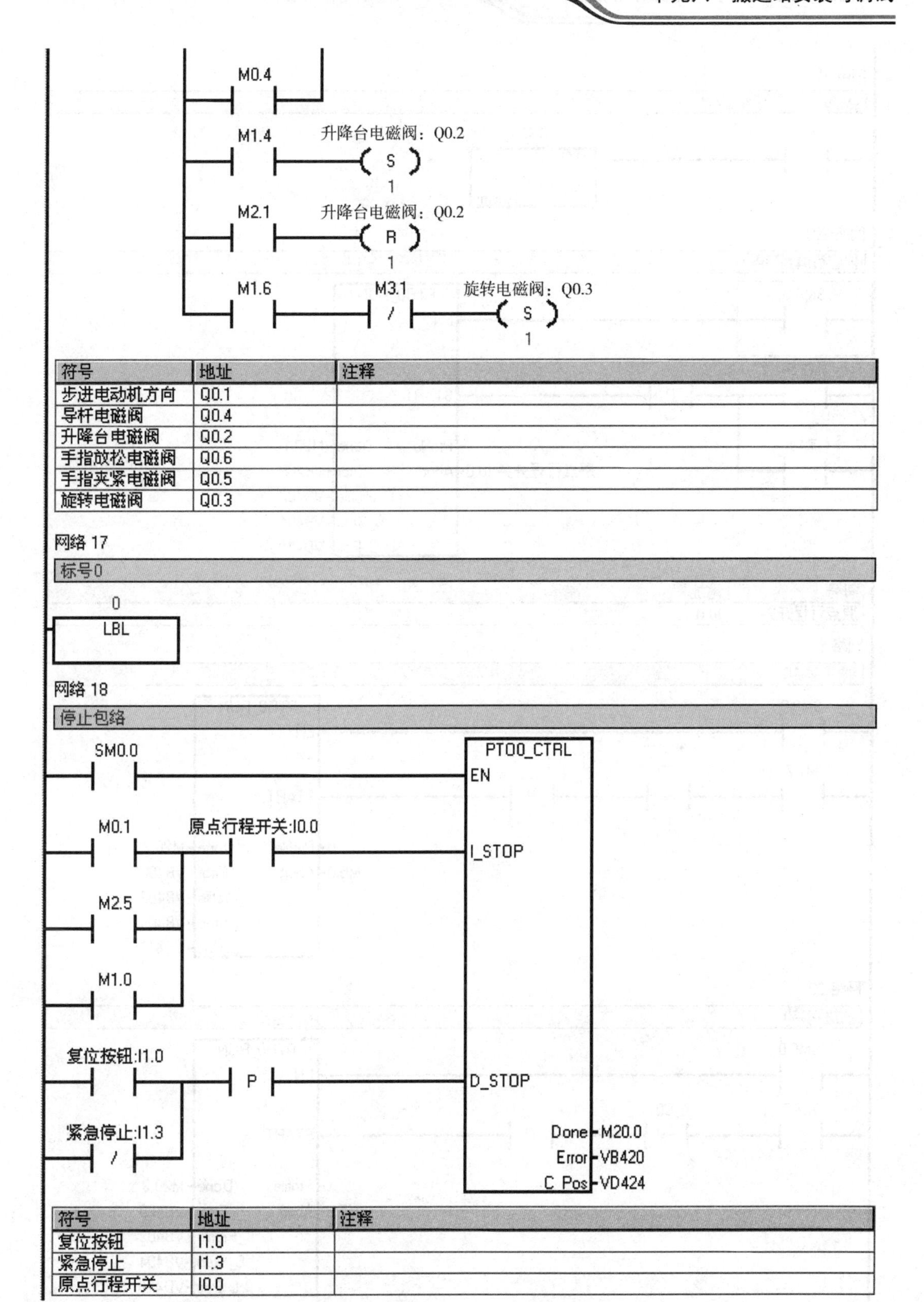

符号	地址	注释
步进电动机方向	Q0.1	
导杆电磁阀	Q0.4	
升降台电磁阀	Q0.2	
手指放松电磁阀	Q0.6	
手指夹紧电磁阀	Q0.5	
旋转电磁阀	Q0.3	

符号	地址	注释
复位按钮	I1.0	
紧急停止	I1.3	
原点行程开关	I0.0	

图 6－19　搬运站 PLC 主程序（续）

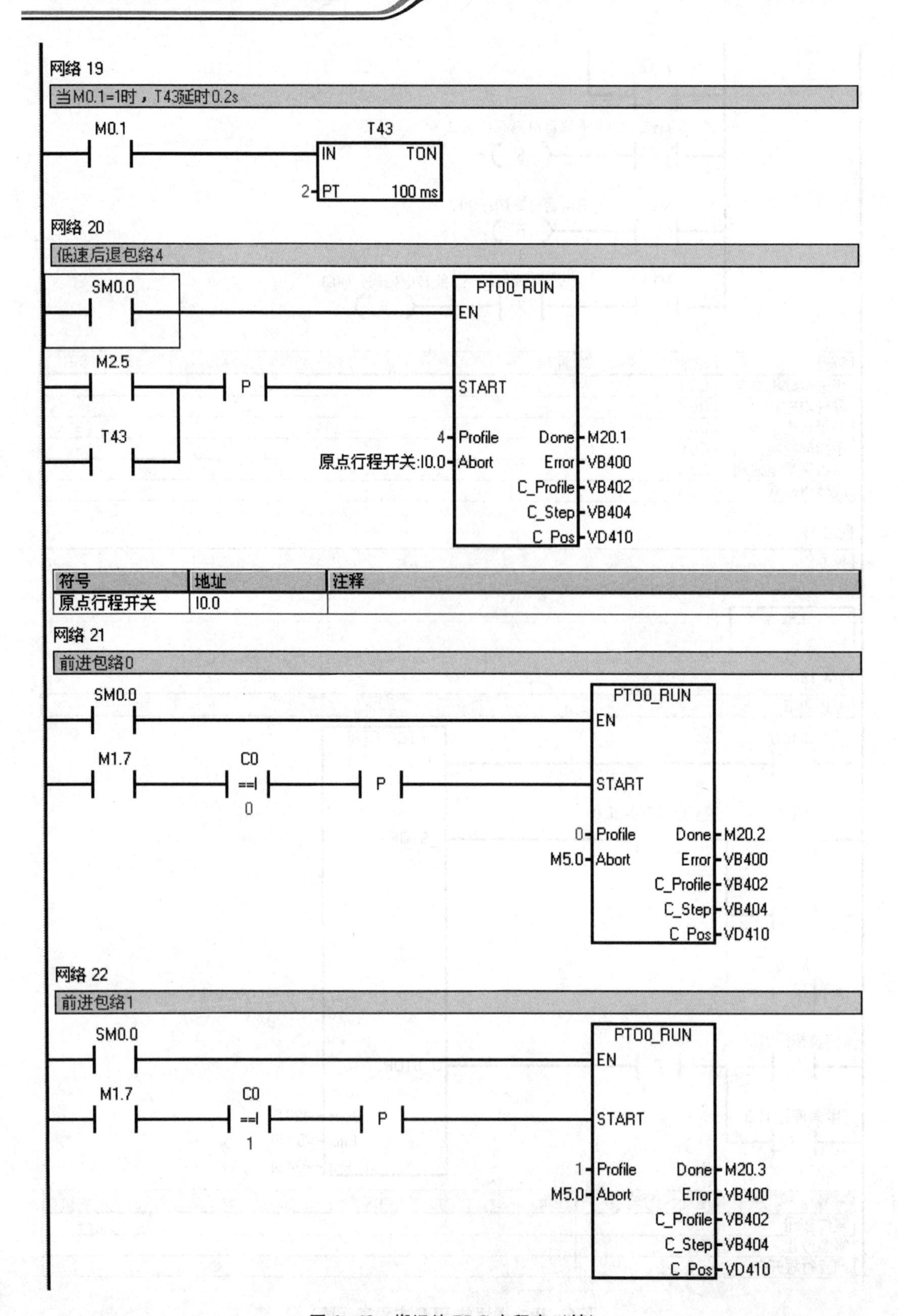

图 6－19　搬运站 PLC 主程序（续）

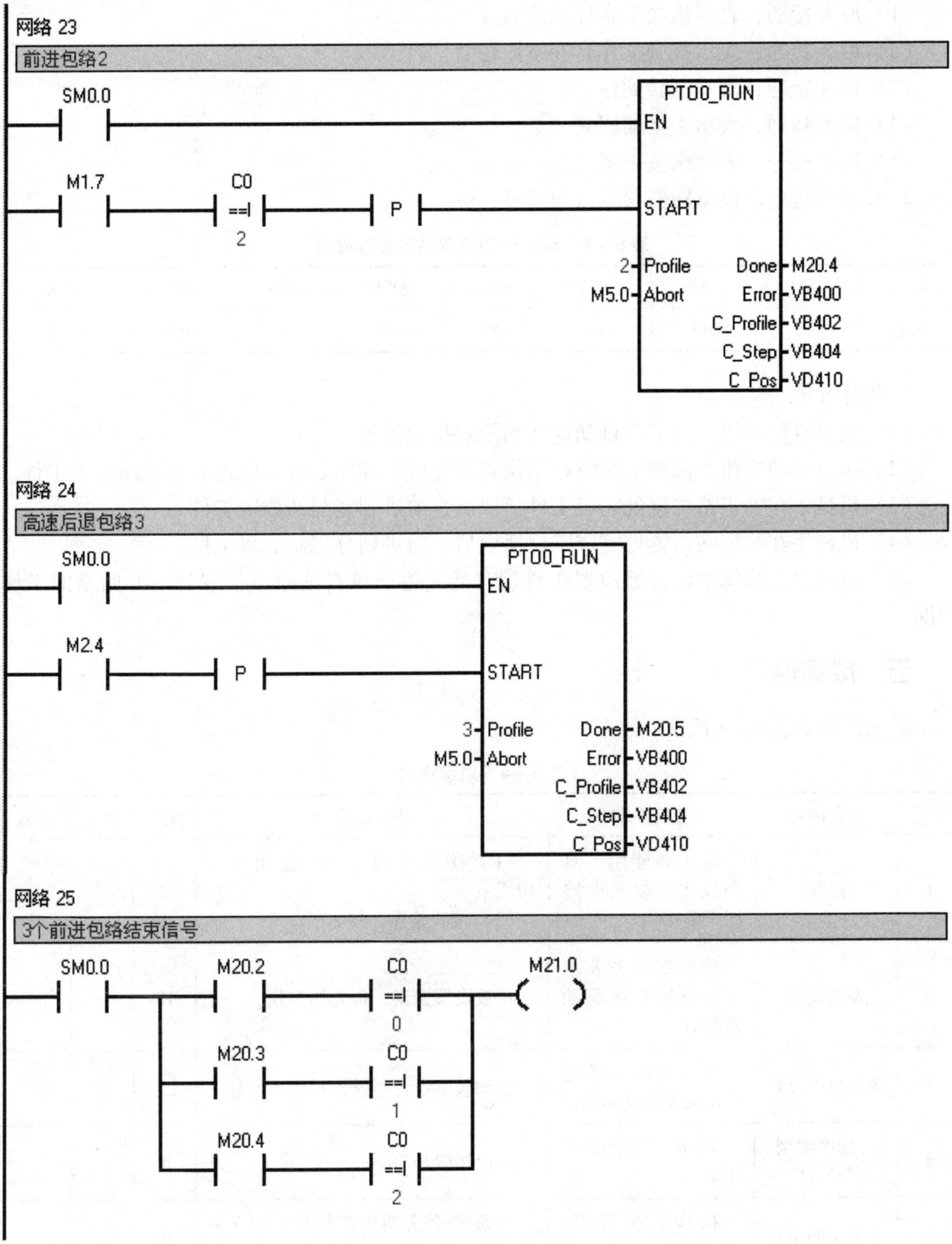

网络 23

前进包络2

SM0.0　PTO0_RUN　EN

M1.7　C0 ==I 2　P　START

2 - Profile　Done - M20.4

M5.0 - Abort　Error - VB400

C_Profile - VB402

C_Step - VB404

C_Pos - VD410

网络 24

高速后退包络3

SM0.0　PTO0_RUN　EN

M2.4　P　START

3 - Profile　Done - M20.5

M5.0 - Abort　Error - VB400

C_Profile - VB402

C_Step - VB404

C_Pos - VD410

网络 25

3个前进包络结束信号

SM0.0　M20.2　C0 ==I 0　M21.0 ( )

M20.3　C0 ==I 1

M20.4　C0 ==I 2

图 6 - 19　搬运站 PLC 主程序（续）

四、运行调试

1. 程序编完后，将程序下载到搬运站 PLC 中，保持 PLC 正常开机状态，然后按照以下步骤进行操作：

（1）I0.0 接通，表示机械手在原点位置。

（2）I0.1 接通，表示提升工作台在下限位置。

（3）I0.4 接通，表示右转到位。

（4）I0.6 接通，表示手指缩回到位。

（5）I1.3 接通，表示未按下紧急停止按钮。

2. 设置步进电动机驱动器参数（见表 6－3）

表 6－3　步进电动机驱动器参数设置

开关	SW1	SW2	SW3	SW4	SW5	SW6	SW7	SW8
状态	OFF	OFF	ON	ON	OFF	OFF	OFF	OFF

3. 操作步骤

（1）按下复位按钮，机械手自动返回到原点位置停止。

（2）按下启动按钮，机械手在供料站位置处完成工件抓取后，前进到加工站放置工件。

（3）机械手在加工站位置处完成工件抓取后，前进到装配站放置工件。

（4）机械手在装配站位置处完成工件抓取后，前进到分拣站放置工件。

（5）机械手在分拣站位置处放置工件后，后退返回供料站原点位置处，开始新的工作周期。

五、成绩评价

成绩评价如表 6－4 所示。

表 6－4　成绩评价

序号	主要内容	考核要求	评分标准	配分	扣分	得分
1	接线	能正确使用工具和仪表，按照电路图正确接线	（1）接线不规范，每处扣 5～10 分； （2）接线错误，扣 20 分	25		
2	参数设置	能根据任务要求正确设置步进驱动器参数	参数设置错误，每处扣 5 分	10		
3	运动包络设计	能正确设计搬运站机械手运动包络	运动包络设计错误，每个扣 5 分	25		
4	程序编制与调试	操作调试过程正确	编程错误扣 20 分	20		
5	安全文明生产	操作安全规范、环境整洁	违反安全文明生产规程，扣 5～10 分	20		

六、思考练习

（1）本站共需要几个包络子程序？如何建立包络子程序？

（2）如果机械手运行方向相反，如何调整运行方向？

参 考 文 献

[1] 张伟林，李永际．自动生产线控制技术实训［M］. 北京：中国电力出版社，2013.

[2] 张益．自动线控制技术［M］. 北京：机械工业出版社，2012.

[3] 陈丽．PLC 控制系统编程与实现［M］. 北京：中国铁道出版社，2010.

[4] 廖常初．PLC 编程及应用［M］. 北京：机械工业出版社，2005.

[5] 王建明．自动线与工业机械手技术［M］. 天津：天津大学出版社，2008.

[6] 陶权，韦瑞录．PLC 控制系统设计、安装与调试［M］. 北京：北京理工大学出版社，2011.